移动应用开发任务式驱动教程
——基于 Android Studio
（第2版）

主　编　史桂红　王明珠
副主编　沈　啸　吴伶琳　孙忠建

北京理工大学出版社
BEIJING INSTITUTE OF TECHNOLOGY PRESS

内 容 简 介

本书从初学者的角度出发，基于 Android Studio 的开发环境，通过任务驱动方式，紧密围绕 Android 程序设计的基础知识和技能，进行循序渐进的学习。

本书从 Android 应用程序的开发环境搭建入手，以移动应用界面设计、功能实现、典型应用开发为主线选取教学内容和设置教学单元。本书将 Android 开发分为 8 个单元 27 个任务，每个任务设置"任务描述→预备知识→任务分析→实现步骤→任务要点→任务拓展→任务小结"7 个环节，通过"预备知识"环节对各项任务所需的知识点作详细的介绍，在"实现步骤"环节之后通过"任务要点"环节对代码中的难点作讲解，理论与实践结合，促进知识点的理解与掌握。在每个单元最后增加了"知识拓展"与"练习与实训"环节帮助巩固知识点与强化技能。

本书适合作为计算机及相关专业的教材，也可以作为 Android 开发自学者的参考用书。

图书在版编目（ＣＩＰ）数据

移动应用开发任务式驱动教程：基于 Android Studio ／ 史桂红，王明珠主编. —— 2 版. —— 北京：北京理工大学出版社，2023.8

ISBN 978 – 7 – 5763 – 2014 – 5

Ⅰ．①移… Ⅱ．①史… ②王… Ⅲ．①移动终端 – 应用程序 – 程序设计 – 教材 Ⅳ．①TN929.53

中国国家版本馆 CIP 数据核字（2023）第 004246 号

出版发行／北京理工大学出版社有限责任公司
社　　　址／北京市海淀区中关村南大街 5 号
邮　　　编／100081
电　　　话／（010）68914775（总编室）
　　　　　　（010）82562903（教材售后服务热线）
　　　　　　（010）68944723（其他图书服务热线）
网　　　址／http：//www.bitpress.com.cn
经　　　销／全国各地新华书店
印　　　刷／北京广达印刷有限公司
开　　　本／787 毫米×1092 毫米　1/16
印　　　张／19　　　　　　　　　　　　　　　责任编辑／钟　博
字　　　数／420 千字　　　　　　　　　　　　文案编辑／钟　博
版　　　次／2023 年 8 月第 2 版　2023 年 8 月第 1 次印刷　责任校对／周瑞红
定　　　价／85.00 元　　　　　　　　　　　　责任印制／施胜娟

随着科技的发展、智能手机的普及，手机由通信工具逐渐演变成集工作、学习、生活和娱乐为一体的智能终端平台。基于该平台的应用程序有了极大的发展和应用，已扩展至生活中的方方面面，给人们的生活带来了很大的便捷。Android 作为谷歌公司开发的基于 Linux 平台的开源手机操作系统，经过不断的发展和完善，其功能日益强大，占据了市场上较大的份额。由于其开源的特性，Android 可以在各种设备上进行应用。从而使 Android 软件开发人才需求量日益增大，也使 Android 移动开发相关课程持续火热。

本书以谷歌公司官方推荐的较新版 Android Studio 4.2 为开发环境，对实例进行开发讲解，让学习者更快地了解 Android Studio 的界面操作。本书借助生活中常见的应用程序，对程序界面、功能菜单、页面导航栏进行分析讲解，在激发学习者学习兴趣的同时，让其更直观地了解 Android 应用开发的过程，理清设计思路，使其在学习 Android 开发时更加得心应手。

本书遵循"由浅入深，循序渐进"的学习认知规律，在设计每个任务时，先使用一个基础案例引入知识点，介绍某项技术的基本使用方法；再通过与相关知识点结合的案例实施，让学习者掌握该项技术的原理；最后借助难度螺旋上升的拓展案例巩固并加强学习者对知识点的理解与掌握。

本书在设计案例时结合"任务驱动、理实一体化"教学方式，以基础小应用、小案例为任务目标，引导学习者通过实践训练操作技能；以做促学，强调对知识点的理解，从而达到融会贯通，真正提高 Android 开发能力。

本书注重立体资源建设，共有 27 个任务、超过 56 个案例并配有丰富的课后实训；在各单元知识点、重点或难点处配有配套微课视频资源，帮助学习者更好地完成学习；通过教材、微课、PPT、案例源代码、习题等教学资源的有机结合，提高教学服务水平，为高素质技能型人才的培养创造良好条件。

全书共计 8 个单元，具体如下。

单元 1 主要介绍了 Android 的发展历史、系统框架等基础概念，详细讲述了 Android 开发的环境搭建、Android Studio 平台的基础使用及 Android 程序的结构分析与重要文件解读。

单元 2 详细介绍了基础控件与常用布局技术，将 TextView、EditText、Button、ImageView 等控件结合 LinearLayout、RelativeLayout、TableLayout、ConstraintLayout 等布局技术，通过任务系统介绍了常用属性的使用方法以及 Drawable 资源，selector、shape 及 style 的运用。

单元 3 介绍了 Android 的事件处理，即 Android 事件触发机制与监听事件处理流程，具体讲述了按钮单击事件、菜单点击事件、Spinner 完成选择事件的处理方法与流程。在响应方向中，详细介绍了 Intent 实现 Activity 跳转的相关原理与方法。

在了解 Android 后台编码的基础上，对 UI 设计提出更高要求。单元 4 介绍了 ListView、GridView、ViewPager 与 Fragment 的使用方法，在提高编程难度的同时为 Android 应用程序开发提升了高度，结合 Java 编程实现 UI 进阶，通过高级控件与数据适配器实现目前主流的应用程序效果。

单元 5 "数据存储与数据共享"是 Android 开发的重点，通过 SharedPreferences 存储配置信息、SQLite 数据库存储读取数据库信息，及 ContentProvider 组件共享应用程序间信息，介绍了 Android 的多种存储方式。

单元 6 介绍了 Android 的最后两个组件：服务与广播接收机。其内容包括服务与广播的类型、生命周期，系统服务与广播的使用方法，自定义服务和广播及广播接收机的方法等。

单元 7 讲解了 Android 应用程序与服务器进行网络通信的原理和实现过程，为移动互联网应用程序开发奠定了基础。

单元 8 以两个较综合的小案例将前面的知识点结合，开发较为完整的应用。

本书由苏州健雄职业技术学院史桂红和王明珠任主编，苏州健雄职业技术学院沈啸和吴伶琳、苏州安艾艾迪职业培训中心孙忠建任副主编。由于编者水平有限，书中难免存在不足，恳请广大读者不吝赐教。

编　者

目 录

单元 **1**

Android Studio使用基础

Android 是基于 Linux 的能自由开发源代码的操作系统，主要应用于智能手机、可穿戴式设备、平板电脑等移动设备。秉着开源、开放的特性，Android 几乎垄断了中低端手机市场，受到了很多手机厂商的青睐。相对于以往的开发工具 Eclipse 而言，Android Studio 对 UI 界面设计和编写代码能够提供更好的支持，可以方便地调整设备上的多种分辨率；支持 Gradle 自动化构建工具。Android 开发更加方便、高效。本单元介绍 Android 的体系结构、Android Studio 的环境搭建与基础使用。

【学习目标】

(1) 会安装 Android Studio，能配置模拟器；
(2) 掌握创建 Android 项目的方法和步骤；
(3) 理解 Android 项目文件结构；
(4) 熟悉几个重要文件的作用。

任务 1　创建第一个 Android 项目

【任务描述】

搭建 Android Studio 4.2 的开发环境，创建项目，并在模拟器上运行。Android 手机模拟器效果如图 1－1 所示。

【预备知识】

1. Android 简介

Android 一词的本义指"机器人"，同时也是谷歌公司于 2007 年 11 月 5 日宣布的基于 Linux 平台的开源手机操作系统的名称。该平台由操作系统、中间件、用户界面和应用软件组成。Android 是基于 Linux 的自由及开放源代码的操作系统，主要应用于移动设备，由谷歌公司和开放手机联盟领导及开发。Android 系统最初由 Andy Rubin 开发，主要支持手机，在 2005 年 8 月由谷歌公司注资收购。2007 年 11 月，谷歌公司与 84 家硬件制造商、软件开发商及电信营运商组建开放手机联盟，共同研发改良 Android 系统。随后谷歌公司以 Apache 开源许可证的授权方式，发布了 Android 的源代码。第一部 Android 智能手机发布于 2008 年 10 月。Android 逐渐扩展到平板电脑及其他领域，如电视、数码相机、游戏机等。2011 年第

图 1 - 1　Android 手机模拟器效果

一季度，Android 在全球的市场份额首次超过塞班系统，跃居全球第一。2013 年的第四季度，Android 智能手机的全球市场份额已经达到 78.1%。近几年来，Android 智能手机的全球市场份额一直保持为 60%～70%。

　　Android 在正式发行之前，最开始拥有两个内部测试版本，并且以著名的机器人名称来命名，它们分别是：阿童木（AndroidBeta）、发条机器人（Android 1.0）。后来由于涉及版权问题，谷歌公司将其命名规则变更为用甜点作为系统版本代号。甜点命名法开始于 Android 1.5。Android 的历史版本见表 1 - 1。

表 1 - 1　Android 的历史版本

版本	代号	API 等级
Android 1.0	无	1
Android 1.1	无	2
Android 1.5	Cupcake（纸杯蛋糕）	3
Android 1.6	Donut（甜甜圈）	4
Android 2.0/2.1	Éclair（法式奶油夹心甜点）	5～7
Android 2.2	Froyo（冻酸奶）	8
Android 2.3	Gingerbread（姜饼）	9
Android 3.0	Honeycomb（蜂巢）	11～13

续表

版本	代号	API 等级
Android 4.0	IceCream Sandwich（冰激凌三明治）	14～15
Android 4.1/4.2/4.3	Jelly Bean（果冻豆）	16～18
Android 4.4	KitKat（奇巧巧克力棒）	19～20
Android 5.0/5.1	Lolipop（棒棒糖）	21～22
Android 6.0	Marshallow（棉花糖）	23
Android 7.0/7.1	Nougat（牛轧糖）	24～25
Android 8.0/8.1	Oreo（奥利奥）	26～27
Android 9.0	Pie（馅饼）	28
Android 10.0	Queen Cake（皇后蛋糕）	29
Android 11.0	Red Velvet Cake（红丝绒蛋糕）	30
Android 12.0	Snow Cone（雪锥）	31
Android 13.0	Tiramisu（提拉米苏）	32

2. Android 系统的体系结构

Android 作为一个优越稳定的平台，背后必有一个成熟的系统架构。Android 的系统架构采用分层架构模式，从高层到低层分别是应用程序（Application）层、应用程序框架（Application Frameworks）层、系统库（Libraries）与 Android 运行时（Android Runtime）层和 Linux 核心（Linux Kernel）层。层与层之间的耦合松散，各层分工明确，当下层的层内与层下发生改变时，上层应用程序无须任何改变。Android 系统的体系结构如图 1-2 所示。

1）应用程序层

应用程序层提供一些核心应用程序包，诸如 SMS 短信客户端程序、电话拨号程序、图片浏览器、Web 浏览器等应用程序。这些应用程序都是用 Java 语言编写的，并且这些应用程序都是可以被开发人员开发的其他应用程序所替换，这点不同于其他手机操作系统固化在系统内部的系统软件，更加灵活和个性化。

2）应用程序框架层

该层是 Android 应用开发的基础，很多核心应用程序是通过这一层来实现其核心功能的。应用程序框架层包括活动管理器（Activity Manager）、窗口管理器（Window Manager）、内容提供者（Content Provider）、视图系统（View System）、包管理器（Package Manager）、电话管理器（Telephony Manager）、资源管理器（Resource Manager）、位置管理器（Location Manager）、通告管理器（Notification Manager）和 XMPP 服务（XMPP Service）10 个部分。在 Android 平台上，开发人员可以完全访问核心应用程序所使用的 API 框架。任何一个应用程序都可以发布自身的功能模块，而其他应用程序则可以使用这些已发布的功能模块。基于这样的重用机制，用户就可以方便地替换平台本身的各种应用程序组件。

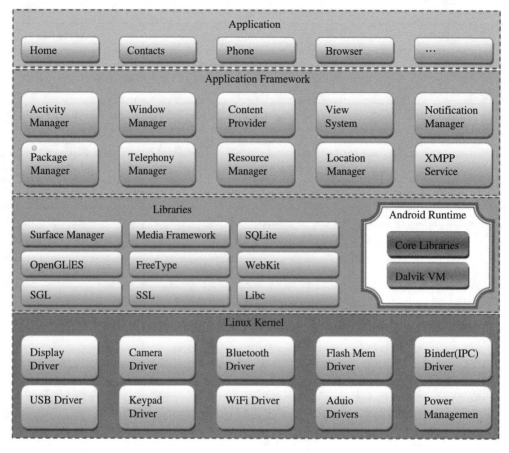

图 1 - 2　Android 系统的体系结构

3）系统库与 Android 运行时层

（1）系统库。

系统库是应用程序框架的支撑，是连接应用程序框架层与 Linux 内核层的重要纽带。其包括如下功能库。

①Surface Manager：执行多个应用程序时候，负责管理显示与存取操作间的互动，另外也负责 2D 绘图与 3D 绘图的显示合成。

②Media Framework：多媒体库，基于 PacketVideo OpenCore；支持多种常用的音频、视频格式的录制和回放，编码格式包括 MPEG4、MP3、H. 264、AAC、ARM。

③SQLite：小型的关系型数据库引擎。

④OpenGL | ES：根据 OpenGL ES 1. 0API 标准实现的 3D 绘图函数库。

⑤FreeType：提供点阵字与向量字的描绘与显示。

⑥WebKit：一套网页浏览器的软件引擎。

⑦SGL：底层的 2D 图形渲染引擎。

⑧SSL：在 Andorid 的通信过程中实现握手。

⑨Libc：从 BSD 继承来的标准 C 系统函数库，专门为基于 embedded Linux 的设备定制。

（2）Android 运行时。

Android 运行时包括核心库（Core Libraries）和 Dalvik 虚拟机（Dalvik VM）。核心库既兼容了大多数 Java 语言所需要调用的功能函数，又包括了 Android 的核心 API，如 android. os、android. net、android. media 等。Dalvik 虚拟机是一种基于寄存器的 Java 虚拟机，主要完成对生命周期、堆栈、线程、安全和异常的管理以及垃圾回收等重要功能。Android 程序不同于 J2ME 程序，每个 Android 程序都有一个专有的进程，并且不是多个程序运行在一个 Dalvik 虚拟机中，而是每个 Android 程序都有一个 Dalvik 虚拟机的实例，并在该实例中执行。

4）Linux 内核层

Android 基于 Linux 2.6 内核提供核心服务，如安全性、内存管理、进程管理、网络协议以及驱动模型。Linux 内核层作为硬件和软件之间的抽象层，隐藏了具体硬件细节而为上层提供统一的服务。采用分层结构使开发者进行应用系统开发时无须深入了解 Linux 内核层。

3. Android Studio 的优势

1）由谷歌公司推出

毫无疑问，这个是它的最大优势。Android Stuido 由谷歌公司推出，是专门为 Android "量身定做" 的，是谷歌公司大力支持的一款基于 IntelliJ IDEA 改造的 IDE，谷歌公司的工程师团队会对其不断完善，上升空间非常大。

2）速度更快

Android Studio 的启动速度、响应速度、内存占用优于 Eclipse。

3）UI 更漂亮

Android Studio 自带的 Darcula 主题的炫酷黑界面比 Eclipse 的黑色主题更漂亮。

4）更加智能

Android Studio 能够更加智能地实现自动保存文档，不需要每次编辑完代码都按 "Ctrl + S" 组合键保存了。熟悉 Android Studio 以后效率会大大提升。

5）整合了 Gradle 构建工具

Gradle 是一个新的构建工具。Android Studio 自亮相之初就支持 Gradle，可以说 Gradle 集合了 Ant 和 Maven 的优点，不管是配置、编译、打包都非常理想。

6）具有强大的 UI 编辑器

Android Studio 的 UI 编辑器非常的智能，除了吸收 Eclipse + ADT 的优点之外，还自带多设备的实时预览功能，对 Android 开发者来说既方便又简单。

7）内置终端

Android Studio 内置终端，这对于习惯命令行操作的人来说非常方便，进行开发时再也不用来回切换。

8）具有更完善的插件系统

Android Studio 支持各种插件，如 Git、Markdown、Gradle 等，想要什么插件，直接搜索下载即可。

9）完美整合版本控制系统

Android Studio 在安装的时候就自带了 GitHub、Git、SVN 等流行的版本控制系统，可以直接迁出项目。

4. Android Studio 的主界面

Android Studio 的主界面包含了 Android Studio 常用的功能面板，如图 1 – 3 所示。

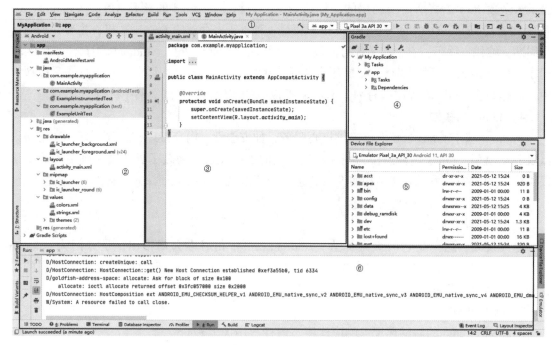

图 1 – 3　Android Studio 的主界面

（1）菜单工具栏：常用的功能都可以在这里找到。

（2）工程面板与资源管理器：工程面板用于浏览项目文件，提供多种分类显示工程内容；资源管理器显示项目中的 Drawable、Color、Layout 等各项资源统计。两者可以在主界面左侧边缘上部的"Project"和"Resource Manager"导航栏中切换，也可以收缩在左侧暂不显示内容。

（3）编码区域：用于 XML、Java 等文件的编辑。

（4）Gradle 面板：显示 Gradle 任务列表，双击里面的任务可以直接执行。常用的任务有 build 和 clean。单击右侧边缘的"Gradle"标签可收缩。

（5）设备文件管理器：显示手机或模拟器的文件信息。控制显示与收缩的导航栏目是右下角的"Device File Explorer"。也可切换到"Emulator"栏目显示。

（6）调试窗口：其中有"LogCat""Build""Run"等选择栏目，显示对应的日志、编译、运行信息等，便于开发调试。

【任务分析】

在开发 Android 应用程序之前，首先要搭建开发环境。这里使用的是 Java 开发语言，所以首先必须安装 JDK 控件，JDK 控件包括 Java 程序所需要的 JRE（Java Runtime Environment）以及开发过程中常用的库文件；然后安装 Android Studio。安装 Android Studio 时需要同时下载 Android SDK，所以必须连网安装。准备好环境后，就可以开始创建项目，自由开发。最后还需将创建的第一个 Android 应用程序安装到模拟器上，以行进测试。

【实现步骤】

1. 安装 Java 环境

1）下载 JDK。

自 Android Studio 2.0 及以上版本，都必须安装 JDK 8 以上版本，否则安装 Android Studio会失败。目前，下载 JDK 的途径非常多，推荐在 Oracle 的官网上下载。打开"https://www. oracle. com/ java/technologies/downloads/"网址，根据计算机的配置，自行下载 JDK 的安装文件。

2）安装 JDK。

用鼠标右键单击已下载的 JDK 安装文件，选择"以管理员身份运行"命令，在弹出的安装对话框中单击"下一步"按钮，就可以开始安装 JDK。安装时单击"更改"按钮可以更改安装路径，单击"下一步"按钮，如图 1 – 4 所示。安装完 JDK，还需要安装 JRE。在弹出的 JRE 路径设置对话框中可以更改安装路径（注意将 JRE 的路径设置在 JDK 的同一目录下，如 JDK 与 JRE 默认都在"C:\Program Files\Java"目录下），如图 1 –5 所示，单击"下一步"按钮。Java 环境安装好后，单击"关闭"按钮。

图 1 – 4　JDK 安装路径

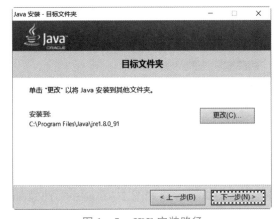

图 1 – 5　JRE 安装路径

3）配置环境变量。

在桌面上用鼠标右键单击"我的电脑"图标，选择"属性"选项。在"系统属性"对话框中选择"高级"选项卡，如图 1-6 所示，单击"环境变量"按钮，在"环境变量"对话框的"系统变量"列表框中作如下设置。

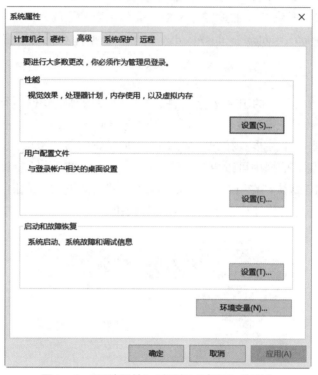

图 1-6　"系统属性"对话框"高级"选项卡

（1）新建 JAVA_HOME。单击"新建"按钮，输入变量名"JAVA_HOME"与变量值JDK 的安装路径。"C:\Program Files\Java\jdk1.8.0_91"为默认的 JDK 安装路径，仅作参考，如图 1-7 所示，单击"确定"按钮。

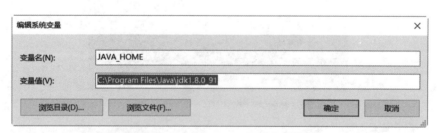

图 1-7　JAVA_HOME 环境变量设置

（2）编辑 Path 值。在"系统变量"列表框中找到 Path，单击"编辑"按钮。在"编辑环境变量"对话框中单击"新建"按钮，输入"% JAVA_HOME% \bin"，如图 1-8 所示（由于操作系统版本不同，有的编辑值可能如图 1-9 所示，注意如果原来 Path 值末尾没有分号，需要先加上英文的分号，在结尾处也加上英文的分号），单击"确定"按钮。

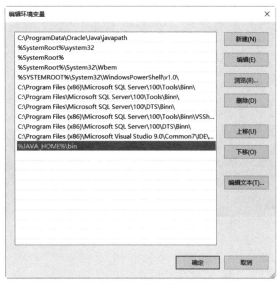

图 1 - 8 Path 环境变量设置（1）

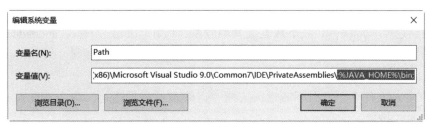

图 1 - 9 Path 环境变量设置（2）

（3）新建 CLASSPATH 变量。单击"新建"按钮，输入变量名"CLASSPATH"和变量值". ;%JAVA_HOME% \jre\lib\rt. jar;"，单击"确定"按钮，如图 1 - 10 所示。

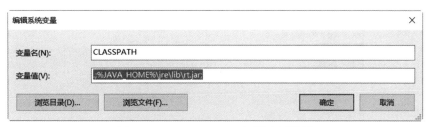

图 1 - 10 CLASSPATH 环境变量设置

完成以上 3 个环境变量的新建与编辑后，单击"确定"按钮关闭"环境变量"对话框，单击"确定"按钮关闭"系统属性"对话框。JDK 的环境变量便配置完成了。

4）检验 Java 环境配置

选择"开始"→"运行"命令，输入"cmd"，在弹出的命令提示符窗口的光标处输入"javac - version"。如果 JDK 安装成功且配置正确，会显示当前 JDK 的版本，如图 1 - 11 所示。

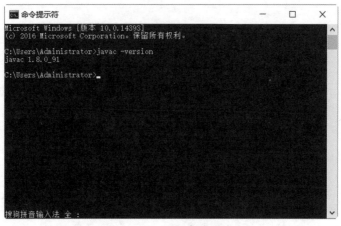

图 1－11　JDK 版本查询

Android Studio
4.2 安装

2. 安装 Android Studio

1）下载 Android Studio 安装文件

打开"https://developer. android. google. cn/"网址，可以下载到最新版的 Android 开发工具，包括 Windows、Mac 和 Linux 不同操作系统的安装文件。谷歌公司推出 Android Studio 1.0 版以来，更新速度非常快，如需下载安装其他版本，可在"https://www. androiddevtools. cn/"网址找到需要的版本。这里下载的是 4.2.0 正式版的 Window IDE 安装版（64－bit）。

2）安装 Android Studio。

（1）在安装文件上单击鼠标右键，选择"以管理员身份运行"命令，在弹出的对话框中单击"Next"按钮。

（2）在"Choose Components"对话框中选择组件。除了安装默认的 Android Studio 外，还需勾选"Android Virtual Device"选项，如图 1－12 所示（这里的 Android Virtual Device 就是 Android 原生态的模拟器，如果不需要安装这个模拟器也可不勾选），然后单击"Next"按钮。

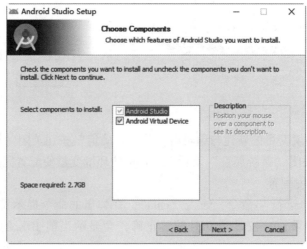

图 1－12　选择安装组件

（3）在"Configuration Settings"对话框中单击"Browse"按钮可以更改 Android Studio 的安装路径。完成后，单击"Next"按钮。

（4）在"Choose Start Menu Folder"对话框中单击"Install"按钮。下面即开始安装 Android Studio。

（5）安装完成后，单击"Next"按钮，在"Completing Android Studio Setup"对话框中勾选"Start Android Studio"复选框，如图 1 – 13 所示，单击"Finish"按钮。

图 1 – 13　Android Studio 安装结束

3）配置 Android Studio

（1）在"Import Android Studio Settings"对话框中单击"Do not import settings"单选按钮，如图 1 – 14 所示，然后单击"OK"按钮。

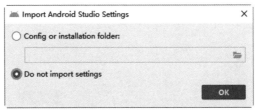

图 1 – 14　导入配置

（2）在"Data Sharing"对话框中单击"Don't send"按钮，如图 1 – 15 所示。

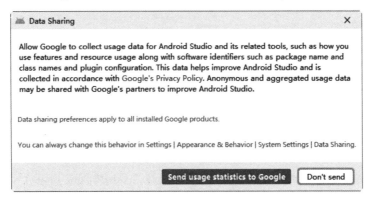

图 1 – 15　数据分享

（3）在"Android Studio First Run"对话框中单击"Cancel"按钮，如图 1 – 16 所示。接着便开始下载安装 SDK。整个过程都需要网络支持，所以请保持网络正常连接。

图 1 – 16　未找到 SDK

（4）下载完成后，弹出"Android Studio Setup Wizard"对话框，如图 1 – 17 所示，单击"Next"按钮。

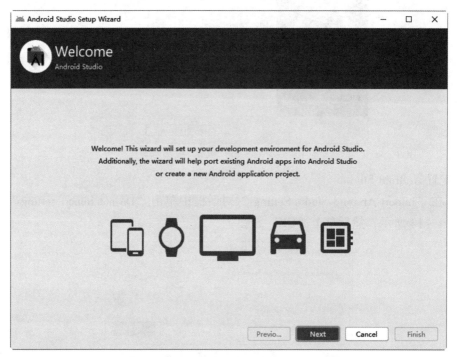

图 1 – 17　安装开发环境

（5）按照向导选择 Android Studio 类型，这里选择"Standard"类型，单击"Next"按钮，如图 1 – 18 所示。

（6）选择"Light"区域的 UI Theme，单击"Next"按钮，如图 1 – 19 所示。

（7）单击"Finish"按钮，确认配置，如图 1 – 20 所示。

（8）这时向导会自动下载需要的组件并安装。这一步需要较长时间，等待组件全部下载并完成安装，如图 1 – 21 所示，单击"Finish"按钮。

3. 创建第一个 Android 项目

1）创建 Android Studio 项目

（1）在"Welcome to Android Studio"界面中选择"Create New Project"命令，如图 1 – 22 所示。

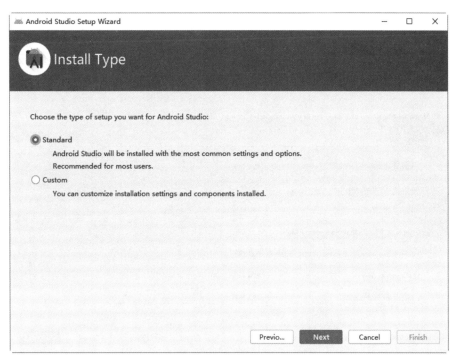

图 1 - 18　选择 Android Studio 类型

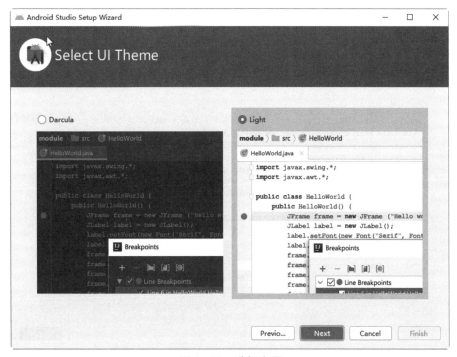

图 1 - 19　选择主题

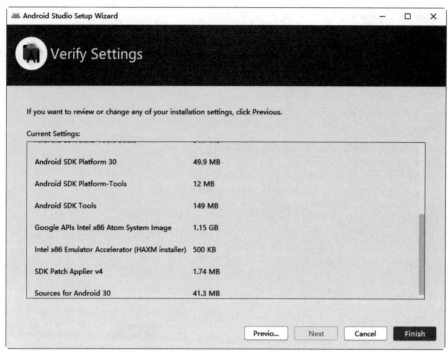

图 1 – 20　完成配置，准备安装

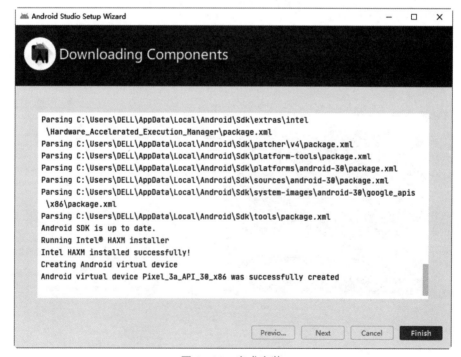

图 1 – 21　完成安装

图 1 – 22　开启 Android Studio

（2）选择"Phone and Tablet"栏目内的"Empty Activity"选项，如图 1 – 23 所示，单击"Next"按钮。

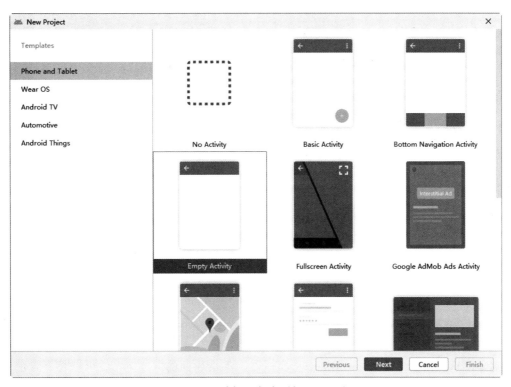

图 1 – 23　选择设备类型与页面形式

（3）设置项目相关信息。首先项目名称可以默认为"My Application"，包名默认，选择存放路径，这里在 D 盘创建了一个项目文件夹"AndroidProjects"，然后存放在"MyApplication"文件夹下，这个路径不能带中文及特殊字符，在"Language"下拉列表中"Java"选项，在"Minimum SDK"下拉列表中选择"API 16：Android 4.1（Jelly Bean）"选项，如图 1-24 所示，单击"Finish"按钮，即可创建项目。

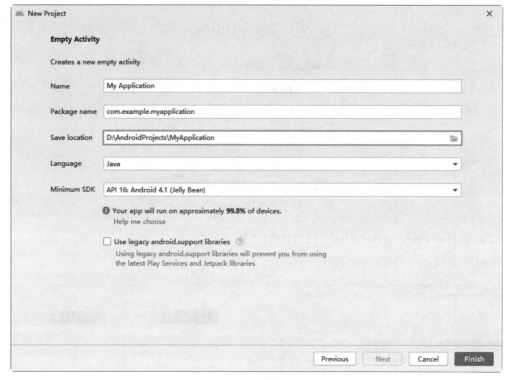

图 1-24　项目命名

2）更新 Gradle

此时项目并没有完成。第一次创建项目需要同步 Gradle。Gradle 是先进的构建系统，也是一个很好的构建工具。鉴于 Android Studio 使用 Gradle 构建项目，所以必须等待 Gradle 完成同步。在 Android Studio 主界面右下角可查看进度。请保持网络畅通。Gradle 更新完成界面如图 1-25 所示。此时在左侧项目工程栏目内可以看到项目目录。

4. 运行到模拟器

完成 Gradle 更新后，第一个项目就创建好了。接下来把项目安装到手机的模拟器上。在第 2 步安装 Android Studio 时，选择了"Android Virtual Device"选项（图 1-12），因此当 Android Studio 安装好时，模拟器也安装好了，可以在工具栏中找到它，如图 1-26 所示。

这里默认安装了"Pixel 3a API 30"模拟器，单击后面的▶按钮，就可以将开发的应用安装到模拟器中。

如果安装 Android Studio 时未选择"Android Virtual Device"选项，可参照【任务拓展】，下载安装其他模拟器，完成后再安装调试应用程序。

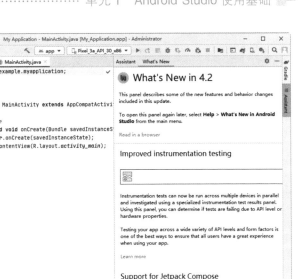

图 1 – 25　Gradle 更新完成界面

图 1 – 26　工具栏中的模拟器

【任务要点】

在安装 Android Studio 的过程中，需要多次连网下载组件，因此务必保持网络畅通。

通过 Android Studio 主界面工具栏上的 "SDK Manager" 按钮，同样可以打开 SDK Manager。SDK 版本众多，开发 Android 应用程序时，经常要兼容多种 Android 设备，或者在特定版本下进行调试。本书开发的 Android Studio 项目是在 4.2 版本 Android 11.0（API30）环境下产生的，如图 1 – 27 所示。

【任务拓展】

下载安装夜神模拟器，并将创建的 Android 应用程序安装到夜神模拟器上。

［任务提示］

Android 原生的模拟器启动比较慢，CPU 与内存占用过大，操作起来不流畅。市场上有很多轻巧好用的模拟器，如夜神、雷电、Genymotion 等。

夜神模拟器安装简单，使用方便。下载夜神模拟器，直接安装后打开即可使用。在 Android Studio 工具栏的运行设备栏目内会出现该模拟器，如图 1 – 28 所示。"motorola AOSP

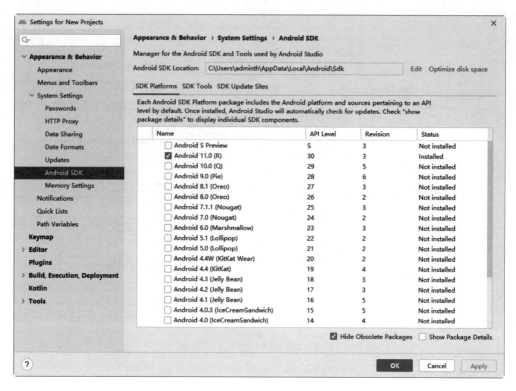

图 1-27 Android SDK

on Shama" 就是已安装的夜神模拟器。选择该模拟器，单击后面的▶按钮，就可以将Android 应用程序安装到"Motorola 手机"上了，也就是说这里可以切换向哪个设备安装应用。在 Android 真机上打开"USB 调试"功能，也可直接使用数据线连接到计算机，在运行设备栏 目内同样会出现真机的名称与型号，可将 Android 应用程序安装到真机中，实现真机调试。

图 1-28 运行设备

【任务小结】

Android Studio 的安装是 Android 应用开发的基础。它使 Android 应用开发更快速、更具 生产力。它完全免费，跨平台支持Windows/Mac/Linux。搭建 Android Studio 开发环境，首先 需要安装 JDK 并配置环境变量，其次需要合理的 SDK 支持。在安装过程中，可完成项目的 创建，借助模拟器可以完成 Android 应用程序的安装与测试。

任务 2　修改应用图标与名称

【任务描述】

认识 Android Studio 项目下的重要文件，修改应用的名称、图标及显示内容。修改应用后的效果如图 1 - 29 所示。

（a）　　　　　　　　　　　（b）

图 1 - 29　修改应用后的效果

【预备知识】

1. 项目目录结构

Android Studio 提供了多种项目结构类型，如图 1 - 30 所示。最常用的是 Android 目录结构，如图 1 - 31 所示，开发者涉及较多的文件都在 "manifests" "java" 和 "res" 文件夹节点中。Project 目录结构也是较常用的项目结构，它按照文件目录的形式显示项目内容，如图 1 - 32 所示。开发者在使用 Android Studio 进行开发时，常用的项目文件及其作用（以 Android 目录结构为例）见表 1 - 2。

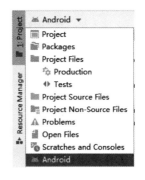

图 1 - 30　项目结构类型

图 1 – 31　Android 目录结构

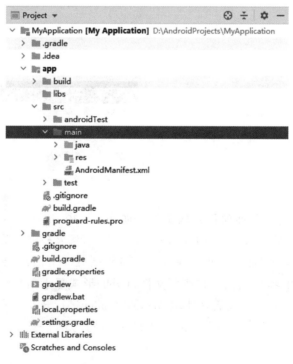

图 1 – 32　Project 目录结构

表 1 - 2　Android 项目文件及其作用（以 Android 目录结构为例）

文件（夹）名			用途	
app/manifests/AndroidManifest. xml			App 的配置信息	
app/java			Java 源代码与测试代码	
app/res		drawable	存储一些 ". xml" 文件、图片	
		layout	布局文件	
	mipmap	ic_launcher	存储原生图片资源	方形图标
		ic_launcher_round		圆形图标
	values	colors. xml	存储一些 color 的样式	
		strings. xml	存储引用的 string 值	
		themes	存储 App 的主题	

"drawable" 与 "mipmap" 文件夹都用于存放图片文件，其区别如下。"drawable" 文件夹内一般存放背景图、轮播图等效果图；"mipmap" 文件夹中存放的则主要是图标。这两个文件夹中还进行了低分辨率、中分辨率、高分辨率等不同大小的分类。所有 "res" 文件夹下的资源在命名的时候不能以数字开头，不能使用大写字母和特殊字符，可以使用下划线。

Gradle 是谷歌公司推荐使用的一套基于 Groovy 的编译系统脚本，以面向 Java 应用为主。它摒弃了基于 XML 的各种烦琐配置，是基于 DSL（领域特定语言）语法的自动化构建工具。所谓 DSL，就是专门针对 Android 开发的插件，如标准 Gradle 之外的一些新的方法（Method）、闭包（Closure）等。Gradle 语法简洁、简单，用于 Android 开发的新一代编译系统，也是 Android Studio 默认的编译工具。因为 Groovy 是 JVM 语言，所以可以使用大部分 Java 语言库。

Android Studio 新建一个工程后，默认生成两个 "build. gralde" 文件，一个位于工程根目录下，一个位于 "app" 目录下。另外还有一个文件 "settings. gradle"。根目录下的脚本文件是针对 module 的全局配置，它的作用域包含所有 module，是通过 settings. gradle 来配置的。"app" 文件夹就是一个 module，如果当前工程中添加了一个新的 module - lib，就需要在 "settings. gralde" 文件中包含这个新的 module。

2. Settings 设置

选择 "File" -> "Settings…" 选项，或按 "Ctrl + Alt + S" 组合键，可以打开 "Settings" 对话框，可进行 Android Studio 基本配置。

1）外观行为设置

在 "Appearance & Bahavior" -> "Apperance" → "Theme" 下拉列表中设置主题。Android Studio 的经典黑色主题 "Darcula" 就是在这里设置的。还可以设置菜单工具栏上的字体与大小，如图 1 - 33 所示。

2）字体设置

通过 "Editor" -> "Color & Fonts" → "Font" 选项设置编码区域的字体与大小，如图 1 - 34 所示。

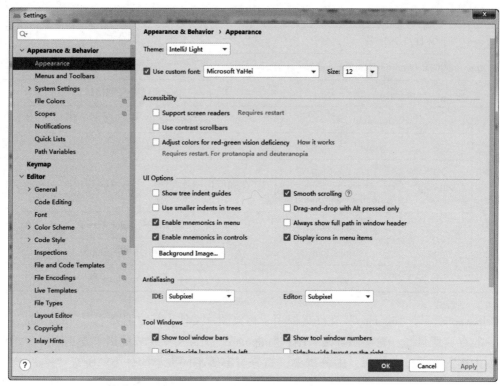

图 1－33　设置主题

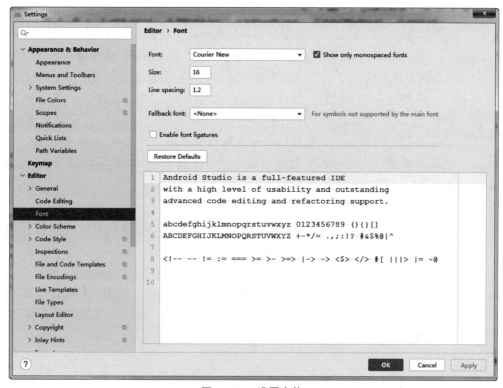

图 1－34　设置字体

3）系统设置

Android Studio 的项目是不需要手动保存的，系统自动保存设置，如图 1 – 35 所示。用户可以选择退出确认的方式、打开项目的方式和自动保存方式。

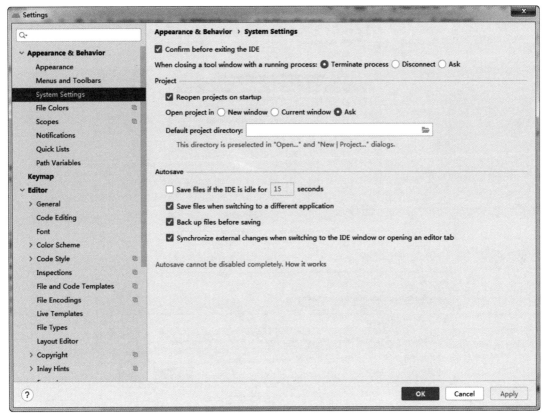

图 1 – 35　系统设置

【任务分析】

开发属于自己的应用时需要了解 Android 项目的几个重要文件。应用图标应该放在"mipmap"文件夹下，图标资源的引用在项目的配置文件中修改。应用的名称和显示的内容用到汉字，这里统一写入"strings. xml"文件，以"键值对"的形式存放，然后在对应的配置文件与布局文件中增加对应的引用即可。

【实现步骤】

1. 打开 Android 项目

在"开始"菜单中找到 Android Studio，打开开发工具。默认打开上一次创建的项目，即任务 1 中的"My Application"。如果显示的并非"My Application"，可选择"File"→"Open"命令，找到路径中的项目名称，打开项目。

修改应用图标

2. 复制图片

选择准备好的应用图标文件，按"Ctrl + C"组合键，再在项目目录中"app" –>"res" –>"mipmap"目录文件夹，按"Ctrl + V"组合键，会弹出路径选择对话框，如

图 1-36 所示，单击"OK"按钮。在弹出的"Copy"对话框中单击"OK"按钮，如图 1-37 所示。

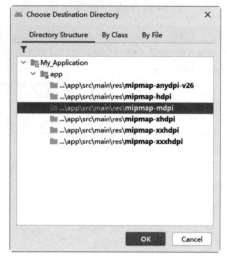

图 1-36　选择图片存放路径

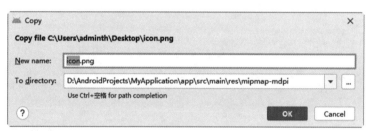

图 1-37　确认复制图片

3. 修改"strings. xml"文件

（1）在"res" -> "values"目录下，双击"strings. xml"文件，在编码区域打开"strings. xml"文件。

（2）在"strings"文件中，完成图 1-38 所示内容编辑。

```
1  <resources>
2      <string name="app_name">天问一号</string>
3      <string name="txt_words">这是第一个Android APP。</string>
4  </resources>
```

图 1-38　"string"文件

4. 修改"activity_main. xml"文件

（1）在编码区域找到"activity_main. xml"文件，如果该文件没有被打开，可在"res" -> "layout"目录下找到，双击打开。

（2）在"activity_main. xml"文件的"Design"视图下，选择视图中心的"Hello World!"文本。在右侧选择"Attributes"→"Common Attributes"→"text"属性，单击最右侧的竖条按钮，如图 1-39 所示。

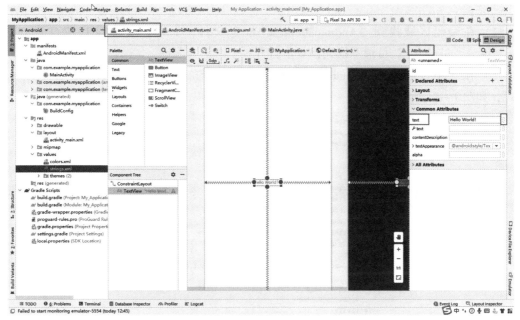

图 1 - 39   "activity_main. xml" 文件

（3）在弹出的对话框上方搜索栏内输入"txt_words"，可查到"string. xml"文件中对应的键值对，选中该查询结果，在右侧可看到预览信息，如图 1 - 40 所示。单击"OK"按钮。"text"属性值变为"@ string/txt_words"，即引用"string. xml"文件中的"txt_words"的值。

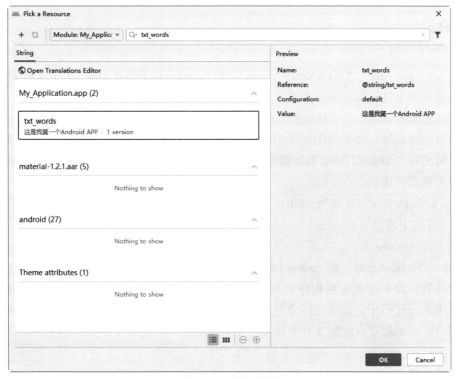

图 1 - 40   选择资源

5. 修改 "AndroidManifest. xml" 文件

（1）在编码区域找到 "AndroidManifest. xml" 文件，如果该文件没有被打开，可在 "app" -> "manifests" 目录下找到，双击打开。

（2）在 "AndroidManifest. xml" 文件中修改 icon 与 roundIcon 的值均为 "@ mipmap/ icon"，如图 1 - 41 所示。

```xml
1  <?xml version="1.0" encoding="utf-8"?>
2  <manifest xmlns:android="http://schemas.android.com/apk/res/android"
3      package="com.example.myapplication">
4
5      <application
6          android:allowBackup="true"
7          android:icon="@mipmap/icon"
8          android:label="@string/app_name"
9          android:roundIcon="@mipmap/icon"
10         android:supportsRtl="true"
11         android:theme="@style/Theme.MyApplication">
12         <activity android:name=".MainActivity">
13             <intent-filter>
14                 <action android:name="android.intent.action.MAIN" />
15
16                 <category android:name="android.intent.category.LAUNCHER" />
17             </intent-filter>
18         </activity>
19     </application>
20
21 </manifest>
```

图 1 - 41 "AndroidManifest. xml" 文件

6. 安装到模拟器

单击工具栏上的 ▶ 按钮，即可完成任务。

【任务要点】

1. 重要文件解读

"activity_main. xml" "MainActivity. java" 和 "AndroidManifest. xml" 3 个文件是 Android 开发中最常用的文件，初学者首先要学会使用这 3 个文件。

"activity_main. xml" 是 "layout" 文件夹中的一个布局文件，它决定了显示在用户面前的页面内容与样式等。如果应用程序中有多个 Activity，在 "layout" 文件夹下一般也会有多个 xml 布局文件。Android 开发工具提供了 Design 的设计模式与 Code 的 xml 文件编辑模式，以及两种方法都可用的 Split 模式。

"MainActivity. java" 是编写 Activity 的源代码文件。它继承自 AppCompatActivity 类，在 onCreate( )方法中通过 setContentView(R. layout. activity_main)将 "activity_main. xml" 布局文件加载到当前 Activity 上。

"AndroidManifest. xml" 是 Android 的配置文件，包含应用程序的基本信息清单，描述存在哪些组件等，如 icon 是应用程序的图标，label 是应用程序的名称，theme 是使用的主题。这里都使用@ 方式引用，以降低耦合度。应用程序中定义的 Activity、Service、Receiver 等组件以及用户许可都需要在配置文件中注册才会被识别。

2. 为什么需要 "strings. xml" 文件的引用作用

在布局文件 "activity_main. xml" 的 Design 模式下，可以发现手机视图中显示的字符内容与 text 属性引用的值是一致的。那么完全可以直接在 "text" 属性值内输入要显示的文字，为什么还要使用"@ string/txt_words"的值呢?

首先"@ string/txt_words"表示的是引用"strings. xml"文件中键名为"txt_words"的值。这就解释了为什么手机屏幕上出现的内容是"这是我第一个 Android APP。"而不是"@ string/txt_words"本身的字符串。这样做有三个目的。①为了国际化。如果所开发的应用面向国内用户,在屏幕上当然使用汉字,但是如果要让应用走向世界,如打入日本、欧美市场,就需要在手机屏幕上显示日语或英语。那么如果没有把文字信息定义在"strings. xml"文件中,就需要从多个 Java、布局等文件中找出所有汉字,修改为日文或英文,容易出错且非常不方便。但是如果把所有界面上出现的文字信息都集中存放在"strings. xml"文件中,只需要提供一个"string. xml"文件,把里面的汉字信息都修改为日文或英文,再运行程序时,手机界面就会显示对应的日文或英文。②为了减小应用的体积,降低数据冗余。假设在应用中要使用"今天是个好日子"10 000 次,如果不将这句话定义在"strings. xml"文件中,而是每次都直接写上这几个字,这样下来程序中将有 70 000 个字,这 70 000 个字占 136 KB 的空间。手机的资源有限,其 CPU 的处理能力及内存是非常有限的,136 KB 对手机内存来说是不小的空间。在开发手机应用时一定要记住"能省内存就省内存"。如果将这几个字定义到"strings. xml"文件中,每次在使用它们的地方通过引用方式实现,就只占用 14 B 的空间,这对减小应用的体积是非常有效的。当然在开发应用时使用的文字可能不会重复这么多次,但是"不以善小而不为",手机应用开发人员一定要养成良好的编程习惯。③为了降低耦合度。以前面使用"今天是个好日子"10 000 次为例,将内容变成"恭喜发财",如果没有将其写入"strings. xml"文件,需要找到这 10 000 次的使用位置逐一修改,而如果将其写入"strings. xml"文件,则只需修改 1 次即可。

【任务拓展】

创建项目"MyQQ",进行如下操作:①更改项目图标;②更改文本内容。MyQQ 应用如图 1 – 42 所示。

图 1 – 42　MyQQ 应用

【任务小结】

本任务在任务 1 的基础上，对 App 图标、应用名称等基本配置进行修改。通过该任务的实施可以熟悉开发环境、了解工具的使用方法及常用文件的组织结构，为接下来的开发学习打下基础。

知识拓展

1. ADB 命令

ADB 是 Android Debug Bridge（Android 调试桥）的缩写，它是 Android 开发及测试人员不可替代的强大工具。ADB 是一种可以用来操作手机设备或模拟器的命令行工具。它存在于"sdk"→"platform－tools"目录下。

1）配置环境

（1）新建 ANDROID_HOME 环境变量，值为 Android 的 SDK 的路径。

（2）在系统变量 Path 中添加"% ANDROID_HOME% \platform－tools"。

（3）在 cmd 命令控制窗口内输入"adb help"，看到图 1－43 所示的提示命令，即完成环境的配置。

图 1－43　ADB 帮助命令

2）常用 ADB 命令

常用 ADB 命令见表 1－3。

表 1－3　常用 ADB 命令

命令	功能
adb start－server	开启服务
adb kill－server	关闭服务
adb devices	查看当前连接的设备
adb help	查看 ABD 命令帮助信息

续表

命令	功能
adb install apk 路径	安装软件
adb install – r（APK 路径）	覆盖安装
adb uninstall ＜软件名＞	卸载软件
adb uninstall – k ＜软件名＞	卸载软件，保留配置和缓存文件
adb shell pm list packages – s	系统应用
adb shell pm list packages – 3	第三方应用
adb shell pm list packages	列出手机所装的所有 App 包名
adb push 计算机路径 移动端路径	将计算机文件传输到移动端
adb shell screencap – p 截屏文件路径	截屏
adb shell dumpsys cpuinfo	查看手机 CPU 情况
adb shell dumpsys meminfo ＋包名	查看应用内存使用情况
adb shell dumpsys diskstats	显示磁盘使用信息
adb shell pm clear［packagename］	清除应用缓存信息
adb shell dumpsys battery	查看电池状态
adb shell dumpsys batteryproperties	查看电池信息

现在 Android Studio 已经将大部分 ADB 命令以图形化的形式实现了。

2. 如何将开发的应用程序发布到应用商店

1）生成带签名的 APK。

当应用程序开发完后，可在"app" –>"build" –>"outputs" –>"apk" –>"debug"文件夹中找到应用程序安装文件"app – debug. apk"，或通过选择"Build"菜单中"Build Bundle(s)/APK(s)"→"Build APK(s)"子菜单生成，待 APK 生成成功后，右下角弹出提示框，单击上面的"locate"，如图 1 – 44 所示，即可以找到生成的 APK，但这是不带签名的 APK。如果需要将应用程序发布到应用商店，需要生成带签名的 APK，以防止别人篡改 APK 的内容。

图 1 – 44　生成 APK 时弹出的提示框

（1）选择"Build"菜单下的"Generate Signed Bundle"→"APK…"子菜单。

（2）在弹出的对话框中单击"APK"单选按钮，如图 1 – 45 所示，单击"Next"按钮。

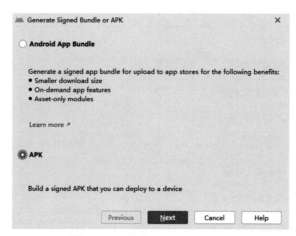

图 1 - 45 生成 Bundle 或 APK

（3）单击弹出对话框中的"Create new…"按钮。

（4）在创建密钥库的对话框中填入签名文件保存路径与文件名、密钥库密码与确认密码、密钥名称、密钥密码与确认密码、密钥有效时间及密钥者姓氏等信息，如图 1 - 46 所示，单击"OK"按钮。

图 1 - 46 创建密钥库

（5）填入的信息自动显示在"Generate Signed Bundle or APK"对话框中，如图 1 - 47 所示，单击"Next"按钮。

（6）选择"release"选项，并勾选"V1（Jar Signature）""V2（Full APK Signature）"复选框，如图 1 - 48 所示，单击"Finish"按钮。在项目路径"app"文件夹中会生成"release"文件夹，里面的"app - release. apk"文件即签名 APK。

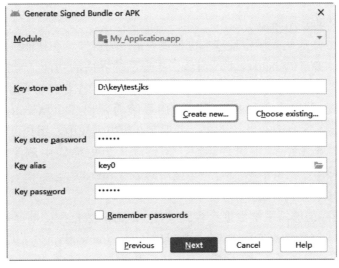

图 1-47　设置密钥

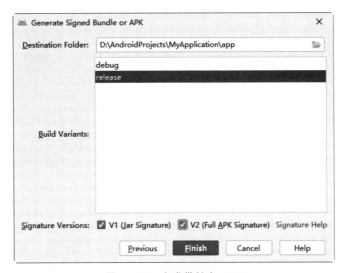

图 1-48　生成带签名 APK

2）将应用程序发布到应用商店

Android APK 可以发布的应用商店有应用宝、百度手机助手、360 手机助手、小米应用市场、华为应用商店和豌豆荚等，下面以应用宝为例介绍发布步骤。

（1）打开"https：//sj. qq. com/"应用宝官网，选择"开放平台"选项。

（2）在"应用开放平台"中选择"应用接入"选项，可使用 QQ 账号登录，并填写资料与验证邮箱，完成注册。

（3）单击"创建应用"按钮，选择"移动应用 安卓"选项。

（4）填写软件信息，提交审核。

（5）若审核通过，则几天后应用程序就可以上线到应用宝。

3. Android 应用程序的主要组件

1）Activity（活动）

Activity 是 Android 应用程序中最基本也是最为常用的组件，在智能终端的外表上呈现为一个独立的屏幕，类似于 Windows 下的窗体，实现系统界面的功能，承担与用户交互的职责。每个 Activity 都被实现为一个独立的类，并且从 Activity 基类中继承而来，显示由视图控件组成的用户接口，并对事件做出响应。应用系统通常由多个 Activity 组成。当一个新 Activity 打开后，前一个 Activity 将会暂停，并保存在历史堆栈中。用户可以返回历史堆栈中的前一个 Activity。当 Activity 不再使用时，还可以从历史堆栈中删除。在默认情况下，Android 将会保留从第一个 Activity 到每一个应用的运行 Activity。

2）ContentProvider（内容提供者）

Android 应用程序能够将系统数据保存到文件、SQLite 数据库，甚至任何有效的其他设备中。当用户需要将这些数据与其他应用程序共享时，ContentProvider 就可以发挥作用了。因为 ContentProvider 实现了一组标准的方法，从而能够让其他应用读取或保存该 ContentProvider 处理的各种数据类型。

数据是应用的核心。在 Android 中，默认使用 SQLite 作为系统数据库。但是在 Android 中，每个应用都运行在各自的进程中，应用程序之间无法共享数据。当用户的应用程序需要访问其他应用的数据，即需要数据在不同的虚拟机之间传递时，ContentProvider 可以作为解决在不同应用包之间共享数据的工具。

3）Service（服务）

Service 是一段长生命周期的、没有用户界面的程序。它通常运行于后台，为其他应用程序提供支持。在一个应用程序中，前台运行 Activity 程序，后台运行 Service 程序，前后台之间提供 Content. bindService( )方法进行接口通信，实现应用系统各模块程序间有条不紊的协作服务。

4）BroadcastReceiver（广播接收机）

在 Android 中，Broadcast 是一种广泛运用在应用程序之间的信息传输机制，而 BroadcastReceiver 是对发送出来的 Broadcast 进行过滤接收并响应的一类组件。应用程序可以拥有多个 BroadcastReceiver，以对所有感兴趣的通知信息予以响应。所有 BroadcastReceiver 均继承自 BroadcastReceiver 基类。BroadcastReceiver 没有用户界面，然而，它们可以启动一个 Activity 来响应它们收到的信息，或者用 NotificationManager 来通知用户。通知可以用很多种方式来吸引用户的注意力——闪动背灯、振动、播放声音等。一般来说是在状态上放置一个持久的图标，用户可以打开它来获取消息。

5）Intent（意图）

Activity、Service、BroadcastReceiver 和 ContentProvider 是相互独立的，它们可以相互调用、协调工作，最终组成一个真正的 Android 应用。这些组件之间的通信主要由 Intent 协助完成。Intent 在不同的组件之间传递消息，将一个组件的请求意图传递给另一个组件。Intent 是一个包含具体请求信息的对象。针对不同的组件，Intent 所包含的消息内容有所不同，且不同组件的激活方式也不同。

练习与实训

一、填空题

1. Android 虚拟设备的缩写是_____。

2. Android SDK 主要以_____语言为基础。

3. Android 系统采用分层架构，由高到低分别为_____、_____、_____和_____。

4. 程序员编写 Android 应用程序时，主要调用_____层提供的接口实现。

5. 在 Android 智能终端中，有很多应用，如拍照、管理联系人等，它们属于 Android 的_____层。

6. Android Studio 是一项全新的基于_____的 Android 开发环境，类似于 Eclipse ADT 插件，Android Studio 提供了集成的_____开发工具用于开发和调试。

7. 用于查看有哪些手机设备的 ADB 命令是_____。

二、选择题

1. 在创建项目的过程中，Name 表示（　　）。

A. 应用程序名称　　　　　　　　B. 项目名称

C. 项目包名　　　　　　　　　　D. 类名称

2. 不属于 Android 系统特点的是（　　）。

A. 与谷歌无缝结合　　　　　　　B. 可实现个性化应用

C. 良好的平台开放性　　　　　　D. 软件均要收费

3. 如果需要创建一个字符串资源，需要将字符串放在 "res"→"values" 目录下的（　　）文件中。

A. "value.xml"　　　　　　　　B. "strings.xml"

C. "dimens.xml"　　　　　　　　D. "style.xml"

4. Android 安装软件的后缀是（　　）。

A. ".sis"　　　　　　　　　　　B. ".cab"

C. ".apk"　　　　　　　　　　　D. ".jar"

5. 在 "AndroidManifest.xml" 配置文中，Activity 与 Application 里都可以设置 android：label 标签，Activity 的优先级（　　）Application。

A. 低于　　　　　　　　　　　　B. 等于

C. 高于　　　　　　　　　　　　D. 无法确定

6. 使用 Android 系统的手机可以采用以下几种方式进行软件安装。（　　）（多选）

A. 通过手机直接登录百度网站下载安装

B. 通过手机直接登录 Android 门户网站下载安装

C. 通过数据线与计算机连接直接下载安装

D. 通过 PC 终端上网下载至 SD 卡里再插入手机进行安装

三、实践题

1. 下载安装最新版的 Android Studio。

2. 下载安装雷电模拟器。

3. 创建一个新 Android 项目，设置 Activity 为无标题。

图 1-49　没有标题的 Android 应用程序

单元 2

布局管理技术与常用控件

打开手机的任何应用，映入眼帘的都是前台的显示页面，即用户界面（UI）。每个页面通常由图片、按钮、文本或编辑框等控件以各种布局方式呈现。Android 系统提供了许多控件与布局管理方式，控件包括文本、按钮、图片等，布局方式有线性、表格、相对等。正确的功能控件与合理的布局方式可以为应用程序构建美观、易用的用户界面，让人身心愉悦，也增加了应用程序的吸引力。本单元介绍 Android 的常用控件与布局管理技术。

【学习目标】

（1）掌握 TextView、EditText、Button、RadioButton、CheckBox 控件的作用与使用方法；

（2）熟悉 ImageView、Spinner 控件与 RadioGroup 容器的作用与使用方法；

（3）掌握线性布局、表格布局、相对布局与约束布局的管理技术；

（4）熟悉布局的嵌套使用；

（5）熟悉 style 样式、selector 选择器、shape 形状的使用方法。

任务 1   认识 Android 的常用控件

【任务描述】

创建 WidgetAndLayout 的应用程序，新建 widgets 布局，包含 TextView、EditText、Button、RadioButton 和 CheckBox 控件，各个控件的属性设置见表 2 – 1，完成效果如图 2 – 1 所示。

表 2 – 1   控件的属性设置要求

控件类型	属性名称	值	备注
所有控件	background	@ color/teal_200	背景色（图） （使用 color 文件中的颜色）
	textSize	20sp	字体大小
	textColor	@ color/purple_700	字体颜色
	textStyle	bold、italic	字体样式（加粗、斜体等）
	typeface	serif	字体

控件类型	属性名称	值	备注
所有控件	gravity	center	对齐方式
	padding	10dp	内边距
	minHeight	60dp	最小高度
TextView	id	wdg_txt_demo	控件 ID
	text	我是 TextView	显示文本内容
EditText	id	wdg_edt_demo	—
	hint	我是 EditText	提示内容
	inputType	numberPassword	输入类型
Button	id	wdg_btn_demo	—
	text	我是 Button	—
RadioButton	id	wdg_rbtn_demo	—
	text	我是 RadioButton	—
CheckBox	id	wdg_chb_demo	—
	text	我是 CheckBox	—
RadioButton 与 CheckBox	checked	true	是否被选中
	background	@ color/ white	指定新背景色

图 2−1　各个控件效果

【二维码 2-1】

【预备知识】

　　一个 Android 应用程序最基本的功能单元是 Activity，即 android. app. Activity 类的一个对象。Activity 可以做很多事情，但是它本身并不能使自己显示在屏幕上，而是要借助视图与视图组两个 Android 平台基本用户界面表达。Android 系统提供了很多控件，如文本控件、按钮控件、图片控件、时间控件等，它们都是通过定义在 android. view. View（视图）和 android. view. ViewGroup（视图组）两个大类表达的。在 Android 应用程序中 View 类是最基本的 UI 类，基本上所有高级的 UI 控件都继承自这个类。Android 的 View 类与其子类关系如【二维码 2-1】所示。一个 View 通常占用屏幕上的一个矩形区域，并负责绘图及事件处理，并且可以设置该块区域是否可见，以及获取焦点等操作。View 是所有窗体部件的基类，是为窗体部件服务的，这里的窗体部件即 UI 控件，例如一个按钮。ViewGroup 是一个特殊的 View 类，它继承于 android. view. View 类，一个 ViewGroup 对象是一个 Android. view. ViewGroup 的实例，它的功能就是装载和管理下一层的 View 对象和 ViewGroup 对象，一个 ViewGroup 也可以加入另一个 ViewGroup。View 对象显示在手机界面上时都有宽度、高度、背景、内/外边距等属性，用以控制它的样式与摆放位置等。View 的常用基础属性见表 2-2。

表 2-2　View 的常用基础属性

属性名称	描述
background	设置控件的背景色或背景图
id	设置控件的编号
minWidth	设置控件的最小宽度
maxWidth	设置控件的最大宽度
minHeight	设置控件的最小高度
maxHeight	设置控件的最大高度
onClick	设置单击事件时调用的方法
padding	设置控件的内边距，由 all 控制上、下、左、右所有边距，也可由 left、top、right、bottom 分别控制左、上、右、下边距，推荐度量单位 "dp"

　　TextView、EditText、Button 等控件是 Android 开发中最常用的控件。除了共有的属性外，它们还有特殊的属性，这些特殊的属性决定着每个控件具有不同的作用。

　　TextView 与 EditText 控件属于文本控件。TextView 继承自 View 类，是一个完整的文本编辑器，主要功能是向用户显示文本内容，被设置为不可编辑。EditText 是 TextView 的子类，被设置为允许用户对文本内容进行编辑。Button 控件继承自 TextView 类，用户可以对 Button 控件进行单击操作。Button 控件设置了 View.OnClickListener 监听器，在被点击后，监听器会触发按钮点击的处理方法。Button 控件的属性与 TextView 和 EditText 基本一致，只是没有 inputType 设置输入文本的类型属性。TextView、EditText 和 Button 控件的属性见表 2-3。

表 2-3 TextView、EditText 和 Button 控件的常用属性

属性名称	描述
gravity	设置控件内部文本的对齐方式，有 top、right、center_vertical 等值可选
hint	设置文本为空时显示的文字提示信息
text	设置显示文本
inputType	设置文本输入的类型（Button 控件没有该属性），有 text、textPassword、number-Password、phone 等值可选
minLength	设置文本域的最小输入字符数
maxLength	设置文本域的最大输入字符数
minLines	设置文本域的最小行数
maxLines	设置文本域的最大行数
textColor	设置文本颜色
textSize	设置文本字体大小，推荐度量单位 "sp"
textStyle	设置文本字体字形，有 normal、bold、italic 等值可选
typeface	设置文本字体，有 normal、sans、serif 和 monospace 等值可选

CheckBox 控件是复选按钮，继承自 CompoundButton 类。CheckBox 控件状态只能有选中与未选中两种。RadioButton 与 CheckBox 控件同样继承自 CompoundButton 类，控件状态也相同。不同的是 RadioButton 为单选按钮。几个 RadioButton 放在同一个 RadioGroup 中，可以实现这些 RadioButton 每次有且仅有一个选项被选中。CheckBox 和 RadioButton 控件的常用属性见表 2-4。

表 2-4 CheckBox 和 RadioButton 控件的常用属性

属性名称	描述
button	设置按钮的样式
checked	设置控件是否被选中，如果勾选（true）即被选中，否则未被选中
enable	设置控件是否启用
gravity	设置控件内部文本的对齐方式，有 top、right、center_vertical 等值可选
textColor	设置文本颜色
textSize	设置文本字体大小，推荐度量单位 "sp"
textStyle	设置文本字体字形，有 normal、bold、italic 等值可选
typeface	设置文本字体，有 normal、sans、serif 和 monospace 等值可选

【任务分析】

　　图示效果所使用的控件类型已经由图片中的显示文字提示了，可以按照图示的控件名称逐一找到相应控件放入手机页面，并对照属性表要求设置它们的属性值。针对所有控件属性值相同的情况，可自定义 style 样式，简化操作与代码。

【实现步骤】

认识常用控件

　　1. 创建 WidgetAndLayout 的项目

　　（1）双击 Android Studio 应用图标，默认打开上一次开发的项目。选择"File"－>"New"－>"New Project…"选项。

　　（2）在新建项目对话框的"Phone and Tablet"栏目内选择"Empty Activity"选项，单击"Next"按钮。

　　（3）设置"Name"为"WidgetAndLayout"，"Package name"默认为"com. example. widgetandlayout"，设置"Save location"为"D：\AndroidProjects\Unit2\WidgetAndLayout"，"Language"为"Java"，"Minimum SDK"可选 API23 以下任意一个，单击"Finish"按钮。

　　2. 资源准备

　　1）编辑"strings. xml"文件

　　（1）找到"app"－>"res"－>"values"－>"strings. xml"文件，双击打开"strings. xml"文件。

　　（2）在"strings. xml"文件中编辑 TextView、EditText、Button、RadioButton 和 CheckBox 控件的文本显示值，编辑值如下。注意命名时标示视图页面、控件类型与属性。

```
< resources >
    < string name = "app_name" >WidgetAndLayout < /string >
    < string name = "wdg_txt_text" >我是 TextView < /string >
    < string name = "wdg_edt_hint" >我是 EditText < /string >
    < string name = "wdg_btn_text" >我是 Button < /string >
    < string name = "wdg_rbtn_text" >我是 RadioButton < /string >
    < string name = "wdg_chb_text" >我是 CheckBox < /string >
< /resources >
```

　　2）编辑样式

　　（1）找到"app"－>"res"－>"values"－>"themes"－>"themes. xml"文件，双击打开"themes. xml"文件。

　　（2）在 resources 元素内增加自定义 style"MyStyle"，内容如下。

```
< resources xmlns:tools = "http://schemas.android.com/tools" >
    …… <! —省略默认 style -->
    < style name = "MyStyle" >
        < item name = "android:background" > @color/teal_200 < /item >
        < item name = "android:textSize" >20sp < /item >
        < item name = "android:textColor" > @color/purple_700 < /item >
        < item name = "android:textStyle" >bold |italic < /item >
```

```
            < item name = "android:typeface" > serif < /item >
            < item name = "android:gravity" > center < /item >
            < item name = "android:padding" > 10dp < /item >
            < item name = "android:minHeight" > 60dp < /item >
        < /style >
    < /resources >
```

3）布局准备

（1）找到"app"->"res"->"layout"文件夹，在"layout"文件夹上单击鼠标右键，选择"New"→"Layout Resource File"选项。

（2）在"New Resource File"对话框内填入"File name"为"widgets"（不能使用特殊字符和大写字母，首字母不能为数字，可以使用下划线），"Root element"为"LinearLayout"，其他值默认，如图 2-2 所示，单击"OK"按钮。

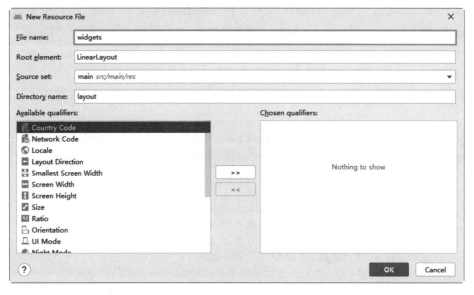

图 2-2　新建布局资源文件

3. 在 widgets 布局内添加控件并设置属性。

1）增加 TextView 控件，并设置它的属性

（1）选择"widgets. xml"文件的"Design"视图，在"Palette"面板的"Common"中找到"TextView"，用鼠标左键拖动"TextView"，移到下方"Component Tree"中的"LinearLayout"，或移到中间手机屏幕内松开，就增加了一个 TextView 控件。

（2）在组件树视图或中间手机视图中，选中"TextView"，在右侧"Attributes"栏目内设置"id"为"wdg_txt_demo"，按 Enter 键，在弹出的"Rename"对话框中单击"Refactor"按钮，如图 2-3 所示。

（3）在"Declared Attributes"或"All Attributes"中找到 text 属性，设置其值为引用"string. xml"文件的 txt_text 值，即"@ string/wdg_txt_text"。

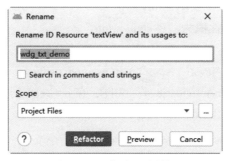

图 2-3　修改 id 属性

（4）在"All Attributes"中找到 style 属性，或通过上方的"Attributes"搜索到 style 属性，设置其值为引用"theme. xml"文件的 MyStyle 值，即"@ style/MyStyle"。

2）增加 EditText 控件，并设置它的属性值

（1）在"Palette"面板的"Text"中找到"Plain Text"，用鼠标左键拖动"Plain Text"，移到中间手机屏幕内"TextView"下方后松开。

（2）设置"id"为"wdg_edt_demo"。

（3）删除 text 属性的默认值，找到 hint 属性，设置 hint 属性值为"@ string/wdg_edt_hint"。

（4）在"Declared Attributes"中找到 inputType 属性，单击▶小旗帜，勾选"number-Password"复选框，单击"Apply"按钮。

（5）设置 style 属性值为"@ style/MyStyle"。

3）增加 Button 控件，并设置它的属性

（1）在"Common"或"Buttons"中找到"Button"，拉到中间手机屏幕内"EditText"下方。

（2）设置"id"为"wdg_btn_demo"。

（3）设置 text 属性值为"@ string/wdg_btn_text"。

（4）设置 style 属性值为"@ style/MyStyle"。

4）增加 RadioButton 控件，并设置它的属性

（1）在"Buttons"中找到"RadioButton"，拉到中间手机屏幕内"Button"下方。

（2）设置"id"为"wdg_rbtn_demo"。

（3）设置 text 属性值为"@ string/wdg_rbtn_text"。

（4）找到 checked 属性，勾选后面的复选框，其值自动变成"true"。

（5）设置 style 属性值为"@ style/MyStyle"。

（6）设置 background 属性值为"@ style/white"。

5）增加 CheckBox 控件，并设置它的属性

（1）在"Buttons"中找到"CheckBox"，拉到中间手机屏幕内"RadioButton"下方。

（2）设置"id"为"wdg_chb_demo"。

（3）设置 text 属性值为"@ string/wdg_chb_text"。

（4）找到 checked 属性，勾选后面的复选框，其值自动变成"true"。

（5）设置 style 属性值为"@style/MyStyle"。

（6）设置 background 属性值为"@style/white"。

4. 加载布局，运行查看效果

（1）找到"app"->"java"->"com. example. widgetandlayout"->"MainActivity. java"文件，双击打开"MainActivity. java"文件，在 onCreate()方法的最后一行，修改 setContentView()的参数值为"R. layout. widgets"，如图 2-4 所示。

```
1    package com.example.widgetandlayout;
2
3    import ...
6
7    public class MainActivity extends AppCompatActivity {
8
9        @Override
10       protected void onCreate(Bundle savedInstanceState) {
11           super.onCreate(savedInstanceState);
12           setContentView(R.layout.widgets);
13       }
14   }
```

图 2-4 修改 Java 文件加载的布局

（2）单击工具栏中的▶按钮，在手机或模拟器上查看运行效果。

【任务要点】

1. 布局文件中的控件代码

在"widgets. xml"文件的"Code"视图下查看控件的代码，以 TextView 控件为例，代码如下。

```
<TextView
    android:id = "@ + id/wdg_txt_demo"
    style = "@style/MyStyle"
    android:layout_width = "match_parent"
    android:layout_height = "wrap_content"
    android:text = "@string/wdg_txt_text" />
```

可以发现，控件代码由控件类型及设置的所有属性与属性值组成。事实上，也可以在"Code"视图下，通过编写代码的方式完成本任务。"Code"视图比较适用于编码熟练的开发者使用。

2. 自定义 style

本任务要求所有控件设置 textSize、textColor、gravity 等属性。一般情况下，针对每个控件分别找到这些属性，按要求逐一设置它们的值。但是为统一字体等风格，这些属性值都是相等的，因此通过"themes. xml"文件把相同属性值自定义为"MyStyle"，将对每个控件的多次重复操作简化为一次操作或一行代码（style = "@style/MyStyle"），非常方便。

从效果上看，控件的属性优先级高于 style 定义的相同属性。如 RadioButton 控件定义了 background 属性值，而"MyStyle"中也定义了该属性值，两者值不同，结果显示的是控件的 background 属性值效果；当控件的 background 属性值不存在时，会显示"MyStyle"中的

background 属性值效果；如果"MyStyle"中也不存在 background 属性值，则会以系统默认效果显示。

但是 Button 控件的背景色效果并不是"@ color/teal_200"。这是因为4.2版本创建的应用项目，默认的主题都是"Theme. MaterialComponents. DayNight. DarkActionBar"，可在"themes. xml"文件中将该值替换为"Theme. AppCompat. Light. DarkActionBar"即可看到设置的背景色。

3. inputType 属性

inputType 属性对 EditText 控件输入值时启动的虚拟键盘风格有着重要作用，不仅可以实现密码隐藏，还可以控制输入仅为数字、验证邮箱格式等，大大方便了操作。inputType 属性常见值可参见【二维码2-2】。

【二维码2-2】

"Palette"面板的"Text"中定义了不同 inputType 属性的"EditText"，如"Password""E - mail"等。在本任务中，也可直接使用其中的"Password（Numeric）"，而无须手动设置 inputType 属性值。

4. 属性值

属性值可以选择项目库资源（如@ color/teal_200）或已导入/编辑的资源（@ string/txt_text），也可以直接输入具体值（如10 dp）。

控件的宽高、距离等属性值一般使用"dp"为单位，而字体大小一般使用"sp"为单位。两者都是不依赖像素的单位，只跟屏幕的像素密度有关，但是 sp 作为字体大小单位，会随着系统的字体大小而改变，而 dp 则不会自适应系统字体大小。

【任务拓展】

在 MyQQ 项目中新增布局 activity_addaccount，完成图2-5所示的页面效果。

图2-5 添加账号页面

[任务提示]

这里需要根据页面效果分析控件类型，选出正确的控件。TextView 与 EditText 的区别在于用户是否可以编辑，Button 可用于表单信息的提交，因此页面中包含了1个 TextView、2个 EditText 和1个 Button。属性值根据页面效果合理设置即可。添加的账号这里可以限制为数字，密码限制为密文。

【任务小结】

通过本任务的实践，可以认识到 TextView 控件可用于显示文本，EditText 控件可用于编辑文本，Button 控件可用作按钮触发，RadioButton 控件可用于单选按钮，CheckBox 控件可用于复选框。控件的属性值可以通过引用项目库资源、已导入/编辑的资源或直接输入具体值的方式设置。需要掌握各个控件常用属性的设置方法。这些控件的使用与属性的设置为接下来的开发奠定基础。

任务 2　使用线性布局实现 BMI 指数计算页面

【任务描述】

使用线性布局技术完成图 2-6 所示的页面效果。

图 2-6　线性布局页面效果

【预备知识】

布局就像一个容器，将许多控件（也可以是布局）包含在其中。

线性布局 1

View 类是 Android 系统中构建用户界面的基本类，ViewGroup 是一个特殊的 View 类，它的功能就是装载和管理内层的 View 对象和 ViewGroup 对象。ViewGroup 是布局管理器（layout）及 View 容器的基类。在 ViewGroup 中，还定义了一个嵌套类 ViewGroup. LayoutParams。这个类定义了一个显示对象的位置、大小等属性，View 通过 LayoutParams 中的这些属性值来告诉父级容器它们将如何放置。

继承于 ViewGroup 的一些主要布局类有 LinearLayout（线性布局）、TableLayout（表格布局）、RelativeLayout（相对布局）、FrameLayout（帧布局）和 AbsoluteLayout（绝对布局）等。

线性布局是最简单的一种布局方式，它以单一方向对其中的显示对象进行水平或垂直排列，也可以对个别显示对象设置比例。线性布局的常用属性见表 2 - 5。

表 2 - 5 线性布局的常用属性

属性名称	描述
layout_width	设置控件相对于父容器的宽度，有 match_parent 和 wrap_content 值可选，也可填入具体数值
layout_height	设置控件相对于父容器的高度，有 match_parent 和 wrap_content 值可选，也可填入具体数值
layout_gravity	设置控件相对于父容器的对齐方式，有 top、bottom、left、right、center_horizontal、center_vertical、center 等值可选
layout_margin	设置控件相对于父容器外边距，all 控制上、下、左、右所有边距，也可由 left、top、right、bottom 分别控制左、上、右、下边距，推荐度量单位 "dp"
layout_weight	设置控件在父容器布局中未占用空间水平或垂直分配权重值，其值越大，权重越大
orientation	设置线性布局的方向，有 Vertical（垂直）和 Horizontal（水平）值可选

"orientation = "Vertical""表示线性布局内所有控件纵向摆放，每个控件占一行，效果如图 2 - 7（a）所示；"orientation = "Horizontal""表示线性布局内所有控件横向摆放，每个

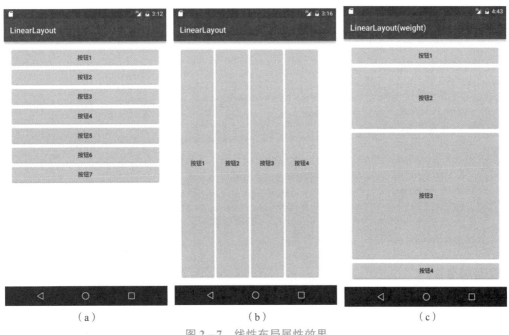

图 2 - 7 线性布局属性效果

（a）垂直方向布局；（b）水平方向布局；（c）使用 layout_weight 属性

控件占一列，效果如图 2 - 7 （b） 所示。layout_weight 属性在使用时，一般会设置元素（可以是控件，也可以是布局） "layout_width = "0dp"" （水平方向） 或 "layout_height = "0dp"" （垂直方向）。使用 layout_ weight 属性的效果如图 2 - 7 （c） 所示。按钮 2 的 "layout_weight = "1""，按钮 3 的 "layout_weight = "2""，两个按钮的 "layout_height = "0dp""，而按钮 1 和按钮 4 未设置 layout_weight 值，"layout_height = "wrap_content""。可以看到，由于按钮 2 与按钮 3 垂直伸展，且伸展的高度比为 1：2，4 个按钮充满整个界面。图 2 - 7 （c） 所示效果的具体代码参见【二维码 2 - 3】。

【二维码 2 - 3】

【任务分析】

该页面是 BMI 指数计算应用的前台显示页。顶部使用 TextView 控件作为标题，水平居中；接下来需要用户输入 "身高" 和 "体重"，所以使用 2 个 EditText 控件； "男" "女" 性别的选择使用 RadioButton 单选按钮，但是 "男" 与 "女" 作为一组单选项，需要置于 RadioGroup 容器中，水平摆放；最后是作为事件触发的 "开始计算" 按钮。这些控件或容器在页面中呈行显示，因此使用线性布局，方向 "orientation" 为 "vertical"。

【实现步骤】

（1） 打开 "WidgetAndLayout" 项目。

（2） 资源准备。

①编辑 "strings. xml" 文件。

a. 打开 "strings. xml" 文件。

线性布局 2

b. 在 resources 元素里，增加新页面的中文键值对。键的命名方式包含页面、控件类型和用途，具体内容如下。

```
<resources>
    <string name = "app_name">WidgetAndLayout</string>
<!-- 常用控件页面 -->
    ……<!--此处省略任务 1 的内容 -->
<!-- 线性布局页面 -->
    <string name = "linear_txt_title">BMI 指数计算</string>
    <string name = "linear_edt_height">请输入身高(cm)</string>
    <string name = "linear_edt_weight">请输入体重(kg)</string>
    <string name = "linear_rbtn_male">男</string>
    <string name = "linear_rbtn_female">女</string>
    <string name = "linear_btn_calc">开始计算</string>
</resources>
```

②布局准备。

a. 在 "layout" 文件夹上单击鼠标右键，选择 "New" - > "Layout Resource File" 选项。

b. 在 "New Resource File" 对话框中填入 "File name" 为 "linearlayout"，"Root element" 为 "LinearLayout"，其他值默认，单击 "OK" 按钮。

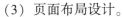

（3）页面布局设计。

①设置线性布局属性。

a. 在"linearlayout. xml"文件的"Design"视图下，在组件树或手机视图中选中线性布局，保持 layout_width、layout_height 属性值为"match_parent"。

b. 保持 orientation 属性值为"vertical"。

c. 设置 padding 属性值为"15dp"。

②增加 TextView 控件设置页面标题。

a. 在"Palette"面板中拉出"TextView"到线性布局内。

b. 设置 gravity 属性值为"center"。

c. 设置 text 属性值为"@ string/linear_txt_title"。

d. 设置 textColor 属性值为"@ color/black"。

e. 设置 textSize 属性值为"24 sp"。

f. 在"All Attributes"中找到"layout_margin"，单击左边的"＞"按钮展开节点，设置"layout_marginTop"为"25 dp"，"layout_marginBottom"为"15 dp"。

③使用 2 个 EditText 控件输入身高与体重。

a. 拖动 2 个"Plain Text"到 TextView 控件下方。

b. 设置第一个 EditText 控件的"id"为"linear_edt_height"，"inputType"为"number"，"hint"为"@ string/linear_edt_height"，删除 text 属性值。

c. 设置第二个 EditText 控件的"id"为"linear_edt_weight"，"inputType"为"number"，"hint"为"@ string/linear_edt_weight"，删除 text 属性值。

④使用 RadioGroup 作为 RadioButton 的容器。

a. 在"Palette"面板的"Buttons"中可以找到"RadioGroup"，拉出"RadioGroup"至 2 个 EditText 控件下方。

b. 保持"layout_width"为"match_content"，设置"layout_height"为"wrap_content"，"minHeight"为"50 dp"，"gravity"为"center_vertical"，"orientation"为"horizontal"。

c. 在"Buttons"中拉出 2 个"RadioButton"放置于"RadioGroup"中。

d. 设置 2 个"RadioButton"的"id"分别为"linear_rbtn_male""linear_rbtn_female"，"text"分别为"@ string/linear_rbtn_male""@ string/linear_rbtn_female"，"layout_width"均为"0 dp"，"layout_weight"均为"1"，"layout_height"保持默认值"wrap_content"不变。

e. 设置"text"为"男"，"RadioButton""checked"为"true"。

⑤添加"开始计算"按钮。

a. 拉出"Button"至"RadioGroup"下方。

b. 设置"id"为"linear_btn_calc"，"text"为"@ string/linear_btn_calc"。

（4）加载布局，运行查看。

①打开"MainActivity. java"文件，修改 setContentView( )的参数值为"R. layout. linearlayout"。

②单击工具栏中的▶按钮，在手机或模拟器上查看运行效果。

【任务要点】

1. 组件树视图

"Design" 视图的组件树视图如图 2-8 所示。整个页面采用垂直的线性布局方式，第一行是 TextView 的标题，然后是两个 EditText 的身高与体重，接下来是 RadioGroup 的性别选项，最后是 Button 按钮。

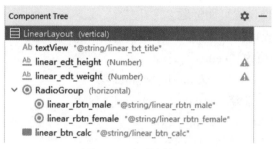

图 2-8 组件树视图

视图中"男"与"女"的两个 RadioButton 置于 RadioGroup 中成为一个整体。Radio-Group 作为单选按钮的容器，具备线性布局相同的容器属性，如 orientation 属性值为 "vertical"或"horizontal"，用于限制容器内控件方向。因为有了这个容器，RadioGroup 整体成为垂直线性布局中的一行，而里面却有"男"和"女"两列。两个 RadioButton 的 layout_weight 属性都等于"1"，且 layout_width 属性均等于"0 dp"，实现宽度 1∶1。如方向 orientation 属性为"vertical"时，可设置等高。

2. RadioGroup 单选按钮容器

由于每个人的性别有且仅有一个可能，必须要保证两个 RadioButton 在同一时间只能被选中一个。RadioGroup 除了是一个单选按钮容器外，还可以限定组内所有 RadioButton 仅有一个能被选中。在最后的手机或模拟器运行结果中，单击"女"或"男"单选按钮，会发现只有当前选项被选中，另一个选项自动设为未被选中。

如果一个页面中有多个类型的单选项时，那么每个类型使用一个 RadioGroup，每个 RadioGroup 包含相同类型的单选按钮。如"性别"和"学历"两组选项，需要两个 Radio-Group，一个包含"男"与"女"选项，一个包含"博士""硕士""本科"和"大专"等选项。

3. gravity 与 layout_gravity

在设置属性时，发现既有 gravity 又有 layout_gravity，它们有什么区别呢？下面以 Linear-Layout 内的一个 TextView 为例，解释它们的不同。TextView 的关键属性如下。

（1）layout_width 的值为 200 dp，layout_height 的值为 80 dp；

（2）layout_gravity 的值为 right；

（3）gravity 的值为 bottom、left。

此时的 TextView 效果如图 2-9 所示。由此得出，gravity 属性控制的是控件自身的对齐方式，即 TextView 的显示文本在控件中的左下位置；layout_gravity 控制的是控件在父容器（此时的线性布局）中的对齐方式，即整个 TextView 处于线性布局的右侧。

图 2 – 9　gravity 与 layout_gravity 属性的效果对比

不管是控件还是布局，既有 layout_width、layout_height 等通用的属性，也有特有的属性。通过合理、有效地使用这些属性，可以使页面简洁美观。

【任务拓展】

在"MyQQ"项目中，使用线性布局完成图 2 – 10 所示的"找回密码"页面。

图 2 – 10　"找回密码"页面

［任务提示］

该页面中不仅有行还有列，使用单一的线性布局无法实现，因此需要使用线性布局的嵌套方式。整体使用垂直的线性布局，内容以行的形式呈现。第二行有两列，需要用水平方向的线性布局实现，即水平方向的线性布局包含"TxtView"和"EditText"两列，整体作为外面垂直方向的线性布局的一行。组件树视图如图 2 – 11 所示。

图 2 – 11　组件树视图

【任务小结】

　　线性布局是应用程序中比较常见的一种布局方式。它通过 orientation 属性设置布局的方向是水平或垂直；通过 layout_weight 属性设置控件在线性布局内未占用空间水平或垂直分配权重值。为实现页面内有行有列，线性布局也可以嵌套使用。

任务 3　使用表格布局实现个人信息页面

【任务描述】

　　使用表格布局技术完成图 2 - 12 所示的个人信息页面。页面中按钮使用 Shape 形式指定圆角半径为 15 dp 的矩形、白色填充色、蓝色 2 dp 宽度的实线边框。

图 2 - 12　个人信息页面效果

【预备知识】

　　1. 表格布局

　　当页面中控件摆放行列规整有序时，可以使用线性布局嵌套方式实现，但如果使用表格布局实现则会简单很多。TableLayout 继承自 LinearLayout 类，除了继承来自父类的属性和方法外，TableLayout 还包含表格布局所特有的属性和方法。

　　TableLayout 的每一行为一个 TableRow 对象，可视为一个水平方向的线性布局。在 TableeRow 中可以添加子控件，每个子控件为一列。表格布局中的列宽由该列中最宽的单元格指定，表格的宽度由父容器指定。表格布局的常用属性见表 2 - 6。

表 2 – 6　表格布局的常用属性

属性名	描述
collapseColumns	设置指定列号的列隐藏，列号从 0 开始计算
shrinkColumns	设置指定列号的列收缩，列号从 0 开始计算
stretchColumns	设置指定列号的列伸展，列号从 0 开始计算

表格布局属性的使用样例参见【二维码 2 – 4】。

2. shape 形状

【二维码 2 – 4】

Android 开发可以通过 Drawable 资源修改控件的外观。Drawable 资源是一种可以通过 getDrawable(int) 方法获取，或者通过 android：drawble 和 android：icon 属性应用到 XML 文件的资源。Drawable 资源有很多，诸如 LayerDrawable、LevelListDrawable 等，可以用来实现不同的效果。

shape 是 Drawable 的形状绘制资源。它是一个定义几何图形的 XML 文件，包括颜色和几何形状，它会创建一个 ShapeDrawable 对象。一个 ShapeDrawable 对象需要一个 shape 对象来管理呈现资源到 UI Screen，如果没有设置 shape 对象，那么会默认使用 RectShape 对象。ShapeDrawable 被定义在一个 XML 文件中，以 shape 元素起始，具有 shape 标签和 solid、gradient、stroke、corners、padding、size 子标签。

1）shape 标签定义形状

用法如下。

```
android:shape = ["rectangle"|"oval"|"line"|"ring"]
```

shape 的形状默认为矩形，可以设置为矩形（rectangle）、椭圆形（oval）、线性形状（line）、环形（ring）。当设置形状为 ring 时，还可使用下面几个属性。

（1）android：innerRadius　　　　尺寸，表示内环的半径。

（2）android：innerRadiusRatio　　浮点型，以环的宽度比率来表示内环的半径。

（3）android：thickness　　　　　尺寸，表示环的厚度。

（4）android：thicknessRatio　　　浮点型，以环的宽度比率来表示环的厚度。

（5）android：useLevel　　　　　布尔值，当作 LevelListDrawable 使用时值为"true"。

2）corners 子标签定义四个角的圆角半径

用法如下。

```
<corners    //定义圆角
    android:radius = "dimension"                //全部的圆角半径
    android:topLeftRadius = "dimension"         //左上角的圆角半径
    android:topRightRadius = "dimension"        //右上角的圆角半径
    android:bottomLeftRadius = "dimension"      //左下角的圆角半径
    android:bottomRightRadius = "dimension" />  //右下角的圆角半径
```

其中 radius 不能与其他 4 个同时使用。

3）solid 子标签定义填充颜色

用法如下。

```
< solid android:color = "color" />
```

4）gradient 子标签定义渐变颜色

用法如下。

```
< gradient
    android:type = ["linear"|"radial"|"sweep"]    //有线性、放射、扫描式 3 种渐变类型
    android:angle = "integer"                     //渐变角度,必须为 45 的倍数
    android:centerX = "float"                     //渐变中心 X 的相当位置,范围为 0 ~ 1
    android:centerY = "float"                     //渐变中心 Y 的相当位置,范围为 0 ~ 1
    android:startColor = "color"                  //渐变开始点的颜色
    android:centerColor = "color"                 //渐变中间点的颜色,在开始与结束点之间
    android:endColor = "color"                    //渐变结束点的颜色
    android:gradientRadius = "float"              //渐变的半径,只有放射渐变类型才使用
    android:useLevel = ["true"|"false"] />        //是否设置 LevelListDrawable
```

5）stroke 子标签定义描边

用法如下。

```
< stroke
    android:width = "dimension"      //描边的宽度
    android:color = "color"          //描边的颜色
    android:dashWidth = "dimension"  //虚线的宽度,值为 0 时是实线
    android:dashGap = "dimension" /> //虚线的间隔
```

6）size 子标签定义图形大小

用法如下。

```
< size
    android:width = "dimension"
    android:height = "dimension" />
```

7）padding 子标签定义内边距

用法如下。

```
< padding
    android:left = "dimension"
    android:top = "dimension"
    android:right = "dimension"
    android:bottom = "dimension" />
```

【任务分析】

本任务中的"姓名""电话""性别"及"头像"是 4 个 TextView，"姓名"与"电话"的内容使用 2 个 EditText，"性别"的"男""女"使用 2 个 RadioButton 置于 RadioGroup 中，

图片使用 ImageView，通过 app：srcCompat 或 android：src 属性关联显示的图片文件，最后是 2 个 Button。所有控件可放置于一个 TableLayout 中。表格为 5 行 3 列，内容安排如图 2 – 13 所示。

TextView	EditText	
TextView	EditText	
TextView	RadioGroup	
TextView	ImageView	
	Button	Button

图 2 – 13　表格布局

表格布局 2　　　表格布局 1

【实现步骤】

（1）打开"WidgetAndLayout"项目。

（2）资源准备。

①图片素材准备。

找到图片素材"face. png"，复制该图片。在项目目录中找到"app"－>"res"－>"drawable"文件夹，选中"drawable"文件夹，按"Ctrl + V"组合键，在弹出的对话框中单击"OK"按钮。可调整资源名称与存放路径，如图 2 – 14 所示，单击"OK"按钮，将素材放入"drawable"文件夹。

图 2 – 14　资源名称与存放路径修改

②编辑"strings. xml"文件。

a. 打开"strings. xml"文件。

b. 在 resources 元素里，增加新页面的中文键值对。键的命名方式包含页面、控件类型和用途，具体内容如下。

```
< resources >
<! --  表格布局页面 -->
    < string name = "table_txt_name" >姓名：< /string >
    < string name = "table_txt_phone" >电话：< /string >
    < string name = "table_txt_sex" >性别：< /string >
    < string name = "table_txt_pic" >头像：< /string >
    < string name = "table_btn_save" >保存 < /string >
```

```
    < string name = "table_btn_cancel" >取消 </string >
</resources >
```

③shape 形状资源准备。

a. 在"drawable"文件夹上单击鼠标右键，选择"New"->"Drawable Resource File"选项。

b. 在"New Resource File"对话框中填入"File name"为"table_btn_shape"，"Root element"为"shape"，其他值默认，单击"OK"按钮。

c. 在"table_btn_shape. xml"文件中完成如下内容编辑。

```
<? xml version = "1.0" encoding = "utf -8"? >
< shape xmlns:android = "http://schemas.android.com/apk/res/android" >
    < corners android:radius = "15dp"/><! --设置圆角半径 -->
    < solid android:color = "#ffffff"/><! --设置填充颜色 -->
    < stroke android:width = "2dp" android:color = "#0000ff"
android:dashWidth = "2dp"/><! --设置描边 -->
</shape >
```

④布局准备。

a. 在"layout"文件夹上单击鼠标右键，选择"New"->"Layout Resource File"选项。

b. 在"New Resource File"对话框中填入"File name"为"tablelayout"，"Root element"为"TableLayout"，其他值默认，单击"OK"按钮。

（3）页面布局设计。

①设置表格布局属性。

a. 在"tablelayout. xml"文件中，保持 layout_width、layout_height 属性值为"match_parent"。

b. 设置 padding 属性值为"15 dp"。

c. 设置 stretchcolumn 属性值为"1，2"。

②增加第1行。

a. 在"Palette"面板的"Layouts"中找到"TableRow"，选中"TableRow"并拉到"Component Tree"的"TableLayout"中或手机视图中。

b. 设置该"TableRow"的 layout_height 属性值为"wrap_content"，minHeight 属性值为"60 dp"，gravity 属性值为"center_vertical"。

c. 在"Text"面板中拉出一个"TextView"到"TableRow"中。设置"TextView"的 text 属性值为"@ string/table_txt_name"，可删除 id 属性值。

d. 拉出一个"Plain Text"到"TextView"的后面。设置 id 属性值为"table_edt_name"，删除 text 属性值，设置 layout_span 属性值为"2"。完成后组件树视图如图2-15所示。

③增加第2行。

按照第②步的操作方法可以增加第2行，也可通过"Split"或"Code"视图编码快速完成第二行。

图 2-15　添加 EditText 后的组件树视图

a. 切换到"Split"视图，找到表格第 1 行的代码如下，复制这些代码。

```
<TableRow
    android:layout_width = "match_parent"
    android:layout_height = "wrap_content"
    android:gravity = "center_vertical"
    android:minHeight = "60dp" >
    <TextView
        android:layout_width = "wrap_content"
        android:layout_height = "wrap_content"
        android:text = "@string/table_txt_name" />
    <EditText
        android:id = "@ + id/table_edt_name"
        android:layout_width = "wrap_content"
        android:layout_height = "wrap_content"
        android:layout_span = "2"
        android:ems = "10"
        android:inputType = "textPersonName" />
</TableRow>
```

b. 在 </TableRow> 后面粘贴以上代码。修改粘贴代码的"TextView"中 text 属性值为"@ string/table_txt_phone"，"EditText"中的 id 属性值为"@ + id/table_edt_phone"，input-Type 属性值为"Phone"。

④增加第 3 行。

a. 参照第③步的方法，在第 2 个 </TableRow> 后面继续粘贴上述代码。修改粘贴代码的"TextView"中 text 属性值为"@ string/table_txt_sex"，并删除后面的"EditText"。

b. 在"Split"视图下，在窗口中间展开"Palette"与"Component Tree"视图，拉出一个"RadioGroup"到"性别"的后面。

c. 最小化"Palette"与"Component Tree"，展开最右侧的"Attributes"视图，设置 orientation 属性值为"horizontal"，layout_span 属性值为"2"（也可在 RadioGroup 中编码实现）。

d. 拉出一个"RadioButton"到"RadioGroup"中，"RadioButton"在"RadioGroup"的节点里面。

e. 拉出一个"RadioButton"到"RadioGroup"中。

f. 最小化"Palette"与"Component Tree"视图，展开最右侧的"Attributes"视图，设置第一个"RadioButton"的 id 属性值为"table_rbtn_male"，text 属性值为"@ string/linear_rbtn_male"；第二个"RadioButton"的 id 属性值为"table_rbtn_female"，text 属性值为"@

string/linear_rbtn_female"，checked 属性值为"true"；两个单选按钮的 layout_width 均为"0 dp"，layout_weight 属性值均为"1"，layout_height 属性值保持默认的"wrap_content"不变。这些属性值也可以在左侧代码区域编辑完成。

⑤增加第 4 行。

a. 参照第④的方法，增加第 4 行与第 1 列"头像"。

b. 在"Palette"的"Widgets"中找到"ImageView"，拉到"头像"后面，这时会自动弹出"Pick a Resource"对话框。

c. 在"Pick a Resource"对话框中选择"Drawable"视图，找到并选中"face"，单击"OK"按钮。

d. 设置"ImageView"的 layout_span 属性值为"2"。

⑥增加第 5 行。

a. 增加第 5 个 TableRow，设置 layout_height 属性值为"wrap_content"，minHeight 属性值为"60 dp"，gravity 属性值为"center_vertical"。

b. 在该行内增加 2 个"Button"。

c. 在编码处修改第 1 个"Button"的 id 属性值为"@ + id/table_btn_save"，layout_margin 属性值为"5 dp"，layout_column 属性值为"1"，background 属性值为"@ drawable/table_btn_shape"，text 属性值为"@ string/table_btn_save"。

d. 在编码处修改第 2 个"Button"的 id 属性值为"@ + id/table_btn_cancel"，layout_margin 属性值为"5 dp"，layout_column 属性值为"2"，background 属性值为"@ drawable/table_btn_shape"，text 属性值为"@ string/table_btn_cancel"。

（4）加载布局，运行查看。

①打开"MainActivity. java"文件，修改 setContentView( )的参数值为"R. layout. table-layout"。

②单击工具栏中的▶按钮，在手机或模拟器上查看运行效果。

【任务要点】

1. 表格布局

任务完成后的组件树视图如图 2 - 16 所示。可以清楚地看到，表格布局包含 5 个"TableRow"，即 5 行。表格中前 4 行的第 2 列内容均使 layout_span 属性值为"2"，实现跨 2 列显示。第 5 行的第一个"Button"通过 layout_column 属性值为"1"（layout_column 属性值从 0 开始计算），跳过第 1 列，显示在第 2 列处。第二个"Button"通过 layout_column 属性值为"2"显示在第 3 列上。

2. 布局设计方式

本任务的实践借助了"Design"与"Split"视图来完成。布局下的每个视图各有特点，"Design"视图适用于操作，"Code"视图适用于编写代码。自 Android Studio 3.6 版本推出了"Split"视图后，它便结合了操作与编码的优点，使 XML 文件开发更加简单方便。

3. shape 形状定义

shape 作为 Drawable 资源，一般建立在"drawable"文件夹内。本任务的 shape 形状未指

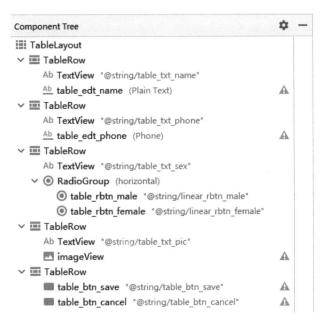

图 2-16　任务完成后的组件树视图

定，默认为矩形。corners 子标签定义矩形 4 个圆角的半径值，使用"radius"直接设置 4 个半径值相同。solid 子标签定义控件内部的填充色。stroke 子标签定义控件的边框样式，"width"表示边框的宽度，"color"表示边框的颜色；如使用虚线边框，则"dashWidth"表示边框线段的长度，"dashGap"表示空白间隔的宽度。如果把子标签 corners 和 stroke 修改为如下值，则按钮的边框效果如图 2-17 所示。

```
< corners android:topLeftRadius = "100dp" android:bottomRightRadius = "100dp"
android:radius = "15dp"/>
    < stroke android:width = "2dp" android:color = "#0000ff" android:dashGap = "5dp"
android:dashWidth = "10dp"/>
```

图 2-17　shape 形状效果

控件的 shape 资源可以通过 background 属性引入。如果填充颜色没有效果，可能是因为默认的主题为"Theme. MaterialComponents. DayNight. DarkActionBar"。此时在"themes. xml"文件中将该值替换为"Theme. AppCompat. Light. DarkActionBar"即可以看到 shape 形状效果。

【任务拓展】

在"MyQQ"项目中，增加表格布局完成的注册页面效果如图 2 – 18 所示，"注册"按钮实现渐变色效果。

图 2 – 18　注册页面效果

[任务提示]

在"TableLayout"中，前 3 行使用 3 个"TableRow"。最后一个"Button"由于充满整行，可不使用"TableRow"，直接将"Button"放在"TableLayout"中即可。按钮的渐变色由"gradient"完成，shape 参考代码如下。

```
<? xml version = "1.0" encoding = "utf -8"? >
<shape xmlns:android = "http://schemas.android.com/apk/res/android" android:
shape = "rectangle" >
        <corners android:radius = "15dp"/><!--设置圆角半径 -->
        <stroke android:width = "2dp" android:color = "#afc" android:dashWidth = "
2dp"/><!--设置描边 -->
        <gradient android:type = "linear" android:angle = "90"
    android:startColor = "#aff" android:centerColor = "#cfc" android:endColor = "#
ffc"/><!--设置渐变色 -->
    </shape>
```

【任务小结】

表格布局由 TableLayout 实现，采用行、列的形式管理 UI 元素。表格布局的每一行用 TableRow 标示，行内控件的列号可以省略或由 layout_column 标示。还可以通过 stretchColumns 伸展列，通过 shrinkColumns 收缩列，通过 collapseColumns 隐藏列。

任务4　使用相对布局实现微信登录页面

【任务描述】

使用相对布局技术完成图2-19所示的微信登录页面。EditText 聚焦时效果如"QQ 号/微信号/手机号"，未聚焦时效果如"密码"。Button 在未被点击时显示图示的绿色背景，被点击时显示白色背景。

图2-19　微信登录页效果图

【预备知识】

1. 相对布局

相对布局由 RelativeLayout 实现。相对布局容器内控件的位置是由相对兄弟控件或父容器的方位与距离来决定的。如 ImageView 控件在 TextView 控件的右侧、父容器的底部等。相对布局的属性较多，除了与线性、表格布局具有的相同的边距、布局对齐方式等属性外，还有一些特殊的属性，见表2-7。

表2-7　相对布局的常用位置属性

属性分类	属性	描述
属性值为"true"或"false"	layout_centerHrizontal	水平居中
	layout_centerVertical	垂直居中
	layout_centerInparent	相对于父元素完全居中

续表

属性分类	属性	描述
属性值为"true"或"false"	layout_ alignParentBottom	贴紧父元素的下边缘
	layout_ alignParentLeft	贴紧父元素的左边缘
	layout_ alignParentStart	贴紧父元素的开始位置
	layout_ alignParentRight	贴紧父元素的右边缘
	layout_ alignParentEnd	贴紧父元素的结束位置
	layout_ alignParentTop	贴紧父元素的上边缘
	layout_ alignWithParentIfMissing	如对应的元素找不到，就以父元素作参照物
属性值必须为 id 的引用名"@ + id/id – name"	layout_below	在某元素的下方
	layout_above	在某元素的上方
	layout_toLeftOf	在某元素的左边
	layout_toStartOf	在某元素的开始位置之前
	layout_toRightOf	在某元素的右边
	layout_toEndOf	在某元素的结束位置之后
	layout_alignTop	本元素的上边缘和某元素的上边缘对齐
	layout_alignLeft	本元素的左边缘和某元素的左边缘对齐
	layout_alignStart	本元素的开始位置和某元素的开始位置对齐
	layout_alignBottom	本元素的下边缘和某元素的下边缘对齐
	layout_alignRight	本元素的右边缘和某元素的右边缘对齐
	layout_alignEnd	本元素的结束位置和某元素的结束位置对齐

使用相对布局完成图 2 – 20 所示的"梅花"图案的布局代码参见【二维码 2 – 5】。先确定中间图片的位置——父容器的水平垂直居中，即在父容器的正中间（layout_centerInParent = "true"），然后分别确定四周的图片。如上面图片的位置：水平居中，即"layout_centerHorizontal = "true""，在正中间图片的上方使 layout_above = 中间图片的 id 属性值。其他图片也用相同的方法确定位置。

【二维码 2 – 5】

2. selector 选择器

在 StateListDrawable 内可以分配一组 Drawable 资源，它被定义在一个 XML 文件中，以 selector 元素起始。其内部的每一个 Drawable 资源内嵌在 item 元素中。当 StatListDrawable 资源作为组件的背景或者前景 Drawable 资源时，可以随着控件状态的变更而自动切换相对应的资源。例如：一个 Button 可以处于不同的状态（按钮按下、获取焦点）。可以使用一个

图 2 - 20 "梅花"图案布局效果

StateListDrawable 资源来提供不同的背景图片所对应的每一个状态。当控件的状态变更时，会自动向下遍历 StateListDrawable 对应的 XML 文件来查找第一个匹配的 item 元素。selector 有以下几种状态。

1）android:constantSize = ["true"|"false"]

false 表示各个状态的大小（size）各自不同，true 表示所有的状态大小相同（以最大的为准）。默认为 false。

2）android:dither = ["true"|"false"]

如果一个屏幕中位图有不同的像素配置，则 false 表示不启用位图的抖动，true 表示启用位图的抖动。默认为 true。

3）android:variablePadding = ["true"|"false"]

选择 false 时，内边距保持一致，为所有状态中最大的内边距。选择 true 时，内边距会根据状态的变化而变化。设置为 true 时，必须为不同的状态配置 layout。默认为 false。

4）android:drawable = "@[package:]drawable/drawable_resource"

其为 item 标签的属性，这个属性是必须的，为当前控件指定资源。

5）android:state_pressed = ["true"|"false"]

其为 item 标签的属性，true 指当用户点击或者触摸该控件的状态。默认为 false。

6）android:state_focused = ["true"|"false"]

其为 item 标签的属性，ture 指当前控件获得焦点时的状态。默认为 false。

7）android:state_hovered = ["true"|"false"]

其为 item 标签的属性，true 表示光标移动到当前控件上的状态。默认为 false。

8）android:state_selected = ["true"|"false"]

其为 item 标签的属性，true 表示被选择的状态，例如在一个下拉列表中用方向键选择其中一个选项。

9）android:state_checkable = ["true" | "false"]

其为 item 标签的属性，ture 表示可以被勾选的状态。它仅在当控件具有被勾选和不被勾选的状态间转换时才起作用。

10）android:state_checked = ["true" | "false"]

其为 item 标签的属性，true 表示当前控件处于被勾选（check）的状态。

11）android:state_enabled = ["true" | "false"]

其为 item 标签的属性，true 表示当前控件处于可用的状态，比如可以被点击。

12）android:state_activated = ["true" | "false"]

其为 true 表示当前控件被激活的状态。

13）android:state_window_focused = ["true" | "false"]

其为 item 标签的属性，true 表示当前控件处于最前端时，应用窗口获得焦点的状态。

【任务分析】

通过观察可以发现，图示的整体内容处于父容器的垂直居中位置。以账号 EditText 为父容器的第一个控件，贴紧父容器的左边缘与上边缘；密码 EditText 位于账号的下方，左、右边缘与之对齐；登录 Button 位于密码下方，右边缘与账号右边缘对齐；忘记密码 TextView 在密码的下方，左边缘与账号左边缘对齐，且与登录 Button 基准对齐。

【实现步骤】

（1）打开"WidgetAndLayout"项目。

（2）资源准备。

①编辑"strings. xml"文件。

相对布局 2　　　相对布局 1

在"strings. xml"文件中的 resource 元素里，增加新页面的中文键值对，具体内容如下。

```
< resources >
<! --    相对布局页面 -->
    < string name = "relative_edt_account" >QQ 号/微信号/手机号 </string >
    < string name = "relative_edt_password" >密码 </string >
    < string name = "relative_txt_forget" >忘记密码 </string >
    < string name = "relative_btn_login" >登录 </string >
< /resources >
```

②图片素材准备。

找到图片素材"btn_style_normal. 9. png""btn_style_press. 9. png""edit_style_focused. 9. png"和"edit_style_normal. 9. png"，复制到"drawable"文件夹中。

③selector 选择器资源准备。

a. 在"drawable"文件夹中新建"Drawable Resource File"，填入"File name"为"relative_edt_selector"，"Root element"为"selector"，其他值默认，单击"OK"按钮。

b. 在"relative_edt_selector. xml"文件中，完成如下内容编辑。

```
<? xml version = "1.0" encoding = "utf -8"? >
< selector xmlns:android = "http://schemas.android.com/apk/res/android" >
```

```
        <!--EditText 聚焦时使用 edit_style_focused 图片 -->
        <item android:state_focused = "true" android:drawable = "@drawable/edit_
style_focused" />
        <!--EditText 未聚焦时使用 edit_style_normal 图片 -->
        <item android:state_focused = "false" android:drawable = "@drawable/edit_
style_normal" />
    </selector>
```

c. 在"drawable"文件夹中新建"Drawable Resource File",填入"File name"为"rela-tive_btn_selector","Root element"为"selector",其他值默认,单击"OK"按钮。

d. 在"relative_btn_selector. xml"文件中,完成如下内容编辑。

```
<? xml version = "1.0" encoding = "utf - 8"? >
<selector xmlns:android = "http://schemas.android.com/apk/res/android" >
    <!--Button 点击时使用 btn_style_pressed 图片 -->
    <item android:state_pressed = "true" android:drawable = "@drawable/btn_
style_pressed" />
    <!--Button 未点击时使用 btn_style_normal 图片 -->
    <item android:state_pressed = "false" android:drawable = "@drawable/btn_
style_normal" />
    </selector>
```

④布局准备。

在"layout"文件夹中新建"Layout Resource File",填入"File name"为"relativelay-out","Root element"为"RelativeLayout",其他值默认,单击"OK"按钮。

(3)页面布局设计。

①在"relativelayout. xml"文件中,设置相对布局属性 gravity 值为"center_vertical",padding 值为"15dp"。

②在"Split"视图下,添加账号 EditText,并设置属性

a. 在"Palette"中拉出一个"Number"的 EditText。

b. 选中该控件,单击控件上方中间的空心圆,拉到手机的顶部,单击控件左端中间的空心圆,拉到手机的最左端。

c. 在左边代码视图下,删除该控件的 layout_marginStart 和 layout_marginTop 两个属性(如有需要,也可保留或修改属性值)。

d. 在左边代码区域中,修改 id 属性值为"@ + id/relative_edt_account",layout_width 属性值为"match_parent",保留 inputType 属性值为"number"。增加 hint 属性值为"@ string/relative_edt_account",textColorHint 属性值为"#aaa",textSize 属性值为"20 sp",back-ground 属性值为"@ drawable/relative_edt_selector"。

③在"Split"视图下,添加密码 EditText,并设置属性。

a. 在"Palette"中再拉出一个"Password"至手机中。

b. 选中该控件,单击控件上方中间的空心圆,拉到 id 属性值为"relative_edt_account"的控件底部中间的空心圆处,如图 2-21 所示。单击控件左端中间的空心圆,拉到 id 属性

值为"relative_edt_account"的控件左端中间圆圈处。

c. 在左边代码视图下，修改该控件的 layout_marginStart 属性值为"0 dp"，layout_marginTop 属性值为"10 dp"。修改 id 属性值为"@ + id/relative_edt_password"，layout_width 属性值为"match_parent"，保持 inputType 属性值为"textPassword"。增加 hint 属性值为"@ string/relative_edt_password"，textColorHint 属性值为"#aaa"，textSize 属性值为"20 sp"，background 属性值为"@ drawable/relative_edt_selector"。

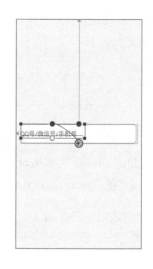

④在"Split"视图下，添加登录 Button，并设置属性。

a. 在"Palette"中拉出一个"Button"至手机中。

b. 选中该控件，单击控件右端中间的空心圆，拉到 id 属性值为"relative_edt_account"的控件右端中间的空心圆处。再单击控件上方中间的空心圆，拉到 id 属性值为"relative_edt_password"的控件底部中间圆圈处。

图 2 - 21　相对布局位置操作

c. 在左边代码视图下，修改该控件的 layout_marginTop 属性值为"10 dp"，layout_marginEnd 属性值为"0 dp"，id 属性值为"@ + id/relative_btn_login"，text 属性值为"@ string/relative_btn_login"。增加 textSize 属性值为"20 sp"，background 属性值为"@ drawable/relative_btn_selector"。

⑤在"Split"视图下，添加忘记密码 TextView，并设置属性。

a. 在"Palette"中拉出一个"TextView"至手机中。

b. 选中该控件，单击控件左端中间的空心圆，拉到 id 属性值为"relative_edt_account"的（账号）控件左端中间的空心圆处。再单击控件上方中间的空心圆，拉到 id 属性值为"relative_edt_password"（密码）的控件底部中间圆圈处。

c. 在左边代码视图下，删除该控件的 layout_marginStart 和 layout_marginTop 两个属性。修改 id 属性值为"@ + id/relative_txt_forget"，text 属性值为"@ string/relative_txt_forget"。增加 textSize 属性值为"18 sp"，layout_alignBaseline 属性值为"@+ id/relative_btn_login"。

（4）加载布局，运行查看。

①打开"MainActivity. java"文件，修改 setContentView( )的参数值为"R. layout. relaivelayout"。

②单击工具栏中的▶按钮，查看运行结果。在手机或模拟器上，单击"登录"按钮与输入两个文本框，查看动态效果。

【任务要点】

1. 布局文件代码

【二维码 2 - 6】所示为微信登录页面的布局代码。其中第一个 EditText 的 layout_alignParentStart 属性表示贴紧父元素开始位置开始，layout_alignParentTop 属性表示紧贴父元素上边缘，把"输入账号"控件唯一固定下来（控件处于父容器的垂直中心，是由于父容器的 gravity 属性值为"center_vertical"）。接下来的"输入密码"与"忘记密码"控件的"layout_align-

【二维码 2 - 6】

Start" 开始位置与 "输入账号" 的开始位置对齐, 使两个控件在水平位置上确定下来, 在通过 layout_below 属性确定上下顺序。Button 中的 layout_alignEnd 属性表示结束位置与 "输入账号" 结束位置对齐, layout_below 属性值为 "输入密码" 的 id 属性值, 再通过 layout_marginTop 属性调整上边距后, 把 "登录" 按钮确定下来。"忘记密码" 的 layout_alignBaseline 属性是设置控件与 "登录" 按钮控件基准对齐, 即两个控件的文字底部在同一水平线上。

layout_alignParentStart、layout_alignStart 等属性是 API17 引入的相对布局属性, 以适用于一些从右到左阅读习惯的地区。其早期与 layout_alignParentLeft layout_alignLeft 属性同时使用, 当前版本已不再自动使用 layout_alignParentLeft、layout_alignLeft 这类属性。

2. .9 图片

NinePatchDrawable 其实就是一种图片资源, 使用名称为 ".9" 的图片文件实现图片横向和纵向拉伸, 达到图片在多分辨率下不失真的效果。".9" 图片相当于把一张 png 图分成 9 个部分 (九宫格), 分别为 4 个角、4 条边, 以及 1 个中间区域。4 个角是不做拉伸的, 所以还能一直保持圆角的清晰状态, 而 2 条水平边和垂直边中间的黑线指定区域分别只做水平和垂直拉伸, 这样图片就不会走样。例如, 本任务中的 EditText 使用的背景图片长度并不是很长, 但显示效果却是长长扁扁的圆角矩形, 那是被拉伸的效果。跟普通的位图一样, ".9" 文件可以直接引用, 也可以从 XML 文件定义的资源中引用。

3. 自定义 Button 及 EditText 的选择器效果

本任务中使用的 Drawable 资源除了 NinePatchDrawable 外, 还有 StateListDrawable。

选择器的使用效果由状态改变来实现。不同的控件状态改变有所不同。本任务中的 EditText 作为文本输入框, 具有 "聚焦" 与 "非聚焦" 的状态改变。因此在 "relative_edt_selector. xml" 文件中根据 state_focused 属性值为 "true" 或 "false" 分别使用不同的背景图片, 并将文件作为资源作用在控件的 background 属性上, 这才有了运行时的动态效果。Button 具有 "点击" 与 "未点击" 的不同状态, 因此针对 state_pressed 属性取值的不同, 使用不同的背景图片。

【任务拓展】

使用相对布局等技术完成图 2 - 22 所示布局效果。要求使用素材图片完成图示效果, CheckBox 的按钮选中时使用 android:drawable/checkbox_on_background 图片, 未选中时使用 android:drawable/checkbox_off_background 图片。

[任务提示]

页面中上半部分的 QQ 图片、登录信息、按钮与 "记住密码", 可以使用相对布局完成, 布局使用 "login_bg. 9. png" 背景图片。下面 4 个复选框可以使用表格布局。相对布局与表格布局嵌在垂直方向线性布局的父容器中。QQ 登录页面组件树视图如图 2 - 23 所示。复选框采用不同的图片按钮, 因此需要定义 Drawable 资源的 XML

图 2 - 22　QQ 登录页面效果

文件。CheckBox 使用 button 属性引用该选择器资源（不能使用 background 属性）。

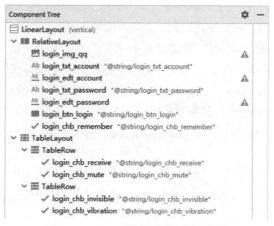

图 2-23　QQ 登录页面组件树视图

【任务小结】

相对布局是一种非常灵活的布局方式。它通过指定界面元素与其他元素的相对位置，确定界面中所有元素的准确位置。相对布局属性较其他布局多，主要为控件相对其他控件和父容器的位置属性。相对于其他控件位置的属性值使用对应控件的 id 属性值；相对于父容器位置的属性值使用 "true" 或 "false"。因此，控件的 id 属性值必须明确且唯一。

任务5　使用约束布局实现"学习强国"登录页面

【任务描述】

使用约束布局完成"学习强国"登录页面，效果如图 2-24 所示。"登录"按钮结合 shape 与 selector，在未被点击时显示红色填充，在被点击时显示"新用户注册"按钮的填充色。

【预备知识】

约束布局 ConstraintLayout 是一个 ViewGroup，可以在 API9 以上的 Android 系统中使用，从 Android Studio 2.3 起，官方的模板默认使用 ConstraintLayout。它的定位方式灵活，调整元素简单，可以有效地解决布局嵌套过多的问题，提高程序的性能。

ConstraintLayout 定位方式与 RelativeLayout 相近，但远比 RelativeLayout 强大。约束布局的常用属性见表 2-8。

图 2-24　"学习强国"登录页面效果

表 2 – 8 约束布局的常用属性

方向	属性	描述
水平方向	layout_constraintStart_toStartOf	本元素开始位置与某元素开始位置对齐
	layout_constraintEnd_toEndOf	本元素结束位置与某元素结束位置对齐
	layout_constraintStart_toEndOf	本元素开始位置与某元素结束位置对齐
	layout_constraintEnd_toStartOf	本元素结束位置与某元素开始位置对齐
	layout_constraintBaseline_toBaselineOf	本元素与某元素基准对齐
	layout_constraintHorizontal_bias	本元素距父容器左边距/（左边距 + 右边距）的比值
垂直方向	layout_constraintTop_toTopOf	本元素顶部位置与某元素顶部位置对齐
	layout_constraintBottom_toBottomOf	本元素底部位置与某元素底部位置对齐
	layout_constraintBottom_toTopOf	本元素底部位置与某元素顶部位置对齐
	layout_constraintTop_toBottomOf	本元素顶部位置与某元素底部位置对齐
	layout_constraintVertical_bias	本元素距父容器上边距/（上边距 + 下边距）的比值
角度	layout_constraintCircle	本元素角度位置的指定元素
	layout_constraintCircleRadius	本元素与某元素中心的距离
	layout_constraintCircleAngle	本元素与某元素中轴线的角度
其他辅助	layout_constraintGuide_percent	设置辅助线，通过与 orientation 结合控制水平或垂直方向的百分比
	layout_constraintDimensionRatio	设置宽高比
	barrierDirection	设置屏障所在的位置，可设置的值有 bottom、end、left、right、start、top
	constraint_referenced_ids	设置屏障引用的控件，可设置多个（用 "," 隔开）

ConstraintLayout 非常适合使用可视化的方式编写页面，即使用操作的方式完成布局设计，并不太适合使用 XML 的方式编写页面，因为页面中有较多控件的时候，编码为每个控件设置属性的工作量非常大。

1. 基本操作

1）为元素添加约束

在约束布局的前提下，"Design" 视图中元素与相对布局 RelativeLayout 中的元素很类似，四个角上的实心方块可改变元素的宽、高，四边中心的空心圆可与父容器或周围元素建立水平或垂直方向的约束，具体参见上一任务的实现步骤。

约束布局
基本操作

2）Constraint Widget

元素的约束基本都分为水平与垂直两类，为了方便精确固定位置，约束布局的 Constraint Widget 提供了很大便利。

在约束布局的"Design"视图下，选中元素，在"Attribute"的"Layout"下，可以看到"Constraint Widget"视图，如图 2-25 所示。图中①可以控制元素在水平与垂直方向上的偏移百分比，通过移动线条上的数字圈即可改变 layout_constraintHorizontal_bias 与 layout_constraintVertical_bias 属性值，快速精确地改变元素在页面上的位置；②是控件元素上、下、左、右的 margin 外边距值；③用来控制元素大小，分别有"wrap content"、固定值和"0 dp"三种模式可选。

（1）≫ 表示 wrap content。

（2）⊢⊣ 表示固定值，也就是可以指定 layout_width 和 layout_height 属性为固定值。

（3）⊢⊪⊣ 表示 0 dp（match constraint），类似于 match_parent。

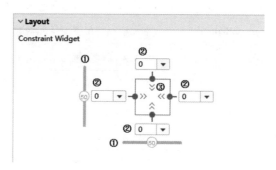

图 2-25　"Constraint Widget"视图

3）删除约束

（1）删除单个约束：选中元素，在"Constraint Widget"视图中找到要删除约束的实心圆点，如图 2-26 所示，单击即可完成删除。

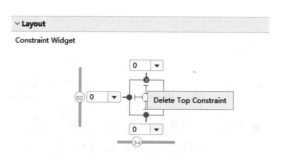

图 2-26　删除单个约束

（2）删除一个元素的所有约束：在该元素上单击鼠标右键，选择"Clear Constraints of Selection"选项，即可删除该元素的所有约束。

（3）删除页面内所有元素的所有约束：在手机视图中找到工具栏中的 ⨎ "Clear All Constraints"按钮，单击该按钮即可删除该页面内所有元素的所有约束。

4）自动添加约束

约束布局的每个元素都要确定位置，单个约束逐一添加无疑非常麻烦，借助自动添加约束工具会简便许多。自动添加约束的方式有两种——Autoconnect 和 Inference，分别对应手机

视图工具栏中的 🔍 和 🪄 按钮。

Autoconnect 可以根据拖放元素的位置状况自动判断应该如何添加约束，在默认情况下是不启用的。Autoconnect 只能给当前操作的元素自动添加约束。当然 Autoconnect 无法保障百分之百地准确判断用户的意图，如果自动添加的约束并不是所需要的，可以进行手动修改。

相对于 Autoconnect，Inference 的功能更为强大，它可以给当前界面中的所有元素自动添加约束，因此更适用于实现复杂度比较高的界面。只需将所有元素按照所希望的位置放好，单击 🪄 按钮，即可自动完成所有约束的添加。

2. 辅助

在手机视图的工具栏中，▮ 按钮下包含多种辅助工具，典型的有 "Guideline" "Barrier" "Group" "Chains" 等。

1）Guideline

Guideline 通常用于辅助百分比布局，分为横向和纵向。如要实现两个按钮水平方向居中，如图 2-27 所示，可借助 "Vertical Guideline" 设置 50% 的垂直辅助线，两个按钮分别左右对齐这条辅助线，再控制两个按钮底部对齐即可。

2）Barrier

Barrier 用于设置屏障，分横向和纵向。如图 2-28 所示，"C" 需要同时在 "A" 与 "B" 的右边，但是 "A" 与 "B" 的宽度不定，此时 "C" 的 layout_constrainStart_toEndOf 属性不好确定。解决方法：增加 barrierDirection 属性值为 "right" 的 "Vertical Barrier"，设置 constraint_referenced_ids 属性值包含 "A" 与 "B" 的 id 属性值，再将 "C" 放置于 Barrier 的右边，即 layout_constrainStart_toEndOf 属性值为该 Barrier 的 id 属性值。

图 2-27　Guideline 效果

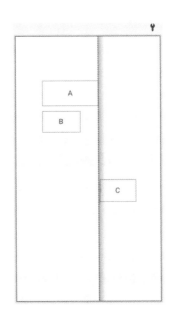

图 2-28　Barrier 效果

3）Group

Group 可以把多个元素归为一组，以方便隐藏或显示一组元素。

4）Chains

Chains 可以把两个或多个元素绑成整体，成为一条链，可整体调整链上的元素。如 3 个 Button 以图 2 - 29 所示约束放置，同时选中 3 个 Button，单击鼠标右键，通过上下文菜单"Chains"的"Create Horizontal Chains"与"Create Vertical Chains"命令，可创建或水平，或垂直，或水平与垂直方向链，如图 2 - 30 所示。Chains 有三种样式：默认的"spread"是元素与父容器未占空间均匀分布，图 2 - 30 所示就是该样式；"spread inside"是两端贴紧父容器，如图 2 - 31 所示的水平方向链；"packed"是链的元素相互贴紧，如图 2 - 31 所示的垂直方向链。

图 2 - 29　按钮初始约束

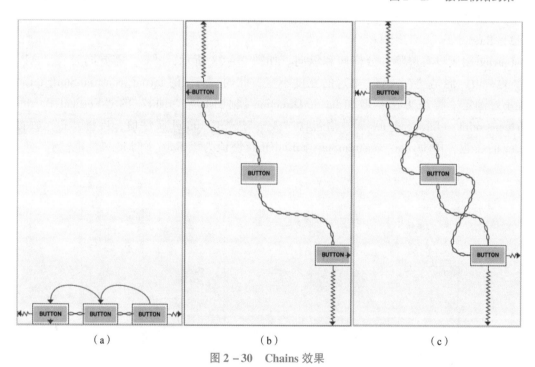

(a)　　　　　　　　　(b)　　　　　　　　　(c)

图 2 - 30　Chains 效果

（a）水平方向链；（b）垂直方向链；（c）水平与垂直方向链

【任务分析】

本任务页面的控件较多，适合使用 ConstraintLayout 的可视化编辑方式完成。先确定使用的控件。这里的"+86"是 Spinner 的下拉框，其余均是 TextView、EditText、Button 和 ImageView 的常见控件。由于本任务并没有指定每个控件具体的方位与距离，可以把对应控件大致置于手机视图内，再使用 Inference 自动添加约束即可。

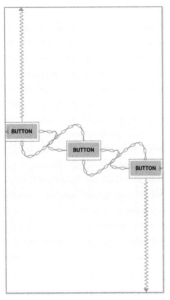

图 2 – 31　Chains 的样式效果

　　这里采用的方法是：以"登录"按钮作为页面的中心，按钮及上方的图片、文本与下拉框均与按钮左对齐，输入文本框在下拉框后面，两列控件分别基准对齐；"新用户注册"按钮紧接着"登录"按钮与其左右对齐；最后"找回密码"一行使用 3 个 TextView 控件：中间的 TextView "｜"水平居中，左、右两边与它距离相等。垂直方向的约束合理即可。

【实现步骤】

（1）打开"WidgetAndLayout"项目。

（2）资源准备。

①图片素材准备。

找到图片素材"study. png"并将其复制到"drawable"文件夹中。

②编辑"strings. xml"文件。

在"strings. xml"文件中的 resource 元素里，增加新页面的中文键值对，具体内容如下。

约束布局实现
学习强国
登录页面

```xml
< resources >
<! --　约束布局页面 -->
    < string name = "constraint_txt_phone" >手机号码 < /string >
    < string name = "constraint_edt_phone" >请输入手机号码 < /string >
    < string name = "constraint_txt_password" >密码 < /string >
    < string name = "constraint_edt_password" >请输入密码 < /string >
    < string name = "constraint_btn_login" >登录 < /string >
    < string name = "constraint_btn_register" >新用户注册 < /string >
    < string name = "constraint_txt_findp" >找回密码 < /string >
    < string name = "constraint_txt_line" >｜< /string >
    < string name = "constraint_txt_loss" >账号挂失 < /string >
    < string - array name = "constraint_spn_phone" >
        < item > +86 < /item >
```

```
        <item> +886 </item>
        <item> +852 </item>
    </string-array>
</resources>
```

③shape 形状资源准备。

a. 在 "drawable" 文件夹中创建名为 "constraint_btn_shape_pressed" 的 shape 文件。

b. 在 "constraint_btn_shape_pressed. xml" 文件中，编辑如下内容。

```
<? xml version = "1.0" encoding = "utf-8"? >
<shape xmlns:android = "http://schemas.android.com/apk/res/android">
    <solid android:color = "#eee"/>
    <corners android:radius = "10dp"/>
    <stroke android:color = "#ccc" android:width = "2dp"/>
</shape>
```

c. 在 "drawable" 文件夹中创建名为 "constraint_btn_shape_unpressed" 的 shape 文件。

d. 在 "constraint_btn_shape_unpressed. xml" 文件中，编辑如下内容。

```
<? xml version = "1.0" encoding = "utf-8"? >
<shape xmlns:android = "http://schemas.android.com/apk/res/android">
    <solid android:color = "#f00"/>
    <corners android:radius = "10dp"/>
    <stroke android:color = "#ccc" android:width = "2dp"/>
</shape>
```

④selector 选择器资源准备。

a. 在 "drawable" 文件夹中创建名为 "constraint_btn_selector" 的 selector 文件。

b. 在 "constraint_btn_selector. xml" 文件中，编辑如下内容。

```
<? xml version = "1.0" encoding = "utf-8"? >
<selector xmlns:android = "http://schemas.android.com/apk/res/android">
    <item android:state_pressed = "true" android:drawable = "@drawable/con-
straint_btn_shape_pressed"/>
    <item android:state_pressed = "false" android:drawable = "@drawable/con-
straint_btn_shape_unpressed"/>
</selector>
```

⑤布局准备。

在 "layout" 文件夹中新建名为 "constraintlayout" 的布局文件。

（3）布局页面内增加控件。

①设置 "登录" 按钮。

a. 在 "constraintlayout. xml" 文件的 "Code" 视图下，增加内边距 "padding" 值为 "16 dp"。

b. 切换到 "Design" 视图，单击 按钮，开启 Autoconnect。

c. 拉出一个"Button"置于手机页面的正中间位置，在"Constraint Widget"视图中单击方框内水平方向符号 ⊢⊣，即宽度为"0dp（match constraint）"。

d. 设置该按钮 id 属性值为"constraint_btn_login"，text 属性值为"@ string/constraint_btn_login"，textColor 属性值为"@ color/white"，textSize 属性值为"18 sp"，background 属性值为"@ drawable/constraint_btn_selector"。

e. 单击 🔘 按钮，关闭 Autoconnect。

②设置"密码"文本框。

拉出一个"TextView"在"登录"按钮上方，且左对齐。设置该控件左边与"登录"按钮左边对齐，底部对齐"登录"按钮顶部。设置 text 属性值为"@ string/constraint_txt_password"。

③设置"密码"输入框。

在"Palette"的"Text"中拉出一个"Password"，置于"登录"按钮上方、"密码"文本框右边，设置"密码"输入框与"密码"文本框基准对齐。设置 hint 属性值为"@ string/constraint_edt_ppassword"，id 属性值为"constraint_edt_password"，layout_width 属性值为"0 dp"。

④设置"+86"下拉框。

在"Palette"的"Containers"中拉出一个"Spinner"至"密码"文本框上方，并与之左对齐。设置"Spinner"左边与"密码"文本框左对齐，底部对齐"密码"文本框顶部。设置该"Spinner"的 entries 属性值为"@ array/constraint_spn_phone"，layout_width 属性值为"wrap_content"。

⑤设置"手机号码"输入框。

在"Palette"的"Text"中拉出一个"Phone"，置于"密码"输入框上方、"+86"下拉框的右边，与"+86"下拉框基准对齐。设置 hint 属性值为"@ string/constraint_edt_phone"，id 属性值为"constraint_edt_phone"，layout_width 属性值为"0 dp"。设置"手机号码"输入框与"密码"输入框左对齐，它们均与"登录"按钮右对齐。

⑥设置"手机号码"文本框。

拉出一个"TextView"在"+86"下拉框上方，与之左对齐。设置该控件与"+86"下拉框左对齐，底部对齐"+86"下拉框顶部。设置 text 属性值为"@ string/constraint_txt_phone"。

⑦设置"学习强国"图片。

拉出一个"ImageView"到"手机号码"文本框上方，选择显示图片为"study"。设置 layout_width 属性值为"120 dp"，layout_height 属性值为"60 dp"。设置该"ImageView"与"手机号码"文本框左对齐，底部对齐"手机号码"文本框顶部，顶部对齐父容器顶部。

同时选中"ImageView""手机号码"文本框、"+86"下拉框与"密码"文本框，设置为垂直方向链。

⑧设置"新用户注册"按钮。

拉出一个"Button"，置于"登录"按钮下方，调整至与"登录"按钮左右均对齐。设置 id 属性值为"constraint_btn_register"，text 属性值为"@ string/constraint_btn_register"，textSize 属性值为"18 sp"，background 属性值为"@ drawable/constraint_btn_shape_pressed"。

⑨设置"|"文本。

拉出一个"TextView"在视图下方中间位置，设置水平居中且底部对齐父容器底部，顶部对齐"新用户注册"按钮底部。设置 layout_constraintVertical_bias 属性值为"0.8"，设置 text 属性值为"@ string/constraint_txt_line"。

⑩设置"找回密码"文本。

拉出一个"TextView"位于"|"文本左边，且与"|"文本水平对齐。设置 id 属性值为"constraint_txt_findp"，text 属性值为"@ string/constraint_txt_findp"。

⑪设置"账号挂失"文本。

拉出一个"TextView"位于"|"文本右边，且与"|"文本水平对齐。设置 id 属性值为"constraint_txt_loss"，text 属性值为"@ string/constraint_txt_loss"。

⑫完善约束。

例如，调整"找回密码"与"账号挂失"和"|"之间的距离相等，"EditText"宽度为"0 dp（match constraint）"，与"登录"按钮右对齐，"+86"与"请输入手机号码"基本对齐等。完成后的视图效果如图 2-32 所示。

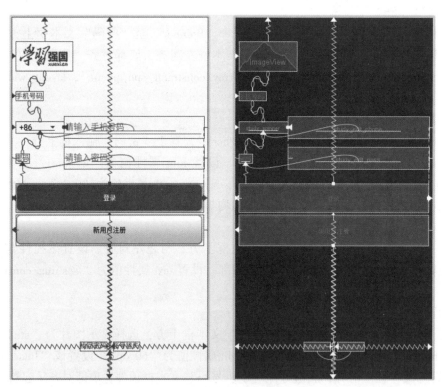

图 2-32　完善约束后的视图效果

（4）加载布局，运行查看。

①在"MainActivity. java"文件中修改 setContentView（）的参数值为"R. layout. constraintlayout"。

②单击工具栏中的▶按钮，查看运行结果。在手机或模拟器上，单击"登录"按钮，查看动态效果。

【任务要点】

1. 约束布局

在"Code"视图下查看布局代码，可以发现每个控件都包含非常多的属性，使用 XML 文件编写方式无疑费时费力。借助可视化编辑方式，特别是自动添加约束辅助，无论页面中有多少个元素，位置关系多复杂，都可快速完成。

由于本任务中很多约束是都是自动添加的，特别是垂直方向上的约束，所以生成的代码会有所不同，不影响页面的效果。

2. Spinner

本任务中 Spinner 下拉框用于手机号国家码的选择。国家码以"string array"形式定义在"string. xml"文件中，通过 Spinner 的 entries 属性加载字符串数组。这里的引用路径不能使用"@ string"，而是"@ array"。参考代码如下。

```
android:entries = "@array/constraint_spn_phone"
```

3. shape 与 selector 结合使用

前面的 shape 资源在定义时，所采用的值均为颜色或大小的数字，看起来与 selector 无关，但是 selector 在不同状态下，使用的资源除了 Drawable 文件下的图片外，还可以是 XML 文件。因此 shape 文件却可以成为 selector 的引用值。本例中把两个 shape 资源分别作为"登录"按钮不同状态下的引用值，属于 shape 与 selector 的综合运用。

【任务拓展】

使用约束布局完成 QQ 个人资料页面，效果如图 2 - 33 所示。

图 2 - 33　QQ 个人资料页面效果

[**任务提示**]

图示页面包含较多的控件，而且头像图片与背景图存在部分重叠，这种情况使用约束布局可以方便地实现。参考方案：借助"Horizontal Guideline"将页面分为 4∶6 的比例，上半部分使用线性布局显示背景图，头像可用 shape 实现圆形置于 Guideline 位置处，性别、生日与现居地采用了水平 Chains 绑成整体统一控制距离。所用元素如图 2－34 所示，约束关系如图 2－35 所示。

图 2－34　组件树视图中的结构

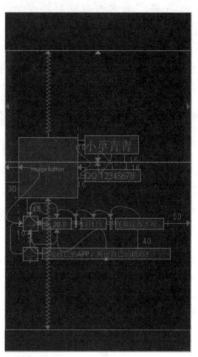

图 2－35　约束关系

[**任务小结**]

ConstraintLayout 作为目前的默认布局技术，可通过可视化方式快速完成复杂的页面布局，且解决了布局嵌套带来的性能下降问题。ConstraintLayout 的属性非常多，使布局更加灵活。借助自动添加约束、Guideline、Chains 等辅助工具可使开发更加得心应手。

知识拓展

1. 帧布局

帧布局（FrameLayout）是在屏幕上开辟出一块区域，在这块区域中可以添加多个子控件，但是所有子控件都默认对齐到父容器的左上角。帧布局的大小由尺寸最大的子控件决定。在 FrameLayout 中，子控件是通过栈来绘制的，所以后添加的子控件会被绘制在上层。如果子控件一样大，则在同一时刻只能看到最上面的子控件。

FrameLayout 继承自 ViewGroup，除了继承自父类的属性和方法外，FrameLayout 中包含了自己特有的属性和方法，见表 2－9。

表 2 – 9　帧布局的常用属性

属性	描述
foreground	设置绘制在所有子控件之上的内容
foregroundGravity	设置绘制在所有子控件之上的内容的 gravity 属性

图 2 – 36 所示为一个简单的帧布局。用 3 个不同大小、颜色和显示内容的 TextView 表示 3 帧，即 3 个图层。机器人头像通过 foreground 属性显示在所有子控件上面，且垂直水平居中。具体代码参见【二维码 2 – 7】。

【二维码 2 – 7】

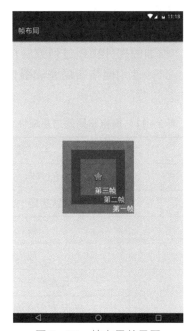

图 2 – 36　帧布局效果图

2. 绝对布局

绝对布局由 AbsoluteLayout 实现，Android 不提供如何布局控制，而是由开发者通过 x 坐标、y 坐标来控制组件的位置。使用绝对布局完成图 2 – 37 所示效果的具体代码参见【二维码 2 – 8】。绝对布局的常用属性见表 2 – 10。

【二维码 2 – 8】

图 2 – 37　绝对布局效果

表 2-10   绝对布局的常用属性

属性	描述
layout_x	指定容器内控件的 x 坐标
layout_y	指定容器内控件的 y 坐标

3. 网格布局

网格布局（GridLayout）把页面分成 m 行和 n 列，使用 m+1 条线和 n+1 条线，把页面共分成 n×m 个 Cell。指定位置时行坐标是从 0 到 n。每个子 View 占一个或多个 Cell。

Android 4.0 以上版本出现的 GridLayout，对比于 TableLayout、GridLayout，可以方便地让控件跨行跨列，且可以同时向水平和垂直方向对齐；通过 columnCount 属性设置列数后，增加的控件在超过列数后自动进行换行。

网格布局的常用属性见表 2-11。使用网格布局完成图 2-38 所示效果的具体代码参见【二维码 2-9】。

【二维码 2-9】

表 2-11   网格布局的常用属性

属性	描述
Orientation	布局的方向（水平、垂直）
useDefaultMargin	使用默认边距（默认为"false"）
rowCount	最大行数
columnCount	最大列数
layout_row	子元素所在行（从 0 开始）
layout_column	子元素所在列（从 0 开始）
layout_rowSpan	合并行
layout_columnSpan	合并列

图 2-38   网格布局效果

练习与实训

一、填空题

1. Android 中的布局分别有_____、_____、_____、_____、FrameLayout、GridLayout 和 AbsoluteLayout。

2. 创建 Android 项目时，默认使用的布局为_____。

3. 线性布局的 orientation 属性值有_____和_____可选。

4. 表格布局中_____类代表一行。

5. 相对布局中_____属性可以控制与指定控件右对齐。

6. 约束布局中_____属性可以控制本控件在某控件的右边，_____属性可以控制本控件与某控件右对齐。

7. 为了使 Android 适应不同分辨率的机型，布局时字体单位应使用_____，长宽尺寸与距离使用_____。

二、选择题

1. Android 系统中的控件都继承自（　　）类。

A. Control
B. Window
C. Container
D. View

2. 对于 XML 布局文件中的视图控件，layout_width 属性值不能为（　　）。

A. fill_parent
B. match_parent
C. match_content
D. wrap_content

3. 下面哪个控件用于显示图片？（　　）

A. ImageView
B. TextView
C. EditText
D. Button

4. 表格布局中 android:layout_column 属性的作用是（　　）。

A. 指定行号
B. 指定列号
C. 指定总行数
D. 指定总列数

5. （　　）属性可用于引用图片资源 id。

A. img
B. id
C. src
D. text

6. 相对布局中，"是否与父容器底部对齐"的属性是（　　）。

A. android:layout_alignBottom
B. android:layout_alignParentBottom
C. android:layout_alignBaseline
D. android:layout_below

7. 不属于约束布局元素大小的模式是（　　）。

A. match constraint
B. 固定值
C. wrap_content
D. fit_parent

三、编程题

使用合适的布局方式完成图 2 – 39 所示效果。

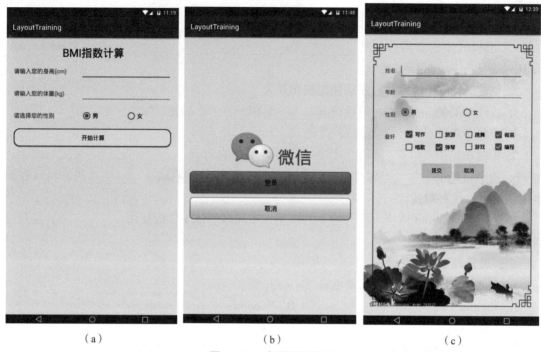

（a）　　　　　　　　　（b）　　　　　　　　　（c）

图 2 – 39　布局训练效果

单 元 3

Android事件处理

完成了前台页面设计，待用户进行相关操作后，Android 就该做出相应事件的响应，如表单提交、视图跳转等。Android 的事件处理有两种方式：基于回调的事件处理和基于监听器的事件处理。基于监听器的事件处理方式，将事件源和事件监听器分离，有利于提高程序的可维护性。基于回调的事件处理方式不需要独立的事件监听器，直接由触发控件自身的特定函数负责处理该事件。本单元介绍事件的监听与响应方法。

【学习目标】

(1) 理解监听器的作用与事件处理模型；
(2) 掌握 Button 单击事件的监听与响应方法；
(3) 熟悉常用的事件监听方法；
(4) 掌握用 Intent 实现视图跳转的方法；
(5) 熟悉菜单与上下文菜单的创建与单击响应；
(6) 掌握 Toast 的使用方法。

任务1 完成简单猜数字游戏

【任务描述】

创建应用程序 Guess，完成简单猜数字游戏。该应用程序能够随机产生 1～100 的整数，初始化界面如图 3－1（a）所示。用户输入数字后单击按钮"猜"，实现输入数字与该随机数的对比，并给出提示，如图 3－1（b）所示。

【预备知识】

1. 监听器的事件处理模型

基于监听器的事件处理主要涉及以下三类对象。

（1）EventSource（事件源）：事件所发生的场所，通常是各个控件，如按钮、窗口、菜单等。

（2）Event（事件）：通常是用户的某个操作，如单击、双击、长按等。

（3）EventListener（事件监听器）：负责监听事件源所发生的事件，并对各种事件做出相应的响应。

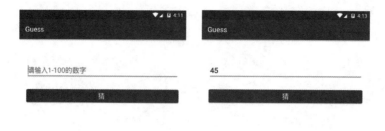

知识点事件
响应方法 1

知识点事件
响应方法 2

（a）　　　　　　　　　　　（b）

图 3 – 1　猜数字游戏的界面效果

监听事件处理流程如图 3 – 2 所示。

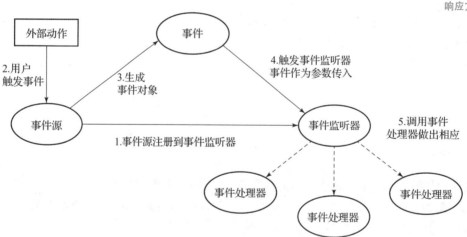

图 3 – 2　监听事件处理流程

2. 监听事件响应处理方法

完成事件响应的处理方法有很多种，以图 3 – 3 所示单击"提交"按钮后 TextView 显示 EditText 的输入值为例，可以有 onClick 属性定义事件响应、匿名内部类事件响应、内部类事件响应、外部类事件响应和 Activity 自身类事件响应 5 种方法。假设当前 Java 文件为"MainActivity. java"。

图 3 – 3　按钮监听事件处理效果

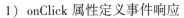

1）onClick 属性定义事件响应

（1）需要在布局代码中 Button 控件的 onClick 属性上设置方法名，如"submit"。

```
<Button
    android:layout_width = "wrap_content"
    android:layout_height = "wrap_content"
    android:text = "提交"
    android:id = "@ + id/button"
    android:layout_below = "@ + id/editText"
    android:layout_centerHorizontal = "true"
    android:onClick = "submit" />
```

（2）在 Java 文件中编写该 submit（ ）方法，且该方法必须是公有（public）和无返回值（void）类型，方法有一个 View 类型的参数。以下代码中 edt_str 与 txt_show 分别为 EditText 与 TextView 对象，且已与前台界面对应控件完成关联。

```
public void submit(View view){
    String str = edt_str.getText().toString();
    txt_show.setText("您输入的是:" + str);
}
```

2）匿名内部类事件响应

在 MainActivity 类的 onCreate（ ）方法中编写如下代码，其中 btn_submit 为 Button 对象，已与前台界面 Button 关联。

```
btn_submit.setOnClickListener(new View.OnClickListener() {
    @Override
    public void onClick(View v) {
        String str = edt_str.getText().toString();
        txt_show.setText("您输入的是:" + str);
    }
});
```

3）内部类事件响应

（1）在 MainActivity 类的 onCreate（ ）方法中编写如下代码，完成监听。

```
btn_submit.setOnClickListener(new ButtonClickListener());
```

（2）在 onCreate（ ）方法外面，MainActivity 类里面，定义 ButtonClickListener 的内部类。

```
class ButtonClickListener implements View.OnClickListener{
    @Override
    public void onClick(View v) {
        String str = edt_str.getText().toString();
        txt_show.setText("您输入的是:" + str);
    }
}
```

4）外部类事件响应

（1）在 MainActivity 类的 onCreate( )方法中编写如下代码，完成监听。

```
btn_submit.setOnClickListener(new ExternListener(MainActivity.this,edt_str,
txt_show));
```

（2）新建 ExternListener 类，可通过重写监听器的构造方法传递信息。

```
public class ExternListener implements View.OnClickListener {
    private Activity activity;
    private EditText editText;
    private TextView textView;
    public ExternListener(Activity activity, EditText editText,TextView textView){
        this.activity = activity;
        this.editText = editText;
        this.textView = textView;
    }
    public void onClick(View v){
        String str = editText.getText().toString();
        textView.setText("您输入的是:"+str);
    }
}
```

5）Activity 自身类事件响应

（1）使用 MainActivity 类实现 View. OnClickListener 的接口。

（2）在 MainActivity 类的 onCreate( )方法中完成监听。

```
btn_submit.setOnClickListener(this);
```

（3）在 onCreate( )方法外面，MainActivity 类里面重写 onClick( )方法，内容同上面的 onClick( )方法。

除了 onClick 属性定义事件响应外，其他方法均使用 setOnClickListener( )方法设置单击事件监听器。该方法的参数是一个实现了 OnClickListener 接口的对象实例。5 种监听事件响应处理方法对比：①onClick 属性定义事件响应简单，但是业务逻辑和 UI 耦合性太强，实际业务中一般不使用；②匿名内部类事件响应一般应用特定控件的特定业务响应；③内部类与外部类事件响应可作多个 UI 共同的事件处理，适应多个 UI 控件复用；④Activity 自身类事件响应比较灵活，在实际中使用较多。同一个 UI 对同一个事件注册多个监听器时，根据注册的顺序，最后注册的事件监听器优先触发，最后触发的是通过 onClick 属性设定的方法。

3. Toast

Toast 是 Android 中用来显示信息的一种机制。Toast 的特点是没有焦点；显示的时间有限，过一定时间就会自动消失。Toast 类的常用方法如下。

（1）makeText（context, CharSequence, int）：制作 Toast。

第一个参数为上下文，即显示的 Activity 对应类，如 MainActivity. this，也可以使用 getApplicationContext( )。第二个参数为显示的提示内容。第三个参数为显示时间。

（2）show( )：显示 Toast。制作好的 Toast 必须调用 show( )方法才能显示。

【任务分析】

用户在 Activity 上的所作操作，只有在按下"猜"的按钮后，Activity 才会给出相应的响应。所以我们需要对"猜"按钮进行监听，一旦按钮被按下，则触发事件响应。两数的对比结果使用弹出 Toast 的方式提示给用户。

【实现步骤】

（1）使用 Empty Activity 创建"Guess"项目。

（2）资源准备。

①在"strings. xml"文件中定义显示文字的键值对。

```
<resources>
    <string name = "app_name">Guess</string>
    <string name = "edt_input">请输入 1 - 100 的数字</string>
    <string name = "btn_guess">猜</string>
    <string name = "toast_big">您猜大了！</string>
    <string name = "toast_small">您猜小了！</string>
    <string name = "toast_equal">恭喜,您猜对啦！</string>
    <string name = "toast_empty">请输入数字</string>
</resources>
```

②完成"activity_main. xml"布局。

a. 在默认约束布局的"activity_main. xml"文件中，设置布局"padding"为"20 dp"。

b. 在"Design"视图下，按图示位置放置一个 EditText（"Palette"下"Text"中的"Number"类型）与一个 Button。

c. 设置 EditText 的 id 属性值为"edt_input"，hint 属性值为"@ string/edt_input"，textSize 属性值为"20 sp"、"layout_width"为"0 dp"。

d. 设置 Button 的 id 属性值为"btn_guess"，text 属性值为"@ string/btn_guess" textSize 属性值为"20 sp"，layout_width 属性值为"0 dp"。

e. 使用鼠标在手机视图中调整两个控件的位置后，单击 Infer Constraints 按钮 ，自动添加约束。

（3）在"MainActivity. java"中完成编码。

①声明数据成员。

在 MainActivity 类中定义数据成员，分别有 Button 类型对象、EditText 类型对象及用于存放产生随机数的整数变量。

```
private Button btn_guess;
private EditText edt_number;
private int rnd;
```

注意：在定义 Button 和 EditText 对象时，需要导入对应的包。Android Studio 可以自动完成这些任务。方法一：在输入类名时，Android Studio 会自动给出提示代码，如图 3 - 4 所示，使用上、下方向键选中所需要的类名"Button"，按 Enter 键，不但可以自动完成类名输入，还会在类前自动引入对应的包，即增加一行"import android. widget. Button"。方法二：将光标定位在红色代码处，待出现错误更正提醒时，如图 3 – 5 所示，按"Alt + Enter"组合键，自动完成类型引入。

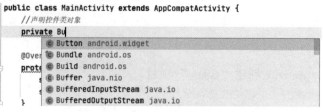

图 3 – 4　Android Studio 代码自动提示

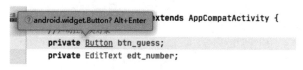

图 3 – 5　Android Studio 错误更正提醒

②在 onCreate( )方法内，"setContentView(R. layout. activity_main)"行后编写代码。
a. 将前台布局控件与后台控件对象进行关联。

```
edt_number = findViewById(R.id.edt_input);
btn_guess = findViewById(R.id.btn_guess);
```

b. 产生随机数。

```
Random mRandom = new Random();
rnd = mRandom.nextInt(100) +1;
```

c. 对按钮进行监听。
使用匿名内部类对按钮完成监听。

```
btn_guess.setOnClickListener();
```

d. 使用匿名内部类完成事件响应，即在 setOnClickListener( )方法的参数中使用匿名内部类的实例完成响应。

```
btn_guess.setOnClickListener(new View.OnClickListener() {
    @Override
    public void onClick(View v) {

    }
});
```

注意：在监听器参数的括号内输入"new OnClickListener"时，选中"View. OnClickListener"接口，如图 3 – 6 所示，按 Enter 键，能够自动完成 onClick( )方法的重写及 view. View 包的引入。

```
btn_guess.setOnClickListener(new_OnClick);
        ⓘ View.OnClickListener{...} (android.view.View)
        ⓜ OnClickAction  android.service.autofill
        ⓜ OnClickListener  android.content.DialogInterface
        ⓜ OnChildClickListener  android.widget.ExpandableListView
```

图 3-6 代码提示

③在 onClick( )方法中增加对输入数字的判断与提示。

```
//获取 EditText 的用户输入数据
String str = edt_number.getText().toString();
if(str.isEmpty())
    //当输入为空,使用 Toast 提示
    Toast.makeText ( MainActivity.this, R.string.toast _ empty, Toast.LENGTH _
SHORT).show();
    else
    {
    int num = Integer.parseInt(str);
    if(num > rnd)
        Toast.makeText ( MainActivity.this, R.string.toast _ big, Toast.LENGTH _
SHORT).show();
    else
        if(num < rnd)
            Toast.makeText (MainActivity.this, R.string.toast _small, Toast.LENGTH _
SHORT).show();
    else
            Toast.makeText (MainActivity.this, R.string.toast _equal, Toast.LENGTH _
SHORT).show();
    }
```

(4) 运行查看结果。

【任务要点】

1. 父类 AppCompatActivity

API22 之前的父类是 ActionBarActivity,API22 之后,谷歌公司摒弃了这个类,改用 App-CompatActivity 类。AppCompatActivity 类和 ActionBarActivity 类都继承自 Activity 类。AppCompatActivity 类中加入了主题色、Toolbar 等功能。

2. onCreate( )方法

onCreate ( ) 方法是在 Activity 初始化的时候调用的。通常情况下,需要在 onCreate( )中调用 setContentView(int)填充屏幕的 UI,可通过 findViewById(int)返回 XML 文件中定义的元素的 ID。子类在重写 onCreate ( )方法的时候必须调用父类的 onCreate ( )方法,即 super. onCreate( ),否则会抛出异常。

3. findViewById( )方法

findViewById ( ) 方法用于关联 Java 文件中的对象与布局中的元素,参数为布局中元素的 id 属性。Android 应用程序被编译时,会自动生成一个 R 类,包含所有 "res" 目录下的资源,当 java 类中使用到 "res" 目录下的资源时,从 R 文件中寻找。编译时各项资源会成为它的子类,如 layout、string、id 等,因此 Java 文件中资源引用使用 "R. 子类. 资源名称"

方式，如 Activity 加载布局 setContentView（）方法使用"R. layout. 布局文件"方式。find-ViewById（）方法通过参数"R. id. 控件 id 值"找到布局文件中的控件，将该控件作为对应类型的对象返回。代码"edt_number = findViewById（R. id. edt_input）"表示在 R 文件中找到 id 属性值为"edt_input"（是"activity_main. xml"文件的 EditText 的 id 属性值）的控件，返回给名为"edt_number"的 EditText 对象，从而完成 EditText 对象的实例化。

4. Random 产生随机数

Random 类有两种构造方法：Random（）和 Random（long seed）创建新的随机数生成器。本任务使用 new Random（）实例对象，使用当前系统时间作为随机数种子，然后调用 nextInt（100）生成 [0, 100) 的随机整数，最后 +1，使随机数在 [1, 100] 范围内。

5. Button 按钮单击事件监听与响应

Button 对象通过调用 setOnClickListener（）方法，添加单击事件的监听器。一旦发生单击事件，这个监听器就会响应。该方法的参数就是响应内容，这里使用匿名内部类的方式完成。监听器需要实现 View. OnClickListener 接口，并重写 onClick（）方法。重写的 onClick（）方法即单击后的响应方法，这里完成输入数据与随机数的比较并给出提示。

【任务拓展】

BMI（Body Mass Index）即身体质量指数，是国际上常用的衡量人体肥胖程度和是否健康的重要标准，是与人体内脂肪总量密切相关的指标。由于 BMI 计算的是身体脂肪的比例，所以在测量身体因超重而面临心脏病、高血压等风险上，比单纯的以体重来认定更具准确性。它的计算公式为：体重（kg）除以身高（m）的平方。

体重指数说明如下。

（1）19 以下，体重偏小，偏瘦；
（2）19 ~ 25，健康体重，身材正常；
（3）25 ~ 30，超重，偏胖；
（4）30 ~ 39，严重超重，肥胖；
（5）40 及 40 以上，极度超重，严重肥胖。

完成图 3 - 7 所示的 BMI 指数计算 App。当身高或体重为空时，使用 Toast 提示不能为空；当身高输入为 0 时，使用 Toast 提示除数不能为 0；当输入正常身高、体重时，使用 Toast 给出图示的计算结果。

[任务提示]

用户在完成身高、体重的输入与性别的选择，单击"开始计算"按钮后，App 给出指数结果，因此需要对按钮进行单击事件监听。性别的选择可通过 RadioButton 的 checked 属性值为"true"或"false"判断得到。

【任务小结】

本任务通过 findViewById（）方法，将 Java 文件中控件类型的对象与布局中的控件进行关联，完成实例化。调用 setOnClickListener（）方法可以设置单击事件的监听器，并使用匿名内部类完成单击按钮的事件响应。

（a）　　　　　　　　　　　　（b）

图 3 – 7　BMI 指数计算 App 页面效果

任务 2　完成个人基本信息的录入与显示

【任务描述】

完成图 3 – 8 所示的个人基本信息录入与显示页面效果。图 3 – 8（a）所示为个人基本信息录入页面，要求：地址信息使用 2 个 Spinner 控件分别完成省份和城市的选择。当完成省份的选择后，第 2 个 Spinner 控件中信息自动变成该省份内的城市。完成录入后单击"提交"按钮，跳转到个人基本信息显示页面。图 3 – 8（b）所示为个人基本信息显示页面，该页面上的显示信息为上一页面的录入信息，并增加"返回"与"关于"菜单栏。

【预备知识】

1. Spinner 控件的选择监听事件与响应

每个控件可以设置各种不同事件的监听器，如单击、聚焦、长按等。Spinner 控件的常用事件是完成数据选择，监听器方法是 setOnItemSelectedListener（）。实现 OnItemSelectedListener 接口，需要重写 onItemSelected（）与 onNothingSelected（）两个方法。

（1）onItemSelected（）是完成数据选择时的响应方法，有 4 个参数。

①parent：当前所操作的 Spinner。当某一个 Activity 中有多个 Spinner 时，可以根据 parent. getId（）与当前 Spinner 的 id 是否相等，来判断是否当前操作的 Spinner。一般通过 switch 语句来解决多个 Spinner 的情况。

（a） （b）

图 3−8 个人基本信息录入与显示页面效果

（a）个人基本信息录入；（b）个人基本信息显示

②view：当前的 view。

③position：当前操作的 Spinner 的选中项在 Spinner 中的位置，自上而下从 0 开始。

④id：选中项在 Spinner 中的行。

（2）onNothingSelected（）是没有选择时的响应，方法的参数 parent 与 onItemSelected（）方法的参数 parent 一致。

2. Intent 类

Activity 作为 Android 应用的表示层，通过继承 android. app. Activity 类实现应用程序每一屏的显示，是直接和用户交互的窗口。当应用程序由两个或两个以上 Activity 组成时，如果要从一个 Activity 转到另一个 Activity，就需要借助 Intent 对象。

Intent 的字面含义是意图、意向、目的，它负责对应用中一次操作的动作及数据进行描述。Android 系统根据 Intent 的描述去寻找与其相对应的组件，并将 Intent 传递给调用的组件，以完成组件的调用，如实现从一个 Activity 到另一个 Activity 的转移。因此，Intent 起到媒体中介的作用，专门提供控件互相调用的相关信息，实现调用与被调用者之间的解耦，充当信使的角色。

Intent 是一种运行时绑定（run−time binding）机制，它能在程序运行过程中连接两个不同组件。通过 Intent，程序可以向 Android 系统表达某种请求或意愿，Android 系统会根据 Intent 的内容选择适当的组件来完成请求。Android 系统的三个基本组件（Activity、Service 和 BroadcastReceiver）都是通过 Intent 机制激活的，不同类型的组件有不同的传递 Intent 的方式。

（1）开启一个新 Activity，或使已有 Activity 做新的操作：通过调用 Context. startActivity（）或者 Activity. startActivityForResult（）方法实现。

（2）开启一个新 Service，或向一个存在的 Service 传递新的指令：通过调用 Context. startService( )或 Context. bindSerivce( )方法实现。

（3）发送广播：通过调用 Context. sendBroadcast( )、Context. sendOrderBroadcast( )、Context. sendStickBroadcast( )方式发送广播，已注册并且拥有与之匹配 IntentFilter 的 BroadcastReceiver 就会被激活。

Intent 的构成参见【二维码 3 – 1】。Intent 的使用，支持显示 Intent 与隐式 Intent 形式。

【二维码 3 – 1】

（1）显示 Intent 是通过调用 setComponent（ComponentName）或者 setClass（Context，Class）指定 component 属性的 Intent，通过具体明确的组件类，通知应用开启对应的组件，不需要设置 Intent 的其他意图过滤对象。以开启一个新 Activity 为例，代码如下。

```
Intent intent = new Intent();
intent.setClass(MainActivity.this, SendActivity.class);
startActivity(intent);
```

（2）隐式 Intent 是没有指定 component 属性的 Intent，即没有明确指定组件名，Android 系统根据隐式 Intent 设置的动作（Action）、类别（Category）、数据 URI 等匹配最合适的组件。这些 Intent 需要包含足够的信息，这样 Android 系统才能根据这些信息，在所有可能的组件中确定具体的组件。

当使用隐式 Intent 时，Android 系统需要通过某种匹配机制来寻找目标组件，这种匹配机制依赖于 Android 系统中的 Intent 过滤器（Intent Filters）来实现。Intent 过滤器是根据 Intent 中的内容对目标组件进行匹配和筛选的机制，当 Intent 匹配到一个过滤器时，Android 系统就会启动对应的组件并传递相应的 Intent 对象；如果 Intent 匹配到多个过滤器，Android 系统会弹出对话框，由用户进行选择。

3. Activity 生命周期

Activity 生命周期

Android 应用程序一般由多个 Activity 组成，各个 Activity 之间没有直接的关联。在Android应用程序中，每个 Activity 都可以启动其他 Activity。一个程序中所有启动的 Activity 被放在一个栈中。当一个新 Activity 被启动时，前一个 Activity 就被停止。被停止的 Activity 并没有被销毁，而是暂存于栈中。新启动的 Activity 先被存放于栈中，然后获得输入焦点。在当前 Activity 上按下返回键，先将它从栈中取出，然后销毁，前一个 Activity 则被恢复。Activity 的状态从运行、暂停、停止到销毁的过程构成 Activity 的生命周期，如图 3 – 9 所示。在这一生命周期中，状态的转换时机及其方式由 Android系统控制，这就是所谓的"Don't call me, I'll call you."机制。

1）onCreate( )

当 Activity 被首次加载时执行。新启动一个应用程序时其主窗体的 onCreate( )就会被执行。如果 Activity 被销毁（onDestroy），再重新加载进入 Task 时，其 onCreate( )也会被重新执行。该方法进行初始化静态变量和对象，建立视图，关联数据到列表等操作。调用此方法时，如果有先前状态可用，则会接收到一个包含这个活动之前状态的 Bundle 对象，下一步将调用 onStart( )。

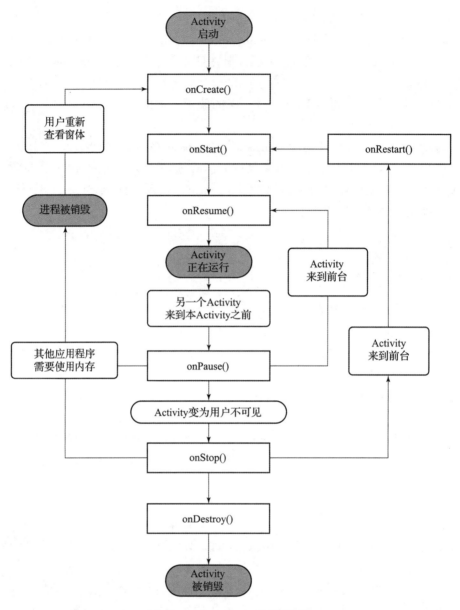

图 3-9　Activity 生命周期流程

2）onStart()

onStart()在 onCreate()之后执行，或者当前窗体被交换到后台后，离用户重新查看窗体已经过去了一段时间，窗体已经执行了 onStop()，但是窗体和其所在进程并没有被销毁，用户重新查看窗体时会执行 onRestart()，之后会跳过 onCreate()，直接执行窗体的 onStart()。

3）onResume()

Activity 开始与用户交互时调用 onResume()（无论是启动还是重新启动一个 Actirity，该方法总是被调用的）。它在 onStart()之后执行，或者当前窗体被交换到后台后，在用户重新查看窗体时，窗体还没有被销毁，也没有执行过 onStop()（窗体还继续存在于 Task 中），则会跳过窗体的 onCreate()和 onStart()，直接执行 onResume()。

4）onPause()

该方法在系统开始启动或恢复另一个 Activity 时调用，原来的 Activity 被暂停或收回 CPU 和其他资源。通常需要将未保存的数据保存为永久数据，停止动画和其他可能消耗 CPU 的处理。它必须快速进行所有该做的处理，因为它返回后下一个 Activity 才能启动。如果 Activity 回到前台，下一步将调用 onResum()；如果它变成用户不可见，下一步调用 onStop()。

5）onStop()

Activity 被停止并转为用户不可见阶段及后续的生命周期事件时调用 onStop()。它在 onPause() 之后执行。如果一段时间内用户还没有重新查看该窗体，则该窗体的 onStop() 将会被执行；或者用户直接按下返回键，将该窗体从当前 Task 中被移除，也会执行该窗体的 onStop()。如果 Activity 又回来与用户交互，则下一步调用 onReStart()；如果 Activity 将被销毁，则下一步将调用 onDestroy()。

6）onRestart()

重新启动 Activity 时调用 onRestart()。该 Activity 仍在栈中，而不是启动新 Activity。onStop() 执行后，如果窗体和其所在的进程没有被系统销毁，此时用户又重新查看该窗体，则会执行窗体的 onRestart()，onRestart() 后会跳过窗体的 onCreate() 直接执行 onStart()。

7）onDestroy()

Activity 被完全从系统内存中移除时调用 onDestroy()，该方法被调用可能是因为有人直接调用 onFinish() 方法或者系统决定停止该 Activity 以释放资源。Activity 被销毁的时候执行 onDestroy()。在窗体的 onStop() 之后，如果用户没有再次查看该窗体，则 Activity 会被销毁。

4. 添加菜单

1）创建菜单内容

使用 onCreateOptionsMenu() 方法可以创建菜单。添加菜单的内容项有两种方法。①在 onCreateOptionsMenu() 方法内使用 add() 逐个添加。add() 有 4 个参数，分别是组 id（groudId）、菜单项 id（itemId）、在菜单中的排列顺序（Order）和菜单标题（title）。②创建菜单资源的 XML 文件，使用 inflate() 加载 XML 文件。inflate() 方法的两个参数分别是布局资源文件与菜单资源文件。

2）菜单项单击事件响应

使用 onOptionsItemSelected() 方法完成菜单项单击事件的响应，参数为选中的菜单项 item。一般需要调用 getItemId() 方法确定选项 id，这个 id 就是在菜单资源中定义的 id 属性值或通过 add() 方法添加的第二个参数菜单项 id。

【任务分析】

本任务分为 MainActivity 与 SubmitActivity 两个页面。

MainActivity 中有 2 个 Spinner，分别显示地址的省份与城市，数据信息定义在 "strings. xml" 文件的数组中。其中城市 Spinner 根据省份 Spinner 的值动态变化，属于省份 Spinner 的联动事件。因此，需要为省份 Spinner 设置 setOnItemSelectedListener() 监听器，在响应方法中的 onItemSelected() 方法内动态加载数据，即动态加载城市 Spinner 的数据源。

SubmitActivity 是由 MainActivity 跳转过来的，需要新增这个 Activity，并借助 Intent 对象实现视图跳转，同时进行数据传递。SubmitActivity 右上角为菜单选项，使用 onCreateOptions-Menu( )实现。

【实现步骤】

（1）使用 Empty Activity 创建"MyInformation"项目。

（2）资源准备。

①复制图片资源。

找到图片素材"mybg. png"并复制到"drawable"文件夹中。

②在"strings. xml"文件中定义显示文字的键值对，参见【二维码3-2】。

③编辑"submit_menu. xml"文件。

【二维码3-2】

a. 在"app"->"res"文件夹上单击鼠标右键，选择"New"->"Android Resource Directory"选项。

b. 在弹出的对话框中输入"Directory name"为"menu"，"Resource type"为"menu"，其他默认，单击"OK"按钮完成"menu"文件夹的创建。

c. 在新创建的"menu"文件夹上单击鼠标右键，选择"New"->"Menu Resource File"选项。

d. 在弹出的对话框中输入"File name"为"submit_menu"，其他默认，单击"OK"按钮完成"submit_menu. xml"文件的创建。

e. 在"submit_menu. xml"文件内编辑如下代码。

```xml
<?xml version = "1.0" encoding = "utf - 8"? >
<menu xmlns:android = "http://schemas.android.com/apk/res/android" >
    < item android:id = "@ + id/item_back" android:title = "@string/menu_back" />
    < item android:id = "@ + id/item_exit" android:title = "@string/menu_about" />
</menu >
```

④参照图3-8（a）所示完成"activity_main. xml"文件布局设计。

a. 设置约束布局的 padding 属性值为"20dp"，background 属性值为"@ drawable/my-bg"。在"Design"视图下，增加"Horizontal Guideline"，设置 layout_constraintGuide_percent 属性值为"0.5"。

b. 拉2个 Spinner 于"Guideline"上方。设置两个 Spinner 的 layout_width 属性值为"0 dp"，id 属性值分别为"sp_provice"和"sp_city"。接着设置"sp_provice"左边从父容器开始，"sp_city"右边至父容器结束，顶部与"sp_provice"对齐。然后选中两个 Spinner，单击鼠标右键，选择"Chains"→"Create Horizontal Chains"命令，设为水平方向链。调整 Spinner 与"Guideline"的距离，即上、下边距。

c. 拉出1个 EditText（"Plain Text"）于 Spinner 上方，设置"layout_width"为"0dp"，删除 text 属性值，设置 hint 属性值为"@ string/edt_name"，id 属性值为"edt_name"。调整高度位置。

d. 拉出4个 CheckBox 于"Guideline"下方，设置 id 属性值分别为"chb_sing""chb_

code""chb_write""chb_dance",text 属性值与它们对应。按照第 b. 步的方法，创建水平方向链，"Horizontal Chains style"为"spread inside"。调整 CheckBox 与"Guideline"之间的距离。

e. CheckBox 下方增加 1 个 Button，设置 id 属性值为"btn_submit",text 属性值为"@string/btn_submit",layout_width 属性值为"0 dp"。调整高度。

f. 单击工具栏中的 按钮，自动添加约束，手动调整边距等属性值直至页面合理美观。

⑤增加"activity_submit. xml"布局文件，参照图 3 - 8（b）所示完成布局设计。

a. 在"layout"文件夹上单击鼠标右键，新建"activity_submit. xml"布局文件，"Root element"为"TableLayout"。

b. 设置表格布局"padding"为"20 dp"，"background"为"@ drawable/mybg"，"gravity"为"center_vertical"，"stretchColumn"为"*"。

c. 第 1 行只放一个 TextView（不需要 TableRow），"minHeight"为"60 dp"，"text"为"@ string/txt_info"。

d. 第 2 行使用 TableRow，放 2 个 TextView。第 1 列 TextView 的 text 属性值为"@ string/txt_name"，第 2 列 TextView 的 id 属性值为"txt_name"。

e. 第 3 行使用 TableRow，放 2 个 TextView。第 1 列 TextView 的 text 属性值为"@ string/txt_address"，第 2 列 TextView 的 id 属性值为"txt_address"。

f. 第 4 行使用 TableRow，放 2 个 TextView。第 1 列 TextView 的 text 属性值为"@ string/txt_hobby"，第 2 列 TextView 的 id 属性值为"txt_hobby"。

g. 设置所有行的"minHeight"为"60 dp"，"gravity"为"center_ vertical"。设置所有 TextView 的"textSize"为"18 sp"，"gravity"为"center"。

（3）新增"SubmitActivity. java"文件，并完成注册。

①在项目目录"app""java"下的包名（main，不带 test）上单击鼠标右键，选择"New" -> "Java Class"选项。

②输入类名为"SubmitActivity"，选择"Class"选项，按 Enter 键，完成 Java 文件的创建。

③打开新创建的"SubmitActivity. java"文件，设置父类为"AppCompatActivity"。

```
public class SubmitActivity extends AppCompatActivity {}
```

④在项目目录"app"的"manifests"路径下，打开"AndroidManifest. xml"文件。在 application 元素内增加注册代码。

```
<?xml version = "1.0" encoding = "utf -8"? >
<manifest xmlns:android = "http://schemas.android.com/apk/res/android"
    package = "com.example.myinformation" >
    <application
        ……><!--    省略其他代码    -->
        ……<!--    省略其他代码    -->
            <activity android:name = ".SubmitActivity"/><!—Activity 注册 -->
    </application >
</manifest >
```

（4）在"MainActivity. java"文件中完成编码。

①声明数据成员。

在 MainActivity 类中定义数据成员，除了控件类对象外，还有用于存放省份、城市的字符串数组。

```
private String[] arrprovice = null;
private String[][] arrcity = null;
private EditText edt_name;
private Spinner sp_provice,sp_city;
private CheckBox chb_sing,chb_code,chb_write,chb_dance;
private Button btn_submit;
```

②在 MainActivity 类内自定义方法 getAddress( )，用于从 String 数组中读出字符串数组，转化为省份"arrprovice"的一维数组和城市"arrcity"的二维数组。

```
public void getAddress(){
    String[] str = getResources().getStringArray(R.array.address);
    arrprovice = new String[str.length];
    arrcity = new String[str.length][];
    //第一行
    arrcity[0] = new String[1];
    String[] choice = str[0].split(",");
    arrprovice[0] = choice[0];
    arrcity[0][0] = choice[1];
    //其余行
    for (int i =1;i < str.length;i ++ ) {
        String[] line = str[i].split(",");
        arrcity[i] = new String[line.length];
        arrprovice[i] = line[0];
        arrcity[i][0] = arrcity[0][0];
        System.arraycopy(line, 1, arrcity[i], 1, line.length - 1);
    }
}
```

③类内 onCreate( )方法编辑。

a. onCreate( )方法内加载布局文件的代码后，增加调用自定义方法 getAddress( )。

```
//获取地址字符串数组
getAddress();
```

b. 完成对象与控件的关联。

```
//关联
edt_name = findViewById(R.id.edt_name);
sp_provice = findViewById(R.id.sp_provice);
sp_city = findViewById(R.id.sp_city);
chb_sing = findViewById(R.id.chb_sing);
chb_code = findViewById(R.id.chb_code);
```

```
chb_write = findViewById(R.id.chb_write);
chb_dance = findViewById(R.id.chb_dance);
btn_submit = findViewById(R.id.btn_submit);
```

c. 定义数组数据适配器，Spinner（省份）加载显示数据。

```
// 设置 Spinner(省份)的显示值
ArrayAdapter<String> adapterProvice = new ArrayAdapter<>(MainActivity.this,
R.layout.support_simple_spinner_dropdown_item,arrprovice);
    sp_provice.setAdapter(adapterProvice);
```

d. 为 Spinner（省份）设置项选择事件监听器和为 Button 设置单击事件监听器。

```
//Spinner(省份)设置监听器,当选项改变时影响后一个 Spinner 的值
sp_provice.setOnItemSelectedListener(new SpinnerOnItemSelectedListener());
// 设置按钮监听器
btn_submit.setOnClickListener(new ButtonOnClickListener());
```

④在 MainActivity 类内，自定义内部类 SpinnerOnItemSelectedListener。

内部类 SpinnerOnItemSelectedListener 使 Spinner（省份）完成选择事件的响应，即影响 Spinner（城市）的显示数据。

```
private class SpinnerOnItemSelectedListener implements
AdapterView.OnItemSelectedListener{
    @Override
    public void onItemSelected(AdapterView<?> parent, View view, int position,
long id) {
        switch (parent.getId()){
            case R.id.sp_provice:
    ArrayAdapter<String> adapterCity = new ArrayAdapter<>(MainActivity.this,
R.layout.support_simple_spinner_dropdown_item,arrcity[position]);
            sp_city.setAdapter(adapterCity);
            break;
        case R.id.sp_city:
            break;
        }
    }
    @Override
    public void onNothingSelected(AdapterView<?> parent) {}
}
```

注意：在编辑以上代码时，当完成内部类 SpinnerOnItemSelectedListener 声明后，会出现红色波浪线提示语法错误。将光标定位在红色波浪线的任意位置，按"Alt + Enter"组合键会给出解决方案，如图 3 - 10 所示。选择"Implement methods"选项后按 Enter 键，会弹出"Select Methods to Implement"对话框，如图 3 - 11 所示。默认选中所有方法，单击"OK"按钮，可以快速完成重写方法的定义。接下来只需在 onItemSelected()方法内完成编码即可。

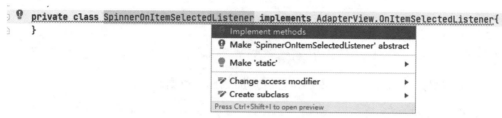

图 3 – 10　创建内部类

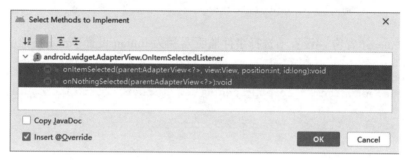

图 3 – 11　快速重写方法

⑤在 MainActivity 类内，自定义内部类 ButtonOnClickListener。

内部类 ButtonOnClickListener 实现 Button 单击事件的响应，即完成页面信息获取并跳转到 SubmitActivity。

在 MainActivity 类内声明内部类，注意使用"Alt + Enter"组合键快速编写方法。

```
private class ButtonOnClickListener implements View.OnClickListener{
    @Override
    public void onClick(View v) {
}
```

重写 onClick()方法。

a. 获取用户输入信息，如果用户未输入姓名、未选择省份或未选择城市，使用 Toast 提示并返回。

```
//获取本页的数据
String name = edt_name.getText().toString().trim();
if(name.isEmpty()){
    Toast.makeText(MainActivity.this, R.string.tst_name_empty, Toast.LENGTH_
SHORT).show();
    return;
}
if (sp_provice.getSelectedItemPosition() <=0)
{
    Toast.makeText(MainActivity.this, arrprovice[0], Toast.LENGTH_SHORT).show();
    return;
```

```
}
if(sp_city.getSelectedItemPosition() < =0){
    Toast.makeText(MainActivity.this, arrcity[0][0], Toast.LENGTH_SHORT).show();
    return;
}
```

b. 获取 Spinner 与 CheckBox 的选择结果。

```
String provice = sp_provice.getSelectedItem().toString();
String city = sp_city.getSelectedItem().toString();
String hobby = "";
if(chb_sing.isChecked())
    hobby = hobby + chb_sing.getText().toString();
if(chb_code.isChecked())
    hobby = hobby + chb_code.getText().toString();
if(chb_write.isChecked())
    hobby = hobby + chb_write.getText().toString();
if(chb_dance.isChecked())
    hobby = hobby + chb_dance.getText().toString();
if(hobby.isEmpty())
    hobby = getString(R.string.str_hobby_empty);
```

c. 定义 Intent 对象，跳转视图，并传入用户输入信息。

```
Intent intent = new Intent(MainActivity.this, SubmitActivity.class);
intent.putExtra("name", name);
intent.putExtra("address",provice + city);
intent.putExtra("hobby",hobby);
MainActivity.this.startActivity(intent);
```

（5）在 "SubmitActivity. java" 文件中完成编码。
①声明数据成员。

```
private TextView txt_name;
private TextView txt_address;
private TextView txt_hobby;
```

②编辑 onCreate( )方法。
a. 在 SubmitActivity 类内重写 onCreate( )方法，如图 3 – 12 所示，代码如下。

```
@Override
protected void onCreate(Bundle savedInstanceState) {
    super.onCreate(savedInstanceState);
}
```

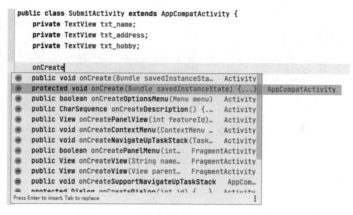

图 3 – 12　快速编辑 onCreate( )方法

b. 加载布局。

```
setContentView(R.layout.activity_submit);
```

c. 关联控件。

```
txt_name = findViewById(R.id.txt_name);
txt_address = findViewById(R.id.txt_address);
txt_hobby = findViewById(R.id.txt_hobby);
```

d. 获取 Intent 对象，取出传入值，并显示到 TextView 上。

```
Intent intent = getIntent();
String name = intent.getStringExtra("name");
String address = intent.getStringExtra("address");
String hobby = intent.getStringExtra("hobby");
txt_name.setText(name);
txt_address.setText(address);
txt_hobby.setText(hobby);
```

③在 SubmitActivity 类内增加 onCreateOptionsMenu( )方法。

仿照第②步中的 onCreate( )编辑方法，完成 onCreateOptionsMenu( )方法的编辑，代码如下。

```
@Override
public boolean onCreateOptionsMenu(Menu menu) {
    getMenuInflater().inflate(R.menu.submit_menu,menu);
    return super.onCreateOptionsMenu(menu);
}
```

④在 SubmitActivity 类内增加 onOptionsItemSelected( )方法。

参考前面的方法，完成 onOptionsItemSelected( )方法的编辑，代码如下。

```
@Override
public boolean onOptionsItemSelected(@NonNull MenuItem item) {
    switch (item.getItemId()){
        case R.id.item_back:
            SubmitActivity.this.finish();
            break;
        case R.id.item_exit:
            Toast.makeText(this, txt_name.getText().toString() + getString
(R.string.tst_about), Toast.LENGTH_SHORT).show();
            break;
    }
    return true;
}
```

（6）运行查看结果。

【任务要点】

1. ArrayAdapter 数组适配器

适配器是数据和视图之间的桥梁。ArrayAdapter 可将数组或集合的多个值包装成多个列表项。数组的类型可以是 String，也可以是其他数据类型。创建 ArrayAdapter 对象时，需要指定 3 个参数。

（1）Context：整个应用的上下文，即当前 Activity。

（2）textViewResourceId：资源 id，代表一个 TextView，用作 ArrayAdapter 列表项的布局。这里使用的 R.layout.support_simple_spinner_dropdown_item 为系统提供布局。

（3）objects：列表项中的数据。

实例化的 ArrayAdapter 对象通过 setAdapter()方法将数据加载到 Spinner 控件上。

数据适配器有多种类型，ArrayAdapter 只是其中一种，下一章会具体介绍，这里只需了解。

2. 内部类实现响应方法

本任务的事件响应方法均采用内部类方式实现。内部类可以很好地实现隐藏，且能够拥有外围类所有元素的访问权限，可以实现多重继承，可以避免修改接口而实现同一个类中两种同名方法的调用。SpinnerOnItemSelectedListener 和 ButtonOnClickListener 为两个内部类的类名。为了实现相应类型的事件响应，它们需要分别实现 AdapterView.OnItemSelectedListener 和 View.OnClickListener 的接口。

SpinnerOnItemSelectedListener 类内需要重写 onItemSelected()与 onNothingSelected()两个方法。本例中，用户在省份下拉框中完成省份的选择时，系统需要同时完成城市下拉框的数据源加载，因此需要在 "sp_provice" 控件上设置监听器，在响应方法 onItemSelected()中根据 "sp_provice" 的操作结果作出响应，动态设置 "sp_city" 的数据源。而城市下拉框内的数据选择并不需要触发其他事件，因此并未对 "sp_city" 设置监听器。如有需要，也可增加该控件的监听器，在响应方法 onItemSelected()内的 "R.id.sp_city" 分支实现相应处理。

3. 新增 Activity

MainActivity 与 SubmitActivity 作为应用程序的两个 Activity，其实就是特殊的 Java 类。它

们除了继承自 AppCompatActivity 父类外，一般都要加载对应布局文件（通过 sctContentView( )
方法），如 "activity_main. xml" 和 "activity_submit. xml" 文件。每个 Activity 还需要完成
Android 配置文件内注册，才可以正常使用，注册代码如下。

```
< activity android:name = ".MainActivity" >
    < intent - filter >
        < action android:name = "android.intent.action.MAIN" />
        < category android:name = "android.intent.category.LAUNCHER" />
    < /intent - filter >
< /activity >
< activity android:name = ".SubmitActivity"/>
```

注册代码中两个 Activity 的差别是 MainActivity 多了一个 "intent – filter"。哪个 Activity
拥有 "intent – filter" 应用程序打开时就先创建哪个 Activity，在用户角度看就是显示哪一
页。因此，本任务中 MainActivity 拥有 "intent – filter"，打开应用程序时，最先创建该类，
也就是加载 "activity_main. xml" 布局文件，所以会先看到录入信息页。

本任务的新增 SubmitActivity，通过新增布局文件、新增 Java 文件和完成注册 3 步实现。
Android Studio 还提供了快速操作方法。可在 "app" –> "java" 下的项目包上单击鼠标右
键，选择 "New" –> "Activity" 下的合适选项，即可完成新增布局文件、新增 Java 文件和
完成注册的所有步骤。

4. Intent 对象完成视图跳转

本任务的视图跳转前提是：单击 "提交" 按钮且录入信息完整，才进行当前页跳转到 Submit-
tActivity 页的操作。这里定义了显式 Intent 对象，即明确指明跳转到 SubmitActivity. class。通
过 startActivity( ) 方法可以实现跳转。因为要传输附加消息，需要使用 putExtra( ) 方法以键值
对的形式将要传输的数据绑定在 Intent 对象上。而跳转到的 SubmitActivity 想要获取这些数
据，却不能使用 new 重新实例化 Intent 对象，而是通过 getIntent( ) 方法实例化 Intent 对象，
即得到了由 MainActivity 传递过来的 Intent 对象，这样才能从 Intent 对象中获取到 MainActivi-
ty 传递的附加消息。Intent 对象可用 getStringExtra( )、getIntExtra( )、getCharExtra( ) 等方法
获取不同数据类型的值。

5. Activity 生命周期

本任务中应用程序打开时运行流程如下。①MainActivity 通过 onCreate( ) 方法完成准备
等工作，再经过 onStart( ) 和 onResume( ) 方法后，Activity 处于运行状态。②直到用户完成有
效输入，单击 "提交" 按钮，该 Activity 执行 onPause( ) 方法，待 SubmitActivity 同样经历
onCreate( )、onStart( )、onResume( ) 方法后处于运行状态，MainActivity 则执行 onStop( ) 方
法。③在 SubmitActivity 单击 "返回" 按钮时，SubmitActivity 执行 onPause( ) 方法，而 Main-
Activity 则执行 onStart( ) 方法。当 MainActivity 执行到 onResume( ) 方法后，SubmitActivity 则
执行 onStop( )、onDestroy( ) 方法。④如果此时按下 "Home" 键，则 MainActivity 执行
onPause( )、onStop( ) 方法。⑤再打开该应用程序时，MainActivity 执行 onRestart( )、onStart( )、
onResume( ) 方法。这些方法均由 Android 系统控制自动调用。

【拓展任务】

创建"MyEvaluate"项目，完成商品评价功能，效果如图 3 – 13 所示。图 3 – 13（a）所示为商品评价页面，完成评价后单击"提交评价"按钮，跳转到图 3 – 13（b）所示的评价信息页面。图 3 – 13（c）所示为在图 3 – 13（b）所示页面中长按"修改字体颜色"按钮时弹出的上下文菜单，通过颜色选择修改评价信息的字体颜色。

要求：①对每个 RatingBar 监听，星数改变时给出提示；对 EditText 监听，实时更新 EditText 的剩余输入字符数，显示在后面的 TextView 上；对 Switch、ToggleButton 监听，状态改变时给出提示；对 Button 监听，跳转到图 3 – 13（b）所示页面。②显示的评价信息为上一个 Activity 传输过来的评价信息。③上下文菜单上有图标和标题，选择完颜色后评价信息的颜色变成所选择的颜色。

图 3 – 13 商品评价效果

（a）商品评价页面；（b）评价信息页面；（c）弹出上下文菜单页面

[任务提示]

1. 图 3 – 13（a）所示页面的控件与监听

（1）图示中五星评价是 RatingBar 控件。

RatingBar 可通过 numStars 属性设置显示的星数，通过 rating 属性设置默认评分，通过 stepSize 属性设置评分的步长。该控件常用的设置监听方法为 setOnRatingBarChangeListener()，相应接口的响应方法 onRatingChanged()有 3 个参数，分别为当前操作的 RatingBar、评分 rating 和是否由用户触发事件的布尔类型值 fromUser。

（2）EditText 的剩余输入字符数。

EditText 的监听器使用 addTextChangedListener()方法，这里需要实现 TextWatcher 的接口。该接口有 3 个抽象方法，分别是 beforeTextChanged()、onTextChanged()和 afterTextChanged()，代表了控件文本发生变化的 3 个阶段。3 个方法中涉及的参数有当前显示的文本 s、选中的文本区域的起始点 start、选中的文本区域的字符的数目 count、选中文本区域的文本长度 before 和替换文字的字符数目 after。

103

（3）是否匿名评价使用的是 ToggleButton 控件，它是按下弹起的开关；是否分享使用的是 Switch 控件，它是左右滑动的开关。

ToggleButton 和 Switch 都是开关按钮，具有相似的属性与相同的监听方法。常用的设置监听方法是 setOnCheckedChangeListener（）。相应接口的处理方法 onCheckedChanged（）有 2 个参数，分别是当前操作的按钮 buttonView 和是否开启状态的布尔类型值 ischecked。

2．Intent 对象的附加信息

Intent 完成视图跳转时，传递的附加信息的类型可以有多种。在信息附加时 putExtra（）方法可以不区分类型，但是 getExtra（）读取时要根据数据类型分别获取，如 Rating 评分使用 getFloatExtra（）、是否分享使用 getBooleanExtra（）等。

3．上下文菜单

上下文菜单 ContextMenu 类似于 OptionsMenu。其与 OptionsMenu 最大的不同在于，OptionsMenu 的拥有者是 Activity，而上下文菜单的拥有者是 Activity 中的 View。每个 Activity 有且只有一个 OptionsMenu，它为整个 Activity 服务，而一个 Activity 往往有多个 View。

尽管上下文菜单的拥有者是 View，生成上下文菜单却是通过 Activity 中的 onCreateContextMenu（）方法，它的 3 个参数分别是：准备创建的上下文菜单 ContextMenu、注册该上下文菜单的 View 和与 View 有关的上下文菜单额外信息 ContextMenu. ContextMenuInfo。该方法很像生成菜单的 onCreateOptionsMenu（）方法，不同之处在于：onCreateOptionsMenu（）方法只在用户第一次按 "Menu" 键时被调用，而 onCreateContextMenu（）方法会在用户每一次长按 View 时被调用，而且 View 必须已经注册了上下文菜单。

【任务小结】

本任务通过 Spinner 对象调用 setOnItemSelectedListener（）方法设置 Spinner 下拉框数据选择事件的监听与响应，完成地址信息的录入，并通过 Intent 对象完成视图的跳转，最后通过菜单返回上一个 Activity。

知识拓展

除了 Button 单击事件响应、Spinner 选择事件响应、菜单与上下文菜单单击事件响应外，还有以下比较常用的事件响应。

1．选中状态改变的监听器 setOnCheckedChangeListener

对应接口可用于 RadioButton、CheckBox、Switch 和 ToggleButton 等控件的状态改变事件响应。该接口需要重写 onCheckedChanged（）方法。

```
public void onCheckedChanged(CompoundButton buttonView, boolean isChecked)
```

（1）参数 buttonView：事件源控件。该控件选中状态改变时会触发该方法。

（2）参数 isChecked：事件源控件是否被选中的状态。

选中状态改变的监听事件响应代码参见【二维码 3 - 3】。

2．聚焦状态改变监听器 setOnFocusedChangeListener

对应接口可用于 EditText 控件的聚焦状态改变事件响应。该接口需要重写 onFocuseChange（）方法。

【二维码 3 - 3】

```
public void onFocuseChange(View v, boolean hasFocuse)
```

（1）参数 v：事件源控件。该控件聚焦的状态发生改变时会触发该方法。

（2）参数 hasFouse：事件源控件是否聚焦的状态。

聚焦状态改变的监听事件响应代码参见【二维码 3 - 4】。

【二维码 3 - 4】

3. 长按事件监听器 setOnLongClickListener

OnLongClickListener 接口与之前介绍的 OnClickListener 接口原理基本相同，只是该接口为 View 长按事件的捕捉接口，即当长时间按下某个 View 时触发的事件。该接口需要重写的 onLongClick( )方法。

```
public boolean onLongClick(View v)
```

（1）参数 v：事件源控件。当长时间按下此控件时才会触发该方法。

（2）返回值：该方法的返回值为一个 boolean 类型的变量。当返回"true"时，表示已经完整地处理了这个事件，并不希望其他回调方法再次进行处理；当返回"false"时，表示并没有完全处理该事件，更希望其他方法继续对其进行处理。

4. 触摸事件监听器 setOnTouchListener

对现有控件设置 setOnTouchListener 监听器。该接口需要重写 onTouch( )方法。

```
public boolean onTouch(View v, MotionEvent event)
```

（1）参数 v：事件源控件。当控件被碰触就会触发该方法。

（2）参数 event：触摸的位置与时间信息等。可以通过 event. getX( )和 event. getY( )方法获取相对于事件源控件左上顶点的 x、y 坐标值。

（3）返回值：该方法的返回值为一个 boolean 类型的变量。当返回"true"时，表示已经完整地处理了这个事件，并不希望其他回调方法再次进行处理；当返回"false"时，表示并没有完全处理该事件，更希望其他方法继续对其进行处理。

如果同一个控件设置多个不同的事件监听器，如 setOnTouchListener、setOnClickListener 和 setOnLongClickListener，针对该控件进行长按，那么这些事件监听器的执行顺序是怎样的呢？

setOnTouchListener 是最先执行的。如果 onTouch( )方法的返回值设置了"true"，则单击与长按事件就不会被触发。当设置返回值为"false"时，如果按压时间满足 setOnLongClick-Listener 的触发条件，则执行 onLongClick( )方法。如果 onLongClick( )的返回值为"false"，则再触发 setOnClickListener 单击事件。

练习与实训

一、填空题

1. 创建 Toast 使用 makeText( )方法的第一个参数是 Activity 的＿＿＿＿＿＿＿。

2. Activity 通过 Intent 寻找目标组件的方式有两种，分别是＿＿＿＿＿＿＿和＿＿＿＿＿＿＿。

3. 当隐式启动与显式启动同时存在时，＿＿＿＿＿＿＿启动会被忽略。

4. 如果界面中某个控件的 id 属性值设置为 btn_login，那么调用 findViewById( )方法关联该控件时，方法的参数为_____。

5. Activity 生命周期的 4 种状态分别是_____、_____、_____和_____。

6. 为 Button 对象设置单击事件监听器的方法是_____，为 Spinner 对象设置选择数据事件监听器的方法是_____。

二、选择题

1. 如果需要捕捉某个控件的事件，需要为该控件创建（   ）。

A. 属性　　　　　B. 方法　　　　　C. 监听器　　　D. 事件

2. 下列组件中，不能使用 Intent 启动的是（   ）。

A. Activity　　　B. Service　　　C. Broadcast　　D. ContentProvider

3. 关于 View 控件的事件描述，不正确的是（   ）。

A. Click 事件只能使用在按钮上，表示按钮的单击动作。

B. 当 TextView 类视图控件失去焦点或获得焦点时，可触发 FocusChange 事件。

C. 当多选框中某一选项被选择时，可触发 CheckedChange 事件

D. 当单选框中某一选项被选择时，可触发 CheckedChange 事件

4. Toast 创建完成后，使用（   ）方法来显示。

A. makeText( )　　B. show( )　　　C. create( )　　D. view( )

三、编程题

1. 为单元 2 的图 2－12 所示页面中的控件设置事件监听器。当 EditText 获得焦点时弹出 Toast 提示，如图 3－14（a）所示；当性别"男"被选中时显示男孩图片，当性别"女"被选中时显示女孩图片；当单击"保存"按钮时 Toast 提示输入的姓名与电话，如图 3－14（b）所示；当单击"取消"按钮时，恢复到最初状态，即 EditText 为空，"性别"选中"女"。

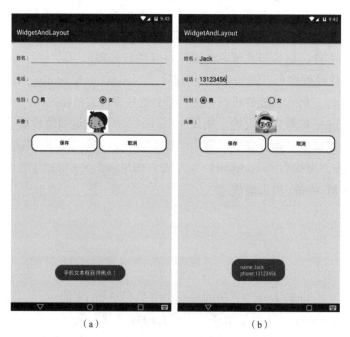

（a）　　　　　　　　　　　　　（b）

图 3－14　事件响应效果

（a）EditText 聚焦；（b）单击"保存"按钮

2. 为单元 2 的图 2-39（b）所示微信界面中的"登录"按钮设置单击监听器，跳转到图 2-19 所示页面。

3. 为单元 2 的图 2-22 所示 QQ 登录页面中的"登录"按钮设置单击监听器，实现视图跳转的功能，跳转到第二个 Activity 显示登录的账号、密码与复选框选择结果。

单 元 4

UI 进阶

仅使用 TextView、EditText、Button 等基础控件，还不够呈现 Android 应用程序丰富的内容与多彩的样式。在现有的 Android 应用程序中少不了导航、列表等内容形式，它们使应用程序清晰易用且操作流畅。本单元介绍几个高级控件。

【学习目标】

（1）掌握 Fragment、ListView、ViewPager 的使用方法；
（2）理解数据适配器及其关键方法；
（3）了解 Fragment 的生命周期；
（4）掌握列表的实现方法；
（5）会实现应用导航；
（6）会实现滑动效果。

任务 1　使用 Fragment 完成微信导航栏

【任务描述】

使用 Fragment 完成图 4 - 1 所示的底部导航栏。要求：单击底部导航的某个选项时，上面页面显示该选项的内容，图片颜色变绿，其他选项图片颜色变暗。

【预备知识】

Fragment 是 Android 系统的布局利器，它的出现，解决了 App 可以同时适应手机、平板电脑及电视的屏幕尺寸差距问题。Fragment 可以当成 Activity 界面的一个组成部分，甚至 Activity 界面可以完全由不同的 Fragment 组成。Fragment 拥有自己的生命周期和接收、处理用户事件的能力，这样对于 Activity 就不用写很多控件的事件处理代码了。除此之外，还可以动态地添加、替换、移除某个 Fragment。Fragment 在使用时，以 id 或 Tag 作为唯一标识。

1. 静态 Fragment 的使用

可将 Fragment 当作 Activity 的一个组成部分，即一个普通控件，这也是 Fragment 最简单的一种方式。图 4 - 2 所示就是用 2 个 Fragment 作为 Activity 控件的布局效果。

图 4 - 1 使用动态 Fragment 实现底部导航栏的效果   图 4 - 2 静态 Fragment 的使用效果

2 个 Fragment 分别为顶部 TitleFragment 和中间 ContentFragment，完成标题与内容显示，它们均被当作普通的 View 一样声明。Fragment 所包含控件的事件处理等代码都由各自的 Fragment 处理，如 TitleFragment 中的图片按钮增加单击事件监听与响应的 Java 文件参见【二维码 4 - 1】。

【二维码 4 - 1】

2. 动态 Fragment

Fragment 还可以动态加载和使用。Android 系统提供了 FragmentManager 类来管理 Fragment，FragmentTransaction 类来管理事务。这里的事务指对 Fragment 进行添加、替换、移除或执行其他操作，包括提交给 Activity 的每一个变化，常用方法如下。

（1）add()：添加；

（2）remove()：移除；

（3）replace()：替换；

（4）commit()：提交事务。

3. Fragment 的生命周期

Fragment 必须依存于 Activity，因此 Activity 的生命周期直接影响 Fragment 的生命周期（图 4 - 3）。

由图 4 - 3 可以看到，Fragment 比 Activity 多了几个额外的生命周期回调方法。

（1）**onAttach**（**Activity**）：在 Fragment 与 Activity 发生关联时调用。

（2）**onCreateView**（**LayoutInflater**，**ViewGroup**，**Bundle**）：创建 Fragment 的视图。

（3）**onActivityCreated**（**Bundle**）：在 Activity 的 onCreate()方法返回时调用。

（4）**onDestoryView**()：与 onCreateView()相对应，在 Fragment 的视图被移除时调用。

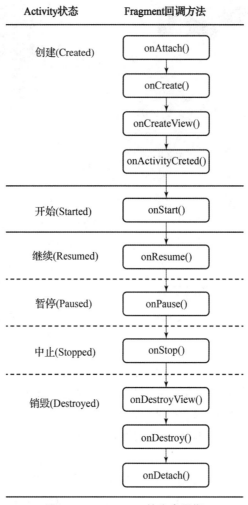

图 4-3 Fragment 的生命周期

（5）**onDetach**()：与 onAttach()相对应，在 Fragment 与 Activity 的关联被取消时调用。

在 Android 开发中，Activity 是与界面相关的，View 及其派生类也与界面相关，而 Fragment 同样与界面相关，它们之间的联系和区别是什么呢？我们知道 Activity 并不直接生成界面，它与 View 及其派生类关联才能产生界面，Activity 有自己的生命周期，掌管着界面从创建到消亡的过程，用户对应用程序的操作（比如按键、触屏）都要通过 Activity 来分发和处理。Activity 建立 View 与监听器之间的关联。Activity 的这些作用与 MVC 架构中的 C（Controller）作用相似，而 View 及其派生类就是 MVC 架构中的 V。

Fragment 有自己的生命周期，能够管理属于它自己的 View，它有自己的用户交互，这样看它也像 MVC 中的一个 C，但是它又可以像 View 一样加入 Activity 的布局，这又使它像 MVC 架构中的一个 V。因此，Fragment 是为了简化 Activity 与 View 之间的交互而将 Activity 对用户交互的逻辑模块化进行的封装，它能简化 Activity 的逻辑控制，也利于复用。

【任务分析】

Fragment 可用于实现应用程序的导航栏功能，借助 FragmentManager 与 FragmentTransaction 类进行 Fragment 的动态加载和使用。

【实现步骤】

（1）创建新项目"Chart"。

（2）资源准备。

①导入图片素材。将素材文件夹中的相关图片复制到"drawable"文件夹中。

②编辑"strings. xml"文件。

Fragment
完成微信
导航栏

```
< resources >
    < string name = "app_name" >Chart < /string >
    < string name = "tab_txt_contact" >通信录 < /string >
    < string name = "tab_txt_friend" >朋友 < /string >
    < string name = "tab_txt_settings" >设置 < /string >
    < string name = "tab_txt_weixin" >微信 < /string >
< /resources >
```

③编写"bottom. xml"的布局文件。

a. 在"layout"文件夹中新增"bottom. xml"布局文件，默认为"ConstraintLayout"。

b. 在"bottom. xml"布局文件中拉入 4 个"LinearLayout（vertical）"，调整位置关系，使 4 个线性布局水平摆放，并设置水平方向链。

c. 在每个"LinearLayout（vertical）"中放入 1 个"ImageView"和 1 个"TextView"。

d. 按照表 4 - 1 的要求设置每个元素的属性。完成后的组件树视图如图 4 - 4 所示，效果如图 4 - 5 所示。

表 4 - 1　"bottom. xml"布局文件的属性设置

布局或控件	属性	属性值	次序
ConstraintLayout（父容器）	layout_width	match_parent	
	layout_height	75 dp	
	background	#4f4f4f	
LinearLayout（子容器）	id	linearlayout_weixin	第1个
		linearlayout_friend	第2个
		linearlayout_contact	第3个
		linearlayout_settings	第4个
	orientation	vertical	
	layout_width	0 dp	
	layout_height	wrap_content	
	gravity	center	

续表

布局或控件	属性	属性值	次序
ImageView	srcCompat	@ drawable/tab_ weixin_ pressed	第 1 个
		@ drawable/tab_friend_normal	第 2 个
		@ drawable/tab_contact_normal	第 3 个
		@ drawable/tab_settings_normal	第 4 个
	id	tab_img_weixin	
		tab_img_friend	
		tab_img_contact	
		tab_img_settings	
	layout_width	50 dp	
	layout_height	42 dp	
TextView	layout_width	wrap_content	
	layout_height	wrap_content	
	id	tab_txt_weixin	第 1 个
		tab_txt_friend	第 2 个
		tab_txt_contact	第 3 个
		tab_txt_settings	第 4 个
	text	@ string/tab_txt_weixin	第 1 个
		@ string/tab_txt_friend	第 2 个
		@ string/tab_txt_contact	第 3 个
		@ string/tab_txt_settings	第 4 个
	textColor	#ffffff	

图 4-4 bottom. xml 文件的组件树视图

图 4 - 5　"bottom. xml" 文件的效果

④完成 activity_main. xml 布局文件。

a. 删除 "activity_main. xml" 文件中的默认 "TextView"。

b. 在 "ConstraintLayout" 中增加 "bottom. xml" 文件与 1 个 "FrameLayout"，代码如下。

```
< include
    android:id = "@ + id/include"
    layout = "@ layout/bottom"
    android:layout_width = "match_parent"
    android:layout_height = "75dp"
    app:layout_constraintBottom_toBottomOf = "parent"
    app:layout_constraintEnd_toEndOf = "parent"
    app:layout_constraintStart_toStartOf = "parent" />
< FrameLayout
    android:id = "@ + id/framelayout_content"
    android:layout_width = "0 dp"
    android:layout_height = "0 dp"
    app:layout_constraintBottom_toTopOf = "@ + id/include"
    app:layout_constraintEnd_toEndOf = "parent"
    app:layout_constraintStart_toStartOf = "parent"
    app:layout_constraintTop_toTopOf = "parent" >
< /FrameLayout >
```

（3）创建 Fragment，完成 Fragment 布局。

①"java" 文件夹下的项目包上单击鼠标右键，选择 "New" - > "Fragment" - > "Fragment（Blank）" 选项，在弹出的对话框中输入 "Fragment Name" 为 "WeixinFragment"，"Fragment Layout Name" 为 "fragment_weixin"，默认 "Java" 语言，单击 "Finish" 按钮。创建 Fragment 需要等待 Gradle 同步，保持连网状态。

②在 "fragment_weixin. xml" 文件（"layout" 文件夹内）中，修改布局内默认 "TextView" 的 text 属性值为 "@ string/tab_txt_weixin"，即显示 "微信"。

③同理创建 FriendFragment、ContactFragment、SettingsFragment 3 个 Fragment。在布局文件 "fragment_friend. xml" "fragment_contact. xml" 和 "fragment_settings. xml" 中依次修改 "TextView" 的 text 属性，显示为 "朋友""通信录" 和 "设置"。

（4）编写 MainActivity 文件，管理 Fragment，参考代码如【二维码 4 - 2】所示。

①在 MainActivity 类中声明数据成员（代码第 3 ~ 11 行）。

②在类内自定义 initView( )方法，完成类对象与前台元素的关联（代码第 28 ~ 40 行）。

【二维码 4 - 2】

113

③在类内自定义 setDefaultFragment( )方法，完成默认 Fragment 的设置（代码第 42～51 行）。

注意：androidx. fragment. app 与 android. app 两个包内都含有 Fragment 类，以及管理 Fragment 需要的 FragmentManager 与 FragmentTranscation 类。Android X 是 Android 新的扩展库，用于替换原来的 Android 扩展库。这两者都可以使用。但是既然 Android X 重新设计了包结构，简化了支持库与架构，还是使用新版为佳。

④设置 MainActivity 类实现 OnClickListener 接口，重写 onClick( )方法，动态加载 Fragment。

a. 将 MainActivity 实现 OnClickListener 接口（代码第 1 行）。

```
public class MainActivity extends AppCompatActivity implements View.OnClickListener
{…}
```

b. 将光标定位于接口名称处，按 "Alt + Enter" 组合键，选择 "onClick" 重写方法。

c. 在 onClick( )方法内动态加载 Fragment（代码第 53～98 行）。

⑤修改 onCreate( )方法。参考代码如代码第 13～26 行所示。

（5）运行并查看效果。

【任务要点】

1. 布局

activity_main 的布局中使用了 include 标签，目的是解决布局中重复的代码问题，提高代码复用率。include 标签通过 layout 属性引用已定义的 "bottom. xml" 布局文件。

include 标签若指定了 id 属性，而引用的 layout 值对应的布局中也定义了该属性，则 layout 的 id 会被覆盖。如果使用 findViewById( )查找 layout 下的子控件，既可直接查找子控件的 id，也可通过 include 标签的 id 来查找。

2. Fragment

新建 Fragment 时，会增加对应的 Java 文件和布局文件。与新建 Activity 不同的是，没有 Manifest 文件的注册。

通过 FragmentManager 对象获取一个 FragmentTranscation 对象的实例。Fragment 的改变通过该事务对象调用 add( )、remove( )、replace( )等方法实现，并调用 commit( )方法提交给 Activity。

3. onClick( )方法

该方法实现底部导航栏选项的单击事件响应，这里使用的是 Activity 自身类实现对应接口的方式，由 setOnClickListener（this）触发。处理流程是：①实例化 FragmentManager 与 FragmentTranscation 对象；②将导航栏图片全部变灰；③根据被单击的选项 id，更新图片颜色，并替换 FrameLayout 的内容；④提交给 Activity。

【拓展任务】

完成在单元 2 的图 2-22 所示 QQ 登录页面中输入账号、密码后跳转到 QQ 主页面的操作。QQ 主页面效果如图 4-6 所示，底部导航栏包含 "消息" "联系人" 和 "动态" 按钮，单击按钮后导航视图内容相应变化。

图 4−6　QQ 主页面效果

【任务小结】

Fragment 能够动态适应屏幕分辨率，灵活设计 UI。它可单独作为一般控件静态使用，也可由多个 Fragment 作为 Activity 的全部界面动态使用。动态使用时，需要 FragmentManager 管理 Fragment，FragmentTransaction 管理事务。

任务 2　使用 ListView 实现菜单列表

【任务描述】

使用 ListView 完成图 4−7 所示的菜单列表。要求 ListView 的每个 item 图文并茂，在某个 item 上单击，能够显示这个 item 的信息。

【预备知识】

1. ListView

列表是 Android 开发中的常用项，它以垂直列表的形式列出要显示的列表项目，并且能够根据数据长度自适应显示。

列表数据成功显示需要 3 个元素。

（1）ListView：用于展示列表的 View。

（2）数据：ListView 上显示的具体字符串、图片或组件。

图 4 – 7　使用 ListView 实现的菜单列表效果

（3）适配器：用于把数据映射到 ListView 上的中介。

Android Studio 4. 2 将 ListView 的控件归于"Palette"中的"Legacy"。它虽然是一个比较旧的控件，但是它对于进一步学习高级控件的使用、理解数据适配器有很好的基础作用。ListView 控件的常用属性见表 4 – 2。

表 4 – 2　ListView 控件的常用属性

属性	描述
id	略
divider	用于为 ListView 设置分割线，既可以用颜色分割，也可以用 Drawable 资源分割
dividerHeight	用于设置分隔线的高度
entries	用于通过数组资源为 ListView 指定列表项
footerDividersEnabled	用于设置是否在 footer view 之前绘制分割线，默认为"true"，设置为"false"时，表示不绘制。需要通过 ListView 提供的 addFooterView( )方法为它添加 footer view
headerDividersEnabled	用于设置是否在 header view 之前绘制分割线，默认为"true"，设置为"false"时，表示不绘制。需要通过 ListView 提供的 addHeaderView( )方法为它添加 header view

2. ListView 的使用步骤

ListView 需要数据适配器完成数据加载，以 ArrayAdapter 完成图 4 - 8 所示的简单文字列表效果，主要有以下 3 个步骤。

图 4 - 8　使用 ArrayAdapter 实现纯文本列表效果

ListViewDemo

1) 定义数据

在 "strings. xml" 文件中创建一个 string - array，名为 "comment"。这个 Array 数据是为 ArrayAdapter 准备的。具体内容参见【二维码 4 - 3】。

2) 实例化数据适配器对象。

```
ArrayAdapter adapter = new ArrayAdapter(this, android.R.layout.simple_expand-
able_list_item_1, getResources().getStringArray(R.array.comment));
```

实例化数据适配器对象使用 ArrayAdapter（Context context，int textViewResourceId，List < T > objects）构造方法完成。其中第 1 个参数是上下文；第 2 个参数指定列表的每个 item采用的布局方式，android. R. layout. simple_expandable_list_item_1 是系统定义好的布局文件，只显示一行文本；第 3 个参数是数据源，即 "strings. xml" 文件中名为 "comment" 的数组。

3) 为 ListView 对象设置该数据适配器（ListView 对象 ListView 已完成关联）

```
ListView.setAdapter(adapter);
```

3. 数据适配器

ArrayAdapter 是 ListView 的常用数据适配器。它只能装载文本形式的数据，想要在列表item 上出现按钮、图片等形式的数据，就需要使用 BaseAdapter 或 SimpleAdapter。

BaseAdapter 是一个基础 Adapter，具有常用性和实用性。学会使用 BaseAdapter，需要掌握四个基本方法。

（1）getCount（）：要绑定的 item 的总数。

（2）getItem（）：根据参数（索引或位置）获得该 item 对象。

（3）getItemId（）：获取 item 的 id。

（4）getView（）：获取 item 要显示的界面。

使用 BaseAdapter 时，根据需要自定义 BaseAdapter 的子类适配器，重写以上方法即可。

SimpleAdapter 继承自 BaseAdapter。顾名思义，SimpleAdapter 就是一个简单适配器，它对 BaseAdapter 的方法进行改写封装，使用起来更加方便简单。

此外还有 SimpleCursorAdapter。它可以认为是 SimpleAdapter 与数据库的简单结合，可以方便地把数据库的内容以列表形式展示出来。

【任务分析】

ListView 的每个 item 包含图片与文本，为了方便理解，采用 SimpleAdapter 的数据适配器来完成数据加载，并在 ListView 上设置 item 的 Click 监听器，完成监听响应。

【实现步骤】

（1）创建新项目"MyMenu"。

（2）资源准备。

①导入图片素材。将素材文件夹中的相关图片复制到"drawable"文件夹中。

ListView 菜单

②编辑"strings. xml"文件。

```
< resources >
    < string name = "app_name" >MyMenu < /string >
    < string - array name = "menu_list" >
        < item >麻婆豆腐,¥12.0 < /item >
        < item >水煮肉片,¥25.0 < /item >
        < item >水煮牛肉,¥28.0 < /item >
        < item >回锅肉,¥28.0 < /item >
        < item >鱼香茄子,¥15.0 < /item >
        < item >口水鸡,¥36.0 < /item >
        < item >干煸牛肉丝,¥35.0 < /item >
        < item >毛血旺,¥35.0 < /item >
        < item >水煮鱼,¥28.0 < /item >
        < item >辣子鸡,¥28.0 < /item >
    < /string - array >
< /resources >
```

③编写"item_list. xml"布局文件。

a. 在"layout"文件夹中新增"item_list. xml"布局文件，默认"ConstraintLayout"。

b. 在布局内放置 1 个 ImageView 和 2 个 TextView。位置参考图 4 - 9。设置 ImageView 的"id"为"img_dish"，"layout_width"为"120 dp"，"layout_height"为"90 dp"。设置 TextView 的"id"分别为"txt_title"和"txt_price"，字体颜色与大小可自行设置。

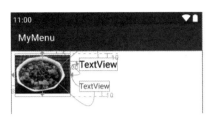

图 4 – 9　"item_list. xml" 布局文件效果

④编辑 "activity_main. xml" 文件。

在布局内删除原有的 TextView 文本, 拉入 1 个 ListView, 设置 "id" 为 "listView", 上、下、左、右对齐父容器, 边距均为 "0", 宽度与高度为 "0dp"。

(3) 在 MainActivity 文件中完成编码。

①定义数据源。

在 MainActivity 类内自定义 getData( )方法, 完成列表的数据准备工作。

```
private ArrayList < HashMap < String,Object > > getData(){
    int[] img = {R.drawable.dish_01,R.drawable.dish_02,
R.drawable.dish_03,R.drawable.dish_04,R.drawable.dish_05,
R.drawable.dish_06,R.drawable.dish_07,R.drawable.dish_08,
R.drawable.dish_09,R.drawable.dish_10};
    String[] str = getResources().getStringArray(R.array.menu_list);
    ArrayList < HashMap < String,Object > > list = new ArrayList <>();
    for (int i = 0;i < str.length&&i < img.length;i ++) {
        String[] line = str[i].split(",");
        HashMap < String, Object > map = new HashMap <>();
        map.put("pic",img[i]);
        map.put("title",line[0]);
        map.put("price",line[1]);
        list.add(map);
    }
    return list;
}
```

②修改 onCreate( )方法, 在加载布局代码行后, 增加 ListView 加载数据的代码。

```
// 关联
ListView listView = findViewById(R.id.listView);
// 实例化数据适配器
SimpleAdapter adapter = new
SimpleAdapter(MainActivity.this,getData(),R.layout.item_list,
    new String[]{"pic","title","price"},new
int[]{R.id.img_dish,R.id.txt_title,R.id.txt_price});
// 设置数据适配器
listView.setAdapter(adapter);
// 设置 item 单击事件监听
listView.setOnItemClickListener(this);
```

③设置 MainActivity 类实现 OnItemClickListener 接口，重写 onItemClick（ ）方法，完成 item 单击事件响应。

a. MainActivity 实现 AdapterView. OnItemClickListener 接口。

```
public class MainActivity extends AppCompatActivity implements AdapterView.
OnItemClickListener {}
```

b. 重写 onItemClick（ ）方法。

```
@Override
public void onItemClick(AdapterView<?> parent, View view, int position, long id) {
    //ListView 的任一 item 单击是的响应方法,以 Toast 为例
    String text = parent.getItemAtPosition(position) + "";
    Toast.makeText(this, "position = " + position + " \ntext = " + text, Toast.LENGTH_
SHORT).show();
}
```

（4）运行查看效果。

【任务要点】

1. getData（ ）方法

自定义 getData（ ）方法是为数据适配器作数据准备的。这里定义了动态数组 ArrayList，存放的数据使用键为 String、值为 Object（String 与 int）的 HashMap 数据集合。每个 ArrayList实例都有一个容量，该容量用来存储列表元素的数组大小。它总是至少等于列表的大小。随着 ArrayList 中的元素不断增加，其容量也自动增加。

2. SimpleAdapter

在 SimpleAdapter 实例化对象时，就完成了数据的安装。其构造方法为 SimpleAdapter（Context context，List < ? extends Map < String，? >> data，@ LayoutRes int resource，String［］from，@ IdRes int［］to）。

（1）第 1 个参数：上下文。

（2）第 2 个参数：获取数据源。这里通过调用自定义方法 getData（ ），返回 ArrayList < HashMap < String，Object > >的列表集合。SimpleAdapter 的数据一般使用 HashMap 定义成键值对，一个 HashMap 对应 ListView 的每一行。HashMap 的每一个键值数据映射到布局文件中对应的 id 控件上。

（3）第 3 个参数：列表 item 采用的布局样式

（4）第 4 个参数：HashMap 数据中所有的键。

（5）第 5 个参数：item 布局中的控件 id，顺序与第 4 个参数对应，确保正确映射。

3. ListView 的事件监听

ListView 列表常用的事件主要有 item 单击及屏幕滑动。这里使用 OnItemClickListener 的单击事件监听，采用 Activity 自身类事件响应。

【任务拓展】

在 "MyQQ" 项目中，在 "消息" 的 Fragment 中增加 ListView，完成好友的消息列表，

效果如图 4-10 所示。要求：①每个 item 包含好友头像、昵称、最近一条消息的时间与内容、未读消息数量；②好友头像以圆形显示；③当有未读消息时，显示未读消息数量的红色圆圈；④当没有未读消息时，消息内容占满这一行，显示不下的内容用省略号代替；⑤当单击这个 item 后，未读消息变成已读消息，不再显示未读消息数量的红色圆圈。

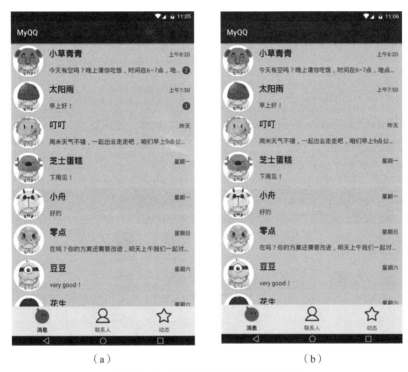

图 4-10　QQ 好友的消息列表效果

（a）开启界面；（b）单击 item 后的界面

［任务提示］

1. Fragment 中使用 ListView

图示中的 ListView 出现在 MessageFragment 上。Fragment 中使用 ListView 的方法与 Activity 一致，但是两者获得视图的方法不同。Fragment 的 View 在 onCreateView( ) 方法中获取，通过 LayoutInflater 类的 inflate( ) 方法返回 View 对象，用该对象调用 findViewById( ) 方法才能找到该 ListView，并对其加载数据与设置监听。

2. 圆形头像

这里通过自定义 CircleImageView 类实现圆形图片。

3. 未读消息数量

（1）未读消息需要定义 shape 文件，呈现圆形背景色。

（2）未读消息控件是否显示，借助 visible 属性设置为"visible"或"gone"来控制。控件不显示时不占位。

4. 自定义数据适配器子类

圆形图片和动态设置未读消息数的显示与隐藏，都需要在数据加载时完成，因此需要改写数据适配器，可自定义 SimpleAdapter 或 BaseAdapter 子类，通过重写 getView( ) 方法实现。

【任务小结】

ListView 主要用于显示列表数据，在 Android 应用程序中广泛应用。在使用 ListView 时首先需要准备数据源，其次完成数据适配器的安装，最后为 ListView 对象加载该数据适配器。

任务 3 使用 ViewPager 与 GridView 实现应用图标滑动

【任务描述】

使用 ViewPager 与 GridView 完成应用图标滑动的功能，效果如图 4-11 所示，在图标导航上滑动，栏目内容在导航页面 1 与导航页面 2 之间切换，小圆点标示当前页的位置，单击任意一个图标时，弹出 Toast 显示该项内容。

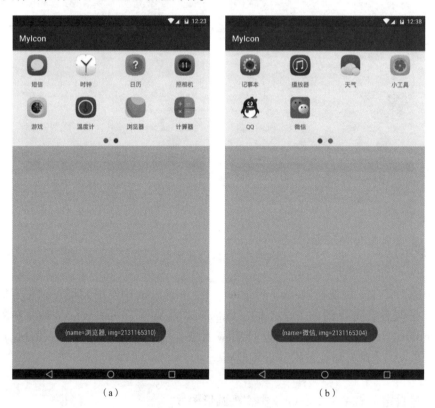

图 4-11 导航滑动效果

(a) 导航页面 1；(b) 导航页面 2

【预备知识】

1. ViewPager

ViewPager 类可以左右滑动以切换当前 View。它直接继承了 ViewGroup 类，所以是一个容器类，可以在其中添加其他 View 类。使用该类时需要 PagerAdapter 类给它提供数据。它还常和 Fragment 一起使用，并且提供了专门的 FragmentPagerAdapter 和 FragmentStatePager-Adapter 类供 Fragment 中的 ViewPager 使用。

和 ListView 等控件一样，ViewPager 需要设置适配器 PagerAdapter 来完成页面和数据的绑定。这个 PagerAdapter 是一个基类适配器，用它实现 App 引导图。它的子类有 FragmentPag-erAdapter 和 FragmentStatePagerAdapter，这两个子类适配器用于和 Fragment 一起使用，在 Android 应用中它们就像列表一样频繁出现。

PagerAdapter 最基本的使用，需要实现 4 个方法：get-Count( )、isViewFromObject( )、instantiateItem( )、destroy-Item( )。

（1）int getCount( )：必选，返回当前有效视图的个数。

（2）Object instantiateItem（ViewGroup container，int posi-tion)：必选，用于创建指定位置的页面视图。

（3）boolean isViewFromObject(View view，Object object)：可选，判断 instantiateItem( )返回的 key 与页面视图是否为同一个视图。

（4）void destroyItem（ViewGroup container，int position，Object object)：可选，移除指定位置的页面。

图 4 - 12 ViewPager 滑动效果

下面以图 4 - 12 为例，介绍 ViewPager 组件的使用步骤。

（1）在 Activity 的布局文件中增加 ViewPager 控件，"id"为"viewpager"，布局代码参见【二维码 4 - 4】。

（2）分别新建布局文件"vp_tab1. xml""vp_tab2. xml""vp_tab3. xml"作为子页面。设置 3 个布局容器的背景色为不同颜色。

（3）新建 MyPagerAdapter 类，继承 PagerAdapter，代码参见【二维码 4 - 5】。

（4）在 Activity 内编程，加载对应的数据适配器，代码参见【二维码 4 - 6】。

【二维码 4 - 4】　　　　【二维码 4 - 5】　　　　【二维码 4 - 6】

2. GridView

GridView 与 ListView 类似，也是常用的多控件容器。GridView 控件用网格方式排列视图，与矩阵类似，因此它是实现九宫图的首选。

GridView 的常用属性如下。

（1）numColumns：设置 GridView 的总列数。

（2）columnWidth：设置每列的宽度。

（3）stretchMode：设置填满剩余空间的方式，有 columnWidth 和 spacingWidth 可选。

（4）verticalSpacing：设置两行之间的边距

（5）horizontalSpacing：设置两列之间的边距。

GridView 同样需要准备数据适配器。自定义适配器一般
继承自 BaseAdapter，需要重写 getCount（）、getItem（）、get-
ItemId（）、getView（）4 个方法。

（1）int getCount（）：指定要绘制的资源数，小于等于
资源总数。

（2）Object getItem（int position）：在指定 position 处返回
资源项。

（3）long getItemId（int position）：在指定 position 处返回
资源项 id。

（4）View getView（int position，View convertView，View-
Group parent）：在 position 处将传入的 convertView 加工成所
需要的 View 返回。

下面以图 4 – 13 为例，介绍 GridView 的使用步骤。

（1）在 "activity_main. xml" 文件中放入 GridView。

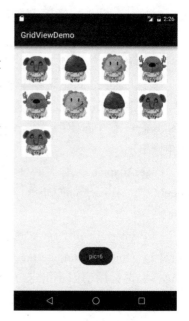

图 4 – 13 使用 GridView 的效果

```
<GridView
    android:layout_width = "wrap_content"
    android:layout_height = "wrap_content"
    android:id = "@ + id/gridView"
    app:layout_constraintBottom_toBottomOf = "parent"
    app:layout_constraintEnd_toEndOf = "parent"
    app:layout_constraintStart_toStartOf = "parent"
    app:layout_constraintTop_toTopOf = "parent"
    android:numColumns = "4"
    android:horizontalSpacing = "10dp"
    android:verticalSpacing = "10dp"/>
```

（2）新建 item 布局文件，作为 GridView 每项的内容布局方式。

```
<?xml version = "1.0" encoding = "utf-8"? >
<LinearLayout xmlns:android = "http://schemas.android.com/apk/res/android"
    android:orientation = "vertical" android:layout_width = "match_parent"
    android:layout_height = "match_parent" >
    <ImageView
        android:layout_width = "80dp"
        android:layout_height = "80dp"
        android:id = "@ + id/imageView" />
</LinearLayout >
```

（3）自定义 GridView 的数据适配器，代码参见【二维码 4 – 7】。

（4）Activity 类中完成数据加载，代码参见【二维码 4 – 8】。

【二维码 4 – 7】　　　【二维码 4 – 8】

【任务分析】

本任务中各个应用图标是 GridView，GridView 作为 ImageView 与 TextView 的父容器；要实现滑动功能需要将 GridView 放在 ViewPager 容器内。因此，布局时首先在当前页内面使用 ViewPager 控件，在 ViewPager 对象中动态添加 GridView 的内容。而 GridView 与 ViewPager 都需要对应的数据适配器配合数据加载，因此还需要自定义数据适配器类来完成此应用功能。

【实现步骤】

ViewPager

（1）创建新项目 "MyIcon"。

（2）资源准备。

①导入图片素材。将素材文件夹中的相关图片复制到 "drawable" 文件夹中。

②编辑 "strings. xml" 文件

在 "strings. xml" 文件的 resource 元素中增加如下字符定义。

```
< string name = " txt_ icon" >短信，时钟，日历，照相机，游戏，温度计，浏览器，计算器，记事本，播放器，天气，小工具，QQ，微信 < /string >
```

③编辑 "colors. xml" 文件。

打开 "res"→"values" 目录下的 "colors. xml" 文件，增加自定义颜色。

```
< ?xml version = "1.0" encoding = "utf –8"? >
< resources >
    ……<! -- 省略默认代码 -->
    < color name = "mycolor_bg_all" > #cdcdcd < /color >
    < color name = "mycolor_bg_icon" > #eeffff < /color >
< /resources >
```

④编辑 "activity_main. xml" 文件。

a. 在 "constraintlayout. xml" 文件中，设置 background 属性值为 " @ color/mycolor_bg_all"，删除原有的 "TextView"。

b. 在约束布局顶部，放入 1 个 "ViewPager" 和 1 个 "LinearLayout（horizontal）"，设置 "id" 分别为 "viewpager" 和 "linearlayout_point"，位置属性与其他属性如以下代码所示。

```
< androidx. viewpager. widget. ViewPager
    android:id = "@ + id/viewpager"
    android:layout_width = "0dp"
    android:layout_height = "200dp"
```

```
        android:background = "@color/mycolor_bg_icon"
        app:layout_constraintEnd_toEndOf = "parent"
        app:layout_constraintStart_toStartOf = "parent"
        app:layout_constraintTop_toTopOf = "parent" />
<LinearLayout
        android:id = "@ + id/linearlayout_point"
        android:layout_width = "0dp"
        android:layout_height = "wrap_content"
        android:background = "@color/mycolor_bg_icon"
        android:gravity = "center"
        android:orientation = "horizontal"
        app:layout_constraintEnd_toEndOf = "parent"
        app:layout_constraintStart_toStartOf = "parent"
        app:layout_constraintTop_toBottomOf = "@ + id/viewpager"/>
```

⑤编写"item_gridview. xml"布局文件。

a. 在"layout"文件夹中新增"item_gridview. xml"布局文件，设置"Root element"为"GridView"，即使用网格布局。

b. 在"item_gridview. xml"文件中，修改 GridView 属性值"layout_height"为"wrap_content"，增加 orientation 属性值为"vertical"，"id"为"gridview_vp_item"，"numColumns"为"4"。

⑥编写"item_gridview_detail. xml"布局文件。

a. 在"layout"文件夹中新增"item_gridview_detail. xml"布局文件，设置"Root element"为"LinearLayout"，即使用线性布局。

b. 在"item_gridview_detail. xml"布局文件中增加"background"为"@ color/mycolor_bg_icon"，"gravity"为"center"，保持"orientation"为"vertical"。

c. 在线性布局中增加 1 个"ImageView"，设置"layout_width"为"50 dp"，"layout_height"为"50 dp"，"id"为"img_icon"，"layout_marginTop"为"10 dp"。

d. 在"ImageView"下方增加 1 个"TextView"，"layout_width"与"layout_height"均为"wrap_content"，"textColor"为"#009fff"，"layout_marginTop"和"layout_marginBottom"都为"10 dp"，"id"为"txt_icon"。

（3）完成 MainActivity 的编码，代码参考【二维码 4 – 9】。

①声明类的数据成员（代码第 2 ~ 7 行）。

②自定义方法 getData( )完成数据集合准备（代码第 23 ~ 38 行）。

③自定义方法 initViewPager( )完成 ViewPager 初始化（代码第 40 ~ 67 行）。

```
┌─────────┐
│    二    │
│    维    │
│    码    │
└─────────┘
【二维码 4 – 9】
```

④自定义方法 roundPoint( )，向线性布局中添加小圆点（代码第 69 ~ 81 行）。

⑤编辑 onCreate( )方法（代码第 9 ~ 20 行）。

a. 完成对象与控件的关联，并调用 initViewPager( )和 roundPoint( )方法。

b. 为 ViewPager 对象设置页面转换事件监听器。

⑥在 MainActivity 类内定义内部类 PagerOnPageChangeListener，完成 ViewPager 对象设置

页面转换事件响应处理，即线性布局内圆点图片的改变（代码第 83~102 行）。

（4）自定义 MyGridViewAdapter 类，继承自 BaseAdapter，完成 Viewpager 对象内单个 GridView 的数据支持。代码参考【二维码 4-10】。

①在 "java" 文件夹中的项目包内新建 MyGridViewAdapter 类，继承自 BaseAdapter，重写 getCount( )、getItem( )、getItemId( )、getView( )方法定义。

②定义类的数据成员，并完成构造方法。

③重写 getCount( )、getItem( )、getItemId( )、getView( )方法。

（5）自定义 ViewPager 的数据适配器 MyViewPagerAdapter 类。代码参考【二维码 4-11】。

（6）运行并查看结果。

【二维码 4-10】

【二维码 4-11】

【任务要点】

1. 布局

"activity_main. xml" 文件中应用图标区域占据 200dp 高度，使用 ViewPager 控件实现滑动。为了标示导航页，在应用图标下放置线性布局容器，根据页数动态加载小圆点。

每个图标都是 GridView 的一个内容，需要单独定义 GridView 的布局文件及每个网格的布局形式文件。

2. 自定义数据适配器

定义 PagerAdapter 的子类 MyViewPagerAdapter，为 ViewPager 准备数据。需要重写 getCount( )、isViewFromObject( )2 个方法，instantiateItem( )和 destroyItem( )2 个方法可根据需要重写。

定义 BaseAdapter 的子类 MyGridViewAdapter，为 GridView 准备数据。需要重写 getCount( )、getItem( )、getItemId( )、getView( )4 个方法。因为进行了滑动分页，所以每页的资源可能是放满一个 page（资源数 pagesize 为 8），也可能没有放满一个 page（即最后一个 page，资源数 = 资源总数 - 前面 page 的资源总数）。因此，getCount( )的返回值不再是固定值。在 getView( )方法中动态添加要显示的资源。GridView 每个 item 使用的布局需要使用 inflate( )方法来获取。这里使用的是 View. inflate（Context context，int resource，ViewGroup root），获取参数 2 指定的布局资源，返回 View 对象。inflate( )方法的作用是，用 XML 布局文件关联到一个 View 对象并完成实例化；而 findViewById( )则是在 View 对象实例化之后，返回布局文件中指定 id 的控件，实现控件实例化。以往的 Activity 类中直接使用 findViewById( )，是因为 onCreate( )方法内已使用 setContentView(R. layout. activity_main)完成了当前 View 的实例化。View 中的 setTag(Object)表示给 View 添加一个额外的数据，可以用 getTag( )获取这个数据。

3. MainActivity 类

在 ViewPager 中动态增加 GridView 时，GridView 的布局文件同样使用 inflate( ) 进行关联实例化。每个 GridView 都需要设置单击事件监听器。ViewPager 滑动时需要改变相应小圆点的颜色，因此在 onPageSelected( ) 方法内设置修改。

【拓展任务】

在"MyQQ"项目中，使用 ViewPager 与 ListView 完成图 4 – 14 所示的 QQ 联系人页面。QQ 联系人页面中包含"好友""分组""群聊"和"设备"4 个子页面，可以通过滑动实现切换；"好友"子页面中显示联系人姓名，当单击某行时，会弹出这个联系人的姓名。

图 4 – 14   QQ 联系人页面 ViewPager 滑动效果

[任务提示]

ViewPager 的标题可以通过 PagerTabStrip 类设置，同时在布局中将该控件设置在 View-Pager 容器中。在 ViewPager 中增加 ListView 的方法与增加 GridView 类似，但是这里的 View-Pager 放在了 Fragment 中，注意在 Fragment 类中的 onCreateView( ) 方法中完成编码。

【任务小结】

ViewPager 可用于内导航并实现滑动功能，GridView 在规整的网格视图下使用非常方便美观，两者结合作为滑动导航在很多移动应用中可以看到。本任务分别介绍了这两项技术的基础使用与结合使用的方法与步骤，其中定义数据适配器是关键。

知识拓展

1. RecyclerView

从 Android 5.0 开始，谷歌公司推出了以列表形式展示大量数据的新控件 RecyclerView，它优化了 ListView 的各种不足，可以灵活地实现数据纵向滚动或横向滚动。RecyclerView 的优点如下。

（1）RecyclerView 封装了 ViewHolder 类，可用于 View 的回收复用，高度解耦，异常灵活，使开发更加方便简单，扩展性非常强。

（2）设置布局管理器以控制 item 的布局方式，如横向、竖向、网格以及瀑布流方式，如图 4 - 15 所示。

（3）可以设置 item 的间隔样式，通过继承 RecyclerView 的 ItemDecoration 这个类，针对业务需求进行开发。

（4）可以控制 item 增删动画，通过 ItemAnimator 类进行控制。

使用 RecyclerView，需进行 Layout Manager、Adapter、Item Decoration 和 Item Animator 四部分设置。

（1）Layout Manager（必选）。

RecyclerView 提供了 3 种布局管理器。

①LinerLayoutManager：以垂直或者水平列表方式展示 item；

②GridLayoutManager：以网格方式展示 item；

③StaggeredGridLayoutManager：以瀑布流方式展示 item。

（2）Adapter（必选）。

RecyclerView 创建适配器的步骤如下。

①创建 Adapter：创建一个继承 RecyclerView. Adapter < VH > 的 Adapter 类（VH 是 ViewHolder 的类名）。

②创建 ViewHolder：在 Adapter 中创建一个继承 RecyclerView. ViewHolder 的静态内部类，记为 VH。ViewHolder 的实现和 ListView 的 ViewHolder 实现几乎一样。

③在 Adapter 中实现 3 个方法。

a. onCreateViewHolder( )用于创建 ViewHolder 实例，并把加载的布局传入构造方法，再返回 ViewHolder 实例。

b. onBindViewHolder( )用于适配渲染数据到 View 中。该方法提供 ViewHolder 对象，而不是原来的 ConvertView。

c. getItemCount( )类似于 BaseAdapter 的 getCount 方法，即表示共有多少个子项。

（3）Item Decoration（可选，默认为空）。

（4）Item Animator（可选，默认为 DefaultItemAnimator）。

使用 RecyclerView 完成图 4 - 7 所示的菜单列表，方法如下。

（1）在 Activity 加载的布局内放置 RecyclerView，"id"为"recycler_view_menu"。

（2）创建子项的布局文件"menu_item. xml"，方式如本单元任务 2 的子项布局。

（3）创建 Menu 类。代码参考【二维码 4 - 12】。

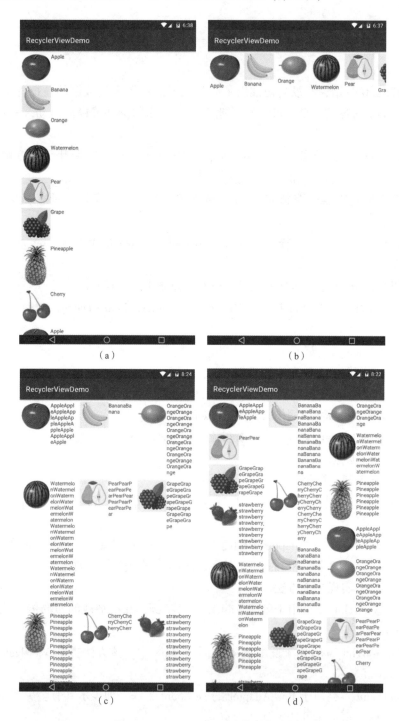

图 4 – 15 RecyclerView 布局效果

（a）线性垂直方向；（b）线性水平方向；（c）网格方式；（d）瀑布流方式

（4）创建 MenuAdapter 类。代码参考【二维码 4 – 13】。

（5）编辑 Activity 类。代码参考【二维码 4 – 14】。

【二维码 4 – 12】　　　【二维码 4 – 13】　　　【二维码 4 – 14】

2. ViewPager 2

2019 年 11 月，谷歌公司发布了 ViewPager 2，解决了 ViewPager 不能关闭预加载及更新 Adapter 不生效等问题。相比于 ViewPager，ViewPager 2 最大的变化是使用 RecyclerView，使用的适配器也由 PageAdapter 变为 RecyclerView. Adapter，借助 RecyclerView 的强大功能，ViewPager 2 的应用更广，使用也更方便。

以 ViewPager 2 的基础功能实现图 4 – 16 所示滑屏效果的方法如下。

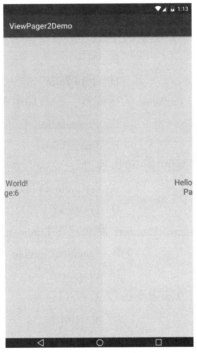

图 4 – 16　滑屏效果

（1）在 Activity 加载的布局内放置 ViewPager2，"id"为"vp2"。

（2）将 item 布局名为"item_vp2"，在里面放置 1 个 TextView，"id"为"txt_vp2"。

（3）编辑适配器代码。代码参考【二维码 4 – 15】。

（4）编辑 Activity 代码。代码参考【二维码 4 – 16】。

【二维码 4 – 15】　　　　　【二维码 4 – 16】

练习与实训

一、填空题

1. ListView 常用的数据适配器有_____、_____、_____。

2. 为 ListView 设置单击事件监听器的方法是_____。

3. ViewPager 类需要一个_____适配器类给它提供数据；或者与_____结合，使用该类中的特定适配器供 ViewPager 使用。

4. 如果 ListView 使用继承自 BaseAdapter 的适配器，需要重写_____、_____、_____和_____4 个方法。

5. 动态 Fragment 通过_____和_____两个类管理 Fragment，并处理相关事务。

6. Fragment 在添加、移除或替换后，需要使用_____方法完成事务向 Activity 提交。

二、选择题

1. ListView 是常用的（　　）类型的控件。

A. 按钮 　　　　　　　　　　　B. 图片

C. 列表 　　　　　　　　　　　D. 下拉列表

2. 使用 SimpleAdapter 作为 ListView 的适配器，行布局中下列（　　）组件是不支持的。

A. TextView 　　　　　　　　　B. ProgressBar

C. CompoundButton 　　　　　D. ImageView

3. 当一个布局文件未被实例化时，可以通过（　　）方法完成 View 的实例化。

A. inflate( ) 　　　　　　　　　B. setContentView( )

C. findViewById( ) 　　　　　　D. getView( )

4. Android 系统提供了 FragmentManager 类来管理 Fragment，（　　）类来管理事务。

A. FragmentManager 　　　　　B. FragmentService

C. FragmentTransaction 　　　　D. Fragment

5. 对 Fragment 操作的常用方法中不包含（　　）。

A. add( ) 　　　　　　　　　　B. update( )

C. remove( ) 　　　　　　　　　D. commit( )

三、编程题

1. 使用 ViewPager 实现图片滑动浏览效果，如图 4 – 17（a）所示，如果单击小圆点也能切换到对应的 page。

2. 使用 GridView 实现图标网格状分布，如图 4 – 17（b）所示。

3. 使用 ViewPager 与 GridView 完成图 4 – 17（c）所示的宠物信息 App。该 App 包含"狗""猫""鱼"和"鸟"4 个页面的宠物信息，可以通过滑动实现切换；当单击某个宠物图片时，会弹出该宠物的品种名称。

4. 使用合理的控件与布局完成图 4 – 15 所示的效果。

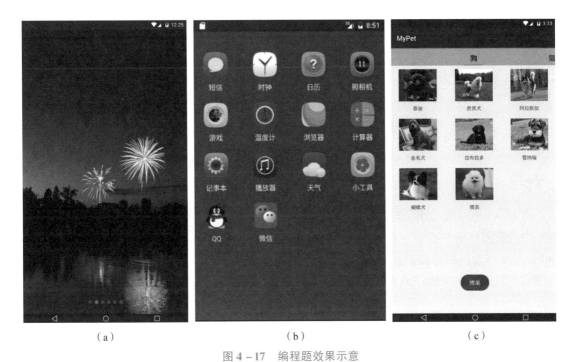

（a）　　　　　　　　　　　　（b）　　　　　　　　　　　（c）

图 4 - 17　编程题效果示意

（a）图片滑动浏览效果示意；（b）图标网格状分布效果示意；（c）滑动与网格效果示意

单元 5

Android数据存储及数据共享

作为一个较完整实用的 Android 应用程序，数据存储操作几乎是必不可少的。Android 系统中的数据存储方式有 5 种，分别是 SharedPreferences、SQLite 数据库、文件存储、ContentProvider 以及网络存储。在 Android 系统中，应用程序实现数据存储一般采用前 3 种方式，若要实现数据共享，最佳的方式是使用 ContentProvider。关于以网络方式进行数据操作详见单元 7。

【学习目标】

(1) 熟悉 Android 系统提供的各类数据存储方式的特点及应用场合；
(2) 会使用 SharedPreferences 方式存取数据；
(3) 会使用 SQLite 数据库存取数据；
(4) 会使用 ContentProvider 对象实现数据共享。

任务 1　使用 SharedPreferences 存储"学习强国"注册信息

【任务描述】

创建新项目"LearningPower"，将单元 2 任务 5 中的"学习强国"登录页面的相关图像及布局文件等复制过来，完成页面布局。

布局完成后的编码实现过程如下。当用户单击"新用户注册"按钮时，检测手机号码和密码是否为空，若为空，给出友情提示；在手机号码和密码都不为空的情况下，单击"新用户注册"按钮，则将用户输入的手机号码和密码利用 SharedPreferences 保存于"info. xml"文件中，并用 Toast 给出"信息保存成功"的提示，如图 5 − 1 所示。

要求利用 SharedPreferences 存储信息时，手机号码对应的 key 为 mobile，密码对应的 key 为 pwd，最后将存储信息的"info. xml"文件导出保存于 C 盘中。

【预备知识】

1. Android 数据存储方式

Android 系统提供了 5 种数据存储方式，各方式的特点如下。

(1) SharedPreferences：常用来存储一些简单的配置信息，如程序的界面风格、操作习惯、常用列表等数据信息。它是一种轻量级的数据保存方式，所存储的信息是以键值对方式

Android 数据存储

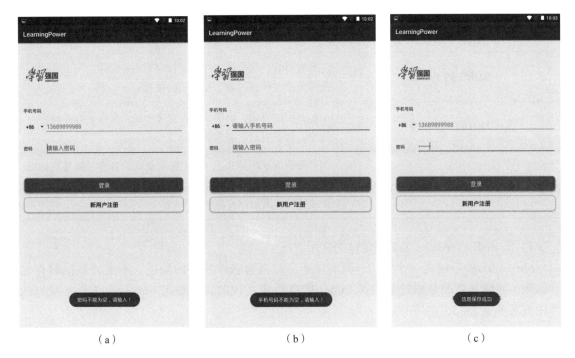

（a）　　　　　　　　　　　（b）　　　　　　　　　　　（c）

图 5 – 1　"学习强国"新用户注册成功界面
（a）手机号码为空提示；（b）密码为空提示；
（c）手机号和密码都不为空信息保存成功

存储于 XML 文件中，该文件位于"data"→"data"→"< packagename >"→"shared_prefs"文件夹中。它只能存储 boolean、int、float、long 和 String 五种简单的数据类型，无法进行条件查询。

（2）SQLite 数据库：为应用于嵌入式产品而设计的一款轻量级关系数据库，支持基本 SQL 语法，具备跨平台、多语言操作、占用资源低、处理速度快等优点。它广泛用于包括浏览器、iOS、Android 以及一些便携需求的小型 Web 应用系统，是数据存储中常用的一种数据存储方式，支持高达 2TB 大小的数据库。

（3）文件存储：常用于存储大数量的数据，以 I/O 流的形式传输数据。

（4）ContentProvider：是 Android 系统中能实现所有应用程序之间数据共享的方式。由于数据在各应用程序间通常是私密的，为了实现共享，如访问手机中的音频、视频、图片及通信录等，一般都采用此方式。

（5）网络：通过网络上传或下载数据信息，信息存储于服务器端，减轻了客户端压力。

以上 5 种方式各有优缺点，具体使用哪种方式存储，应根据开发需求进行合理选择。

2. SharedPreferences

1）SharedPreferences 的访问模式

在 Android 系统中 SharedPreferences 支持 3 种访问模式，它们读写文件的方式有区别，常用的模式是私有模式 MODE_PRIVATE，3 种访问模式见表 5 – 1。

表 5 – 1　**SharedPreferences** 的访问模式

访问模式	说明
MODE_PRIVATE	私有模式，代表该文件只能被应用本身访问，写入的内容会覆盖原文件的内容，是常用的模式
MODE_APPEND	私有附加模式，该模式会检查文件是否存在，存在就向文件中追加内容，否则就创建新文件
MODE_ENABLE_WRITE_AHEAD_LOGGING	打开数据库用的 flag，默认启动预写式日志，就是在修改提交前会先写入日志，系统可以通过查看日志知道数据是否正确提交，可以保证原子性

2）SharedPreferences. Editor 接口的常用方法

SharedPreferences 是一个接口，其对象本身只具有获取数据的功能，不支持数据的存储和修改，存储和修改是通过其内部 Editor 接口对象实现的。SharedPreferences. Editor 接口的常用方法见表 5 –2。

表 5 –2　**SharedPreferences. Editor** 接口的常用方法

方法	说明
clear( )	清空 SharedPreferences 里的所有数据
commit( )	Editor 编辑完成后，调用该方法完成更新数据的提交，该方法有返回值，提交成功返回 "true"，提交失败返回 "false"。commit( ) 方法是同步提交到磁盘，因此，当存在多个并发的提交时，会等待正在处理的 commit( ) 保存到磁盘后再操作，从而降低了效率
apply( )	Editor 编辑完成后，调用该方法完成更新数据的提交，apply( ) 方法是将修改的数据提交到内存，而后异步真正的数据提交到磁盘，该方法在效率上优于 commit( )，推荐使用该方法
putXXX(String key, XXX value)	向指定的 key 内保存 XXX 类型的数据，其中 XXX 可以是 boolean、float、int、long、String 等基本数据类型
remove(String key)	删除 SharedPreferences 里指定 key 所对应的数据

【任务分析】

利用 SharedPreferences 保存信息前，需要先检测手机号码和密码是否为空，在不为空的情况下，将用户输入的手机号码和密码保存，并弹出 Toast 给出提示。利用 SharedPreferences 保存的 XML 文档的导出需要启动模拟器并打开 "Device File Explorer"，在 "data"→"data"→" < package name >"→"shared_prefs" 目录下找到相应的 XML 文件，导出并打开查看内容。

Android 数据
存储——
Sharedpreferences

【实现步骤】

（1）利用 Empty Activity 创建新项目"LearningPower"。

（2）资源准备及页面布局。

①复制单元 2 任务 5 中"学习强国"登录页面的相关图像及相关布局代码于"activity_main. xml"文件中。

②编辑"themes. xml"文件。

将"themes. xml"文件中默认的主题"Theme. MaterialComponents. DayNight. DarkActionBar"替换为"Theme. AppCompat. Light. DarkActionBar"。

③修改"activity_main. xml"布局文件。

为"activity_main. xml"页面中的"登录"按钮和"新用户注册"按钮添加 onClick 属性，属性值为"doClick"，代码如下。

```
android:onClick = "doClick"
```

（3）在"MainActivity. java"文件中完成编码。

①在 MainActivity 类中声明数据成员（代码第 2 ~ 3 行）。

②在 MainActivity 类的 onCreate()方法外自定义方法 initView()，方法的功能实现控件的关联（代码第 13 ~ 18 行），并在 onCreate()方法内调用该方法（代码第 8 行）。

③在 MainActivity 类的 onCreate()方法外自定义带形参的方法 saveInfoToXML(String phone, String password)，该方法的功能是将用户输入的手机号码和密码利用 SharedPreferences 方式保存（代码第 23 ~ 35 行）。

④在 MainActivity 类的 onCreate()方法外自定义方法 doClick()，该方法的功能是实现"登录"和"新用户注册"按钮的单击事件。方法名"doClick"必须与上述定义的 onClick 属性值相同，另外，该方法的修饰符必须为 public 类型。代码如下。

```
public void doClick(View view){
    switch (view.getId()){
        case R.id.constraint_btn_register://"新用户注册"按钮
            break;
        case R.id.constraint_btn_login://"登录"按钮
            break;
    }
}
```

⑤在 doClick()方法内的"新用户注册"按钮代码内，完成获取用户输入信息及信息是否为空的检测（代码第 44 ~ 56 行），在信息都不为空的情况下调用方法 saveInfoToXML()（代码第 58 行），具体代码参见【二维码 5 – 1】。

【二维码 5 – 1】

（4）运行并查看效果。

（5）导出"info. xml"文件。

①打开"Device File Explorer"有两种方法。方法一：选择"View"→"Tool Windows"→"Device File Explorer"选项；方法二：单击 Android Studio 窗口右下角的"Device File Explorer"按钮。

②在打开的"Device File Explorer"窗口中，在"data"→"data"→"com. example. learningpower"→"shared_prefs"目录下找到相应的"info. xml"文件，单击鼠标右键，在弹出的快捷菜单中选择"Save As…"命令，如图 5-2 所示，利用该命令将文件保存于 C 盘根目录下。

图 5-2 "Device File Explorer"窗口及"Save As…"命令

③打开"info. xml"文件，观察以键值对形式存储的手机号码和密码信息，如图 5-3 所示。

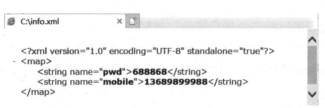

图 5-3 "info. xml"文件内容展示

【任务要点】

1. XML 文件名的形式

使用 getSharedPreferences (String name , int mode) 创建 SharedPreferences 实例时，参数 name 表示存储的 XML 文件的主名，即不带扩展名的文件主名，系统会自动添加扩展名。添加扩展名并不影响应用程序运行，只是在保存 XML 文件时会以 ". xml. xml" 为扩展名，代码如下。

```
SharedPreferences preferences = getSharedPreferences("info",MODE_PRIVATE);
SharedPreferences preferences = getSharedPreferences("info.xml",MODE_PRIVATE);
```

上述两种编码都能保存信息，在导出文件时，第一句代码会以 "info. xml" 为文件名，第二句代码会以 "info. xml. xml" 为文件名。

2. 利用 SharedPreferences 及其内部接口 Editor 实现数据存储的步骤

实现数据存储的步骤如下。

步骤 1：创建 SharedPreferences 实例。由于 SharedPreferences 是一个接口，需要使用 get-SharedPreferences( )方法创建实例。代码如下。

```
SharedPreferences preferences = getSharedPreferences(String name,int mode);
```

其中参数 name 是获取信息的 XML 文件名，不需要加扩展名 ". xml"，系统会自动添加；mode 是访问模式，其值见表 5 - 1。

步骤 2：利用 SharedPreferences 的 edit( )方法获取 Editor 对象。代码如下。

```
SharedPreferences.Editor editor = preferences.edit();
```

步骤 3：通过 Editor 对象调用 putXXX( )方法，采用键值对的形式存储数据。
步骤 4：调用 Editor 对象的 apply( )方法完成数据的提交。

【任务拓展】

创建新项目 "Wechat"，将单元 2 任务 4 中的微信登录页面相关图像及布局文件等复制过来，完成页面布局。

页面布局完成后，进行编码实现。当用户单击 "登录" 按钮时，检测账号和密码是否为空，若为空，给出友情提示。在账号和密码都不为空的情况下，若用户输入的是自己的微信账号和密码，单击 "登录" 按钮，则将账号和密码利用 SharedPreferences 保存于 "wechat-Info. xml" 文件中，并用 Toast 给出提示 "登录信息保存成功"，否则分别判断是账号错误还是密码错误，并相应地利用 Toast 给出友情提示，如图 5 - 4 所示。

要求利用 SharedPreferences 存储信息时，账号对应的 key 为 account，密码对应的 key 为 password，最后将存储信息的 "wechatInfo. xml" 文件导出保存于 C 盘根目录下。

[任务提示]

单击 "登录" 按钮时，除了需要判断信息是否为空外，还需要判断账号和密码是否是自己的账号和密码，在二者都正确的情况下，才将账号和密码信息保存，若不正确则需要明确判断是账号错误还是密码错误。

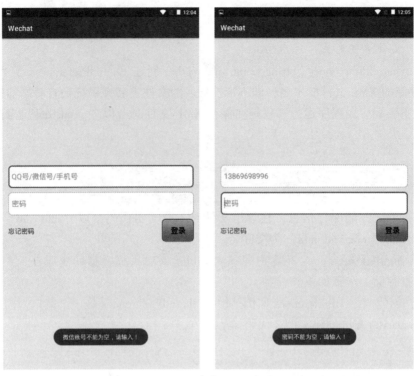

（a）

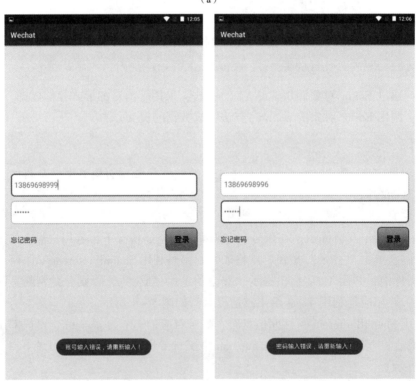

（b）

图 5-4　微信登录信息保存页面

（a）信息为空的检测及提示；（b）账号和密码不正确的检测及提示

（c）

图 5 − 4　微信登录信息保存页面（续）

（c）登录信息保存成功提示

【任务小结】

　　将信息存储到 XML 文件中，需要通过 SharedPreferences 及其内部 Editor 接口实现，Editor 接口实例化后调用其对应的 putXXX( ) 方法，将信息以键值对的形式存储到 XML 文件中，文件存储时的访问模式常用 MODE_PRIVATE 方式。信息存储成功后，会为本单元任务 2 的自动登录做好准备工作。

任务 2　使用 SharedPreferences 实现"学习强国"记住密码功能

【任务描述】

　　在本单元任务 1 的基础上，修改页面，在"新用户注册"按钮下添加"记住密码"复选框。输入任务 1 注册成功时的手机号码和密码，单击"登录"按钮则保存登录时的手机号码和密码，Toast 弹出提示"登录信息保存成功"，再次运行项目时，手机号码和密码自动赋值，实现记住密码功能。若不勾选复选框，则再次运行项目时，不保存前一次登录的相关信息，如图 5 − 5 所示。

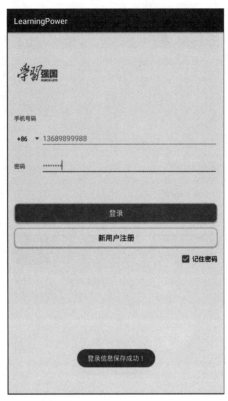

图 5 - 5 "学习强国"记住密码功能效果

【预备知识】

1. SharedPreferences 常用方法

信息利用 SharedPreferences 及其 Editor 接口存储到 XML 文件中后，当再次使用这些信息时，需要从 XML 文件中取出，通过调用 SharedPreferences 提供的方法完成数据的读取，SharedPreferences 的常用方法见表 5 - 3。

表 5 - 3　SharedPreferences 的常用方法

方法	说明
contains(String key)	判断 SharedPreferences 是否包含特定 key 的数据
edit( )	为 SharedPreferences 创建一个编辑器 Editor
getAll( )	获取 SharedPreferences 中的全部键值对数据
getXXX（String key，XXX defValue）	获取 SharedPreferences 里指定 key 所对应的 value。如果根据该 key 找不到对应的值，返回默认值 "defValue"。其中 XXX 可以是 boolean、float、int、long、String 等基本数据类型。如获取布尔型信息 getboolean（"sex"，false）；获取字符串型信息 getString（"name"，""）；获取整型信息 getint（"age"，0）

2. 利用 SharedPreferences 获取 XML 文件中的信息

获取信息的步骤如下。

步骤 1：创建 SharedPreferences 实例。

步骤 2：通过 SharedPreferences 实例调用 getXXX( ) 获取指定 key 对应的值，若根据该 key 找不到对应的值，则返回默认值"defValue"。

【任务分析】

是否勾选"记住密码"复选框，决定了信息的存储及删除。若勾选，则将勾选项及手机号码、密码一起存储。是否选择以 boolean 类型存储，即使用 putBoolean(String key, boolean value)方法完成存储。若没有选择，则将各 key 对应的信息使用 remove(String key) 方法或为对应的 key 赋空值的方法完成删除。无论是赋值还是删除，只要值发生了改变就必须调用 apply( )方法完成信息的提交。

【实现步骤】

（1）打开任务 1 中的"LearningPower"项目。

（2）修改"activity_main. xml"布局文件。

修改"activity_main. xml"布局文件，在"新用户注册"按钮下添加"记住密码"复选框，代码如下。

```
<CheckBox
    android:id = "@ + id/constraint_chb_remember"
    android:layout_width = "wrap_content"
    android:layout_height = "wrap_content"
    android:layout_marginTop = "12dp"
    app:layout_constraintTop_toBottomOf = "@ + id/constraint_btn_register"
    app:layout_constraintRight_toRightOf = "@ + id/constraint_btn_register"
    android:text = "记住密码"
    android:textSize = "16sp" />
```

（3）在"MainActivity. java"文件中完成编码。

①在 MainActivity 类中声明新添加的复选框数据成员（代码第 4 行）。

②在自定义方法 initView( )中添加对"记住密码"复选框控件的关联（代码第 25 行）。

③取出注册时保存的手机号码和密码及保存是否勾选"记住密码"复选框时，还需要使用 SharedPreferences 和 SharedPreferences. Editor 对象，为此，需要将二者声明为全局变量（代码第 5 ~ 6 行），并将它们的实例化语句从原来的 saveInfoToXML( )方法中移动到 onCreate( )方法中（代码第 12 ~ 15 行）。

④在 MainActivity 类的 onCreate( )方法外自定义方法 getInfoFromXML( )，该方法的功能是从存储注册信息的"info. xml"文件中取出是否勾选复选框的信息，若获取到的信息为真，则获取手机号码和密码信息并显示在相应控件上，同时再次勾选复选框；若获取到的信息为假，则清空两个输入框并取消对复选框的勾选（代码第 83 ~ 98 行）。

⑤在 onCreate( )方法中调用 getInfoFromXML( )方法（代码第 17 行）。

⑥在 MainActivity 类的 onCreate( ) 方法外自定义方法 doClick( )，该方法的功能是实现"登录"和"新用户注册"按钮的单击事件。在 doClick( ) 方法中"登录"按钮的代码内，完成获取用户输入信息及信息是否为空的检测，在信息都不为空的情况下，判断是否勾选了"记住密码"复选框，若勾选了则将信息利用 SharedPreferences 保存，若未勾选，则不保存信息，同时 Toast 给出"登录信息保存存功"的提示（代码第 50~75 行），具体代码参见【二维码 5-2】。

【二维码 5-2】

（4）运行查看效果。

①输入注册时的手机号码和密码并勾选"记住密码"复选框，单击"登录"按钮，登录成功后，退出应用程序，再次启动应用程序，观察是否保留了手机号码、密码及自动勾选了"记住密码"复选框。

②不勾选"记住密码"复选框，重复上述步骤，查看效果。

【任务要点】

1. 获取信息时默认值的设定

利用 SharedPreferences 方式从 XML 文件中取出信息需要使用 SharedPreferences 对象的 getXXX(String key, XXX defValue) 方法获取指定 key 对应的值，其中"defValue"为默认值，常用数据类型对应的默认值见表 5-4。

表 5-4　getXXX( ) 方法中常用数据类型对应的默认值

数据类型	方法	说明
String	getString(String key,"")	默认值为""，即空串
int	getInt(String key,0)	默认值为 0
boolean	getBoolean(String key,false)	默认值为"false"
float	getFloat(String key,0.0F)	默认值为 0.0F（或 0.0f）

2. 删除 XML 文件中各字段值的两种方法

方法一：调用 Editor 接口的 remove(String key) 方法，将 key 所对应的值清空。

方法二：调用 Editor 接口的 putXXX(String key, XXX value) 方法，其中若 XXX 为 String 类型，则 value 取空值（""），若 XXX 为 int 类型，则 value 取 0 值，若 XXX 为 boolean 类型，则 value 取"false"值。

【任务拓展】

创建新项目"MyInfoAPP"，任选布局方式完成页面布局。在页面中单击"保存信息"按钮，将用户输入的各项信息利用 SharedPreferences 保存于"personalInfo. xml"文件中，保存信息成功后，跳转到 InfoActivity 页面，在 InfoActivity 页面中将存储于 XML 文件中的信息获取并显示出来，如图 5-6 所示。

[任务提示]

信息保存成功后，页面跳转到新建的 InfoActivity 页面。在应用程序中利用 Empty Activity 新建 InfoActivity 页面，在 InfoActivity 页面中加入一个或多个 TextView 控件，将获取到的信息显示出来，即在 MainActivity 页面中完成信息的保存，在 InfoActivity 页面中完成信息的获取。

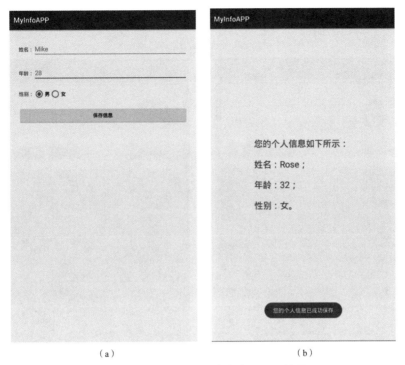

（a）　　　　　　　　　　　　　　（b）

图 5 – 6　MyInfoAPP 信息存取页面效果

（a）MainActivity 页面；（b）InfoActivity 页面

【任务小结】

XML 文件中信息的获取通过 SharedPreferences 的 getXXX（String key，XXX defValue）方法完成 key 所对应的基本数据类型值的获取。

任务 3　使用 SQLite 数据库实现 QQ 注册与登录功能

【任务描述】

创建新项目"QQ"，复制单元 2 任务 4 的【任务拓展】"MyQQ"项目中的"activity_login. xml"文件的相关代码及图像，在"activity_main. xml"文件中完成页面布局，如图 5 – 7（a）所示，同时在项目中添加 SplashActivity 页面。要求利用 SQLiteOpenHelper 类创建数据库与数据表，完成项目中的 QQ 注册和登录功能。具体要求如下。

（1）在账号和密码都不为空的情况下单击"注册"按钮，实现 QQ 注册功能，要求将信息保存到 QQDB. db 数据库的 QQInfo 数据表中，注册成功后利用 Toast 给出提示"QQ 注册成功"，如图 5 – 7（b）所示。

（2）若账号已注册过，再次注册时需给出提示："此账户已被注册，请更换"，如图 5 – 7（c）所示。

（3）在账号和密码都不为空的情况下单击"登录"按钮，要求利用注册成功的账号和密码完成登录功能，登录成功后页面跳转到 SplashActivity 页面中，如图 5 – 7（d）所示。

（4）登录时若账号和密码输入有错误，分别判断出是账号错误还是密码错误并给出相应提示，如图5-7（e）所示。

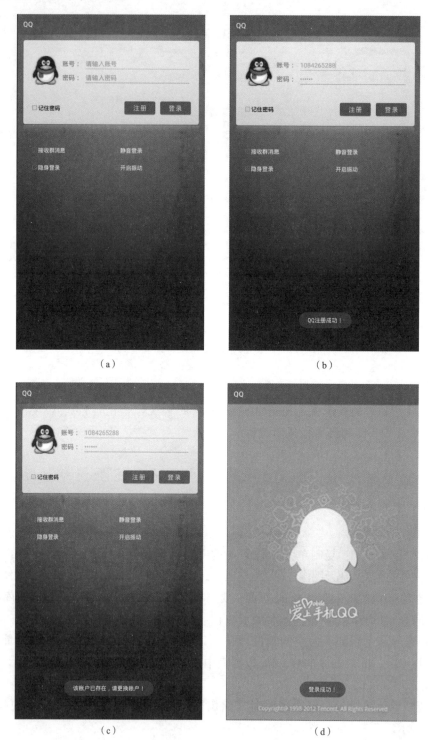

（a）　　　　　　　　　　　　　　　　　（b）

（c）　　　　　　　　　　　　　　　　　（d）

图5-7　QQ注册与登录

（a）MainActivity 页面布局；（b）QQ 注册成功；（c）QQ 注册同名账户存在；（d）QQ 登录成功

（e）

图 5 – 7　QQ 注册与登录（续）

（e）账号或密码错误的判断

Android 数据
存储——
SQLite（一）

【预备知识】

1. SQLite 简介

SQLite 是 D. Richard Hipp 用 C 语言编写的开源嵌入式数据库引擎，是一个非常流行的轻量级开源嵌入式关系数据库。它占用资源少，能够支持 Windows/Linux/Unix 等主流操作系统，同时能够与很多程序语言（比如 Tcl、C#、PHP、Java 等）及与 ODBC 接口结合。

SQLite 与其他主流 SQL 数据库相比其优点是高效，由于 Android 平台在运行时环境（run – time）中包含了完整的 SQLite，所以每个 Android 应用程序都能够使用 SQLite 数据库。同时 Android 系统提供了使用 SQLite 数据库的 API，通过 API 可方便地完成对数据库的操作。

SQLite 的特点是面向资源有限的设备、没有服务器进程、所有数据存放在同一文件中、跨平台、可自由复制等。

2. SQLite 的数据类型及不支持的 SQL 功能

SQLite 与其他数据库最大的不同就是对数据类型的支持，它采用动态数据类型，可以根据存入的值自动判断。SQLite 只支持 5 种数据类型，分别是 NULL（空值）、Integer（整数）、Real（浮点数）、Text（字符串）和 Blob（大数据）。虽然它只支持 5 种数据类型，但实际上可以接收 varchar(n)、char(n)、boolean 等数据类型。创建数据表时，可以在 CREATE TABLE 语句中指定某列的数据类型，但是可以把任何数据类型放入任何列。当某个值插入数据库时，SQLite 将检查它的类型，如果该类型与关联的列不匹配，则 SQLite 会尝试将该值转换成该列的类型。如果不能转换，则该值将作为其本身具有的类型存储。比如可以把一个字符串（String）放入 Integer 列，SQLite 称这为"弱类型"。但有一种例外情况：定义为 Integer Primary Key 的字段只能存储整数，不能存储别的数据类型，若保存了除整数以外的数据则会产生错误。

此外，SQLite 不支持一些标准的 SQL 功能，特别是外键约束（FOREIGN KEY constrains）、嵌套 transaction、RIGHT OUTER JOIN、FULL OUTER JOIN 及 ALTER TABLE 功能。

3. 创建 SQLite 数据库与数据表

Android 系统下数据库存放在"data"→"data"→"< package name >"→"databases"目录下。创建 SQLite 数据库与数据表可以通过两种方法完成。

方法一：手动创建数据库与数据表。通过 SQL 命令或图形用户界面方式创建。

（1）SQL 命令方式：利用 SQLite 数据库自带的 sqlite3 工具，通过输入 SQL 命令完成创建。

（2）图形用户界面方式：利用 SQLite 可视化管理工具，通过图形用户界面完成创建，如利用 SQLiteSpy 工具等。

方法二：代码创建数据库与数据表。利用 Android 系统提供的 SQLiteOpenHelper、SQLiteDatabase 类结合 SQL 命令完成创建或利用 SQLiteDatabase 类结合 SQL 命令完成创建。

（1）SQLiteOpenHelper 类结合 SQL 命令方式：创建子类并继承 SQLiteOpenHelper 类，子类中重写父类的 onCreate( )方法，在 onCreate( )方法中调用 SQLiteDatabase 对象的 execSQL( )方法执行 SQL 命令完成数据表的创建。

（2）SQLiteDatabase 类结合 SQL 命令方式：利用 openOrCreateDatabase( )方法创建数据库实例，再调用 SQLiteDatabase 类的 execSQL( )方法执行 SQL 命令完成数据表的创建。

4. SQLite 数据操作

在 Android 系统中对数据库中的数据完成增、删、改、查操作，可以通过非 SQL 命令和 SQL 命令两种方式完成。这里先介绍非 SQL 命令方式，即采用 SQLiteOpenHelper 类方式，SQL 命令方式在【知识拓展】中介绍。

1）SQLiteOpenHelper 类

在 Android 系统中创建数据库，数据表及相应的增、删、改、查操作，可以通过 SQLiteOpenHelper 类完成。SQLiteOpenHelper 类的常用方法见表 5 – 5。

Android 数据存储——SQLite（二）

表 5 – 5　SQLiteOpenHelper 类的常用方法

方法	说明
public SQLiteOpenHelper(Context context，String name，SQLiteDatabase. CursorFactory factory，int version）	SQLiteOpenHelper 类的构造方法，指明要操作的数据库的名称及版本号
getReadableDatabase( )	以只读方式创建或者打开数据库
getWritableDatabase( )	以可读可写方式创建或者打开数据库
onCreate( )	创建数据表
onUpgrade( )	更新数据库

SQLiteOpenHelper 类为抽象类，书写子类继承 SQLiteOpenHelper 类，在子类中需要实现 3 个方法：构造方法、onCreate( )方法和 onUpgrade( )方法。onCreate( )方法结合 SQL 语句完成数据表的创建，该方法只在第一次创建数据库时才会被调用。onUpgrade( )方法只有当数据库版本有更新时才会调用。程序人员不能直接调用这两个方法，何时调用是由 SQLiteOpenHelper 类决定的，它会自动检测数据库文件是否存在，如果存在，则打开数据库，不调用 onCreate( )方法。如果不存在，则创建一个数据库文件，然后打开数据库，最后调用 onCreate( )方法。

子类 DBOpenHelper（续承 SQLiteOpenHelper 类）的构造方法如下。

```
public DBOpenHelper(Context context, String name,CursorFactory factory,int ver-
sion) {
    super(context, name, factory, version);
}
```

其中，参数 name 表示数据库文件名（不包括文件路径），SQLiteOpenHelper 会根据这个文件名创建数据库文件。factory 参数为游标工厂，通常取 null 值。version 参数表示数据库的版本号，如果当前传入的数据库版本号比上次创建或升级的数据库版本号高，SQLiteOpenHelper 就会调用 onUpgrade( )方法。

2）利用非 SQL 命令方式完成数据操作

利用非 SQL 命令方式对数据库中的信息进行插入、查询、更新、删除操作，有各自对应的方法，各方法通过数据库实例进行调用，这里只介绍插入与查询操作，更新与删除操作见本单元任务 4，具体如下。

（1）插入操作：方法的返回值类型为 long（返回新添记录的行号）。

```
insert(String table,String nullColumnHack,ContentValues values);
```

参数说明如下。

table：数据表名。

nullColumnHack：代表强行插入 null 值的数据列的列名。当第 3 个参数 values 为 null 或不包含任何键值对时，该参数有效。

values：要插入表中的值。ContentValues 类是一个数据承载容器，采用键值对的形式保存数据，每个键值对表示一列的列名和该列的数据，利用该类提供的 put( )方法可以向 ContentValues 实例中添加数据。

（2）查询操作：方法的返回值类型为 Cursor。

```
query(String table,String[] columns,String selection,String[] selectionArgs,
String groupBy,String having,String orderBy);
```

参数说明如下。

table：数据表名。

cloumns：显示的列名，即查询哪些列，若查询所有列则该参数取 null 值。

selection：查询条件子句，相当于查询 SQL 语句中的 WHERE 关键字后面的部分，在条件子句中建议使用占位符 "?"（英文状态下的问号）；若查询不带条件，则参数取 null 值。

selectionArgs：若 selection 中使用了占位符，则该参数为占位符传入数值，若 selection 没有使用占位符，则该参数取 null 值。

groupBy：分组，相当于查询 SQL 语句中 group by 关键字后面的部分，若不分组，则该参数取 null 值。

having：用于对分组过滤，该参数一般取 null 值。

orderBy：排序，若按默认顺序排序，则该参数取 null 值。

5. Cursor 类

当对数据库进行查询操作时，结果将返回 Cursor 对象。

1）游标指针的移动

对数据库进行查询操作返回的查询结果不是完整的数据集合，而是该数据集合的指针，该指针是 Cursor 类型，Cursor 类支持在查询结果中以多种方式移动，如显示第一条、最后一条记录及全部记录时，都需要移动指针配合。Cursor 类的常用指针移动方法见表 5-6，指针移动的方法返回值均为 boolean 类型。

表 5-6　Cursor 类的常用指针移动方法

方法	说明
moveToFirst( )	将指针移动到第一条数据上
moveToLast( )	将指针移动到最后一条数据上
moveToNext( )	将指针移动到下一条数据上
moveToPrevious( )	将指针移动到上一条数据上
moveToPosition(int position)	将指针移动到指定 position 的数据上

2）查询结果中信息的获取

配合指针的移动可以将查询结果显示出来，Cursor 类使用完毕，调用 close( ) 方法关闭释放资源，Cursor 类获取信息的常用方法见表 5-7。

表 5-7　Cursor 类获取信息的常用方法

方法	说明
getCount( )	获取查询出的集合的行数
getColumnIndex(String columnName)	根据给定的 columnName 获取对应的字段编号
getXXX(int columnIndex)	根据给定的 columnIndex 值，返回给定字段当前记录的值。其中 XXX 表示 String、int、boolean 等数据类型如 getString( )、getInt( )、getBoolean( ) 等
getColumnName(int columnIndex)	返回数据表中指定 columnIndex 对应的字段名
getColumnNames( )	返回以字符型数组表示的数据表的所有字段名
getColumnIndexOrThrow(int columnIndex)	返回指定 columnIndex 的字段名，若不存在，则抛出异常
close( )	释放游标资源

6. 关闭数据库

数据库不使用时一定要关闭。自定义方法调用 close( )方法完成数据库的关闭，在需要时调用该方法即可，代码如下。

```
public void dbClose() { //db 为数据库实例
    if (db! = null) {
        db.close();
        db = null;
    }
}
```

7. 数据表中记录的查看

除了使用查询语句查询数据表中的信息外，也可以使用第三方软件（如 Navicat for SQLite）查看数据表中的信息。Navicat for SQLite 是一款功能强大和全面的 SQLite 图形用户界面工具，为用户提供了完整的服务器管理功能，它配备了数据编辑、SQL 查询和数据模型工具，并支持所有 SQLite 对象类型。另外，在移动设备上还可以通过 RE 文件管理器来查询数据表中的信息。RE 文件管理器是 SpeedSoftware 公司开发的一款针对 Android 平台的指南针工具软件，是一款高权限文件管理器，获取 Root 权限后可对系统文件进行操作。

【任务分析】

利用 SQLiteOpenHelper 类创建数据库与数据表，需要先定义子类继承 SQLiteOpenHelper 类，在子类中定义构造方法，并重写父类的 onCreate( )方法完成数据表的创建。数据库、数据表创建成功后通过数据库实例调用 insert( )、query( )方法完成信息的增加和查询操作。

【实现步骤】

（1）使用 Empty Activity 创建新项目"QQ"。

（2）资源准备及页面布局。

①复制单元 2 任务 4 的【任务拓展】"MyQQ"项目中的"activity_login. xml"文件的相关代码及图像于"activity_main. xml"文件中。

Android 数据
存储——
SQLite（三）

②编辑"themes. xml"文件。

将"themes. xml"文件中默认的主题"Theme. MaterialComponents. Day-Night. DarkActionBar"替换为"Theme. AppCompat. Light. DarkActionBar"。

③修改"activity_main. xml"布局文件。

Android 数据
存储——
SQLite（四）－1

在"activity_ main. xml"页面中的"登录"按钮前添加"注册"按钮，添加的"注册"按钮布局代码如下。

```
<Button
    android:id = "@ + id/login_btn_register"
    android:layout_width = "wrap_content"
    android:layout_height = "wrap_content"
    android:layout_toLeftOf = "@id/login_btn_login"
    android:layout_below = "@id/login_img_qq"
    android:layout_marginRight = "15dp"
    android:layout_marginTop = "40dp"
```

Android 数据
存储——
SQLite（四）－2

```
android:text = "注册"
android:textSize = "18sp"/>
```

④完成 "activity_splash. xml" 布局文件。

用鼠标右键单击项目包名，利用 "Empty Activity" 模板创建 SplashActivity 页面，为了避免图像失真，不为布局添加背景图像，而是使用 ImageView 结合其 ScaleType 属性完成图像的添加，页面对应的 "activity_splash. xml" 文件的具体代码参见【二维码 5 - 3】。

【二维码 5 - 3】

⑤创建 SQLiteOpenHelper 子类。

利用 SQLiteOpenHelper 子类完成数据库及数据表的创建。用鼠标右键单击项目包名，在弹出的快捷菜单中选择 "New"→"Java Class" 选项，输入自定义的类名 "DBOpenHelper"，DBOpenHelper 类继承自 SQLiteOpenHelper 类，在 DBOpenHelper 类中完成构造方法及 onCreate( ) 和 onUpgrade( ) 两个父类方法的重写，具体代码参见【二维码 5 - 4】。

【二维码 5 - 4】

（3）在 "MainActivity. java" 文件中完成编码。

①在 MainActivity 类中声明数据成员（代码第 11 ~ 12 行）。

②在 MainActivity 类的 onCreate( ) 方法外自定义方法 initView( )，该方法的功能是实现控件的关联（代码第 22 ~ 27 行），并在 onCreate( ) 方法内调用该方法（代码第 17 行）。

③在 MainActivity 类的 onCreate( ) 方法外自定义方法 doClick( )，该方法的功能是实现 "注册" 和 "登录" 按钮的单击事件。

④在 doClick( ) 方法的 "注册" 按钮的代码内，完成获取用户输入信息及信息是否为空的检测，在信息都不为空的情况下，调用自定义的 DBOpenHelper 类实现数据库、数据表的创建以及 QQ 账号和密码的注册功能（代码第 35 ~ 60 行），具体代码参见【二维码 5 - 5】。

【二维码 5 - 5】

⑤【二维码 5 - 5】中的代码实现了账号和密码的注册功能，但存在一个相同账号可以多次注册的问题，为了保证账号的唯一性，需要在注册前完成数据表中账号是否存在的检测，若存在，则给出提示 "该账号已注册，请更换!"，若不存在，则将信息入库。修改 "注册" 按钮的单击事件，完成用户输入账号的查询，代码如下。

```
public void doClick(View view){
    switch (view.getId()){
        case R.id.login_btn_register://"注册"按钮
            ......
            // 判断信息是否为空并给出提示
            ......
            // 实例化 DBOpenHelper,利用其 getWritableDatabase( )方法获取 SQLiteDa-
tabase 实例,完成创建数据库、数据表操作
            DBOpenHelper helper = new DBOpenHelper(MainActivity.this);
                SQLiteDatabase database = helper.getWritableDatabase();
                // 查询数据表中用户输入的账号是否存在,若存在则给出提示,信息不入库,若不存
在,则将信息入库并给出"QQ 注册成功"的提示
```

```
                    Cursor rcursor = database.query("QQInfo",null,"account =?",new
String[]{rAccount},null,null,null);
                    if(rcursor! = null&&rcursor.getCount() >0){//查询到了同名账户,给出
提示
                        Toast.makeText(this,"该账户已存在,请更换账户!",Toast.LENGTH_
SHORT).show();
                    }else{ // 未查询到
                        // 向数据表中插入信息,并根据插入是否成功给出提示
                        ContentValues contentValues = new ContentValues();
                        contentValues.put("account",rAccount);// 参数 1 数据表中对应字
段,为字段赋值
                        contentValues.put("password",rPwd);
                        long flag = database.insert("QQInfo",null,contentValues);//参
数 1 数据表名
                        if(flag >0){
                            Toast.makeText(this,"QQ 注册成功!",Toast.LENGTH_SHORT).
show();
                        }else{
                            Toast.makeText(this,"QQ 注册失败!",Toast.LENGTH_SHORT).
show();
                        }
                    }
                    rcursor.close();//关闭 Cursor 对象
                    break;
                case R.id.login_btn_login://"登录"按钮
                    break;
            }
    }
```

⑥在 doClick()方法的"登录"按钮的代码中,完成获取用户输入信息及信息是否为空的检测,在信息都不为空的情况下单击"登录"按钮,利用注册成功的账号和密码完成登录,同时使用 Toast 给出提示"QQ 登录成功!"。若账号和密码输入错误,则分别判断出是账号错误还是密码错误,并使用 Toast 给出相应的提示。由于注册和登录功能需要 DBOpen-Helper 和 SQLiteDatabase 实例,为此将二者声明为全局变量(代码第 4 ~ 5 行),并将实例化代码从"注册"按钮的单击事件中移动到 onCreate()方法中(代码第 12 ~ 13 行)。数据库使用完成后需要关闭,为此自定义方法 dbClose()完成关闭数据库功能(代码第 94 ~ 99 行),并在 doClick()方法后调用该方法(代码第 89 行)。具体代码参见【二维码 5 – 6】。

【二维码 5 – 6】

(4) 运行查看效果。

【任务要点】

利用 SQLiteOpenHelper 类完成数据操作(插入、更新、修改、查询)时,必须先创建数据库和数据表,然后完成相应的数据操作。

1. 创建数据库与数据表

使用 SQLiteOpenHelper 类创建数据库与数据表的步骤如下。

步骤 1：用鼠标右键单击项目包名，在弹出的快捷菜单中选择"New"→"Java Class"选项，弹出"New Java Class"对话框，输入要创建的子类名"DBOpenHelper"，如图 5 - 8 所示。

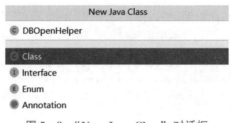

图 5 - 8 "New Java Class"对话框

步骤 2：输入完子类名后，按 Enter 键，进入 DBOpenHelper 类的代码中，书写代码继承 SQLiteOpenHelper 类，并在代码行上按"Alt + Enter"组合键，在弹出的快捷菜单中选择"Implement methods"命令，将弹出"Select Methods to Implement"对话框，单击"OK"按钮，将重写父类的 onCreate( )与 onUpgrade( )方法，如图 5 - 9 所示。

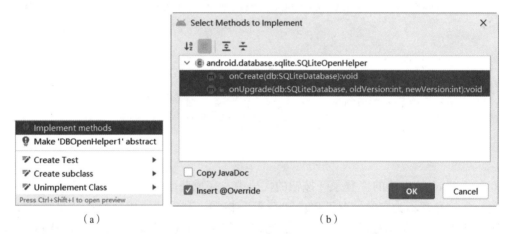

(a)   (b)

图 5 - 9 继承类方法命令及对话框

(a)"Implement methods"命令；(b)"Select Methods to Implement"对话框

步骤 3：将光标定位于"public class DBOpenHelper extends SQLiteOpenHelper"代码行上再次按"Alt + Enter"组合键，在弹出的快捷菜单中选择"Create constructor matching super"命令，将弹出"Choose Super Class Constructors"对话框，在对话框中选择第一项，单击"OK"按钮，形成 SQLiteOpenHelper 类构造方法，如图 5 - 10 所示。

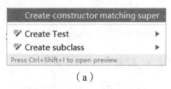

(a)

图 5 - 10 SQLiteOpenHelper 类构造方法及对话框

(a)"Create constructor matching super"命令

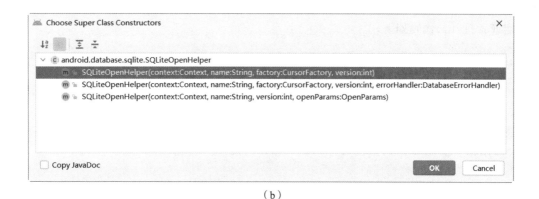

（b）

图 5 – 10　SQLiteOpenHelper 类构造方法及对话框（续）

（b）"Choose Super Class Constructors" 对话框

步骤 4：实现构造方法及 onCreate（）、onUpgrade（）方法。在类的构造方法中指明要操作的数据库名及数据库版本号，在 onCreate（）方法中完成数据表的创建，在 onUpgrade（）方法中完成数据库版本的更新，具体代码如下。

```
/*
 * 创建 SQLiteOpenHelper 类的子类,并重写其 onCreate()和 onUpgrade()方法.
 */
public class DBOpenHelper extends SQLiteOpenHelper {
    //SQLiteOpenHelper 类的构造函数,name 是以".db"为扩展名的数据库文件名,设置 facto-
ry 为 null,代表使用系统默认的工厂类,用 1 指定版本号
    public DBOpenHelper(Context context, String name) {
        super(context, name, null, 1);
    }
    @Override
    public void onCreate(SQLiteDatabase db) {
     //若数据表不存在则创建数据表,第一次创建数据库时调用
        db.execSQL("CREATE TABLE IF NOT EXISTS……");
    }
    @Override
    public void onUpgrade(SQLiteDatabase db, int oldVersion, int newVersion) {
    //更新数据库,即数据库版本发生改变时,删除旧表,建立新表
        db.execSQL("DROP TABLE IF EXISTS……");
        onCreate(db);
    }
}
```

步骤 5：在使用数据库、数据表的页面内，创建 DBOpenHelper 类的实例，再调用其 getReadableDatabase（）或 getWritableDatabase（）方法创建 SQLiteDatabase 实例，即数据库实例。这两个方法会根据数据库是否存在、版本号和是否可写等情况，决定在返回数据库实例

前是否需要创建数据库。一旦方法调用成功，数据库实例将被缓存并且被返回，完成数据库的创建或者打开，代码如下。

```
private DBOpenHelper helper;
private SQLiteDatabase database;
    ……
helper = new DBOpenHelper(Context context,String name,CursorFactory factory,int
version);
database = openHelper.getWritableDatabase();
```

2. 完成数据操作

1）插入操作

```
database.insert(String table,String nullColumnHack,ContentValues values);
```

参数说明如下。

table：数据表名。

nullColumnHack：取值为 null，是为了防止当 values 参数为空或没有内容时导致 insert 失败而设置的。若将要插入的行为空行，就会将指定列名的值设为 null，然后再向数据库中插入信息。若不添加 nullColumnHack，则在 values 参数为空或没有内容时 SQL 语句最终的结果将会变成 "insert into tableName( ) values( )；" 这种不允许的情况。

values：为插入的 ContentValues 类型的值，ContentValues 类是一种存储的机制，它只能存储基本类型的数据，不能存储对象。向数据表中插入数据的代码如下。

```
ContentValues cValues = new ContentValues(); //实例化 ContentValues 类
cValues.put(String key,XXX value); //采用键值对的形式向 ContentValues 中存储基本类
型的信息
long rowId = database.insert(String table,null,cValues); //完成插入操作,插入成功就
返回记录的 id,否则返回 −1;
```

2）查询操作

```
database.query(String table,String[] columns,String selection,String[] selec-
tionArgs,String groupBy,String having,String orderBy);
```

参数说明如下。

table：数据表名。

columns：查询的列名，若想查询所有列，则取值 null，相当于 "SELECT ＊ FROM……" 中的 "＊"；显示指定列名，则以字符型数组的形式给出，如 "new String[ ]｛name,sex｝"，则查询 name 和 sex 列。

selection：查询条件子句，相当于查询 SQL 语句中的 WHERE 关键字后面的部分，若查询不带条件，则该参数取 null 值，查询条件可以使用占位符 "?"。

selectionArgs：为占位符传值，其中的参数顺序要与占位符中的顺序一一对应，若不需要传值则取 null 值，参数 3 为 null 时，参数 4 必为 null。

groupBy：分组。若设置为 null 则不分组。

having：分组后聚合的过滤条件。其作用和 SQL 语句中的 having 作用一样。

orderBy：排序。若按默认顺序排序，则该参数取 null 值，若该值设置为 "_id desc"，则表明按主键 id 降序排列。

【任务拓展】

创建新项目 "MyNoteBook"，完成页面布局。要求利用 SQLiteOpenHelper 类创建数据库与数据表，完成通讯录中信息的存储和查询功能。具体要求如下。

（1）修改标题信息为 "通讯录"，页面布局效果如图 5 – 11 所示。

图 5 – 11　通讯录 MainActivity 页面布局效果

（2）单击 "提交" 按钮，将信息保存到 notebookDB. db 数据库的 personInfo 数据表中，并且使用 Toast 给出提示 "信息提交成功"；单击 "取消" 按钮，完成页面中所有信息的清空。

（3）信息提交成功后，跳转到 InfoActivity 页面，并将图 5 – 11 所示页面中提交到数据表中的所有信息显示在 InfoActivity 页面的 ListView 控件中，如图 5 – 12（a）所示。

（4）在 InfoActivity 页面中完成姓名信息的查询（可实现模糊查询功能），输入要查询的信息，单击 "搜索" 按钮，则将查询到的符合条件的信息显示在下方的 ListView 控件中，若没有搜索到，则在 ListView 控件中显示 "目前无成员信息"，如图 5 – 12（b）、（c）所示。

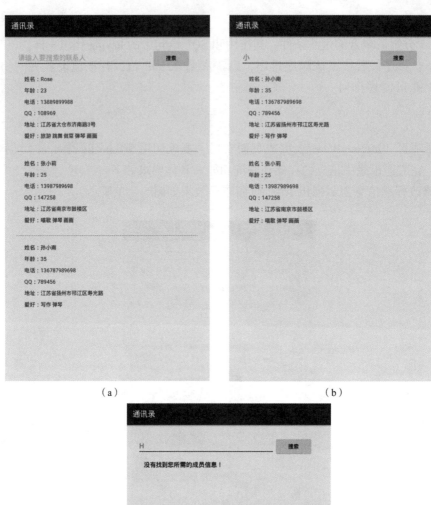

（a）

（b）

（c）

图 5 – 12 通讯录 InfoActivity 页面查询效果

（a）查询全部信息；（b）查询含有"小"的成员信息；（c）无成员信息

[任务提示]

（1）MainActivity 和 InfoActivity 页面共用一个数据库实例（SQLiteDatabase 实例），可以创建一个公有的 Java 类，在类内将该实例定义成公有静态成员变量，在 MainActivity 页面中实例化 SQLiteOpenHepler 的子类及数据库实例，在 InfoActivity 页面中使用数据库实例即可。

（2）查询中涉及模糊查询。

下面以实例说明 Android 系统中模糊查询的使用，如本任务中的姓名模糊查询，代码如下。

```
Cursor sCursor = database.query("personInfo", null, "tname like ?", new String[]
{"% " + searchInfo + "% "}, null, null, "_id desc");
```

代码中的变量 searchInfo 保存的是获取到的输入框中用户输入的搜索信息，用括号括起来的"%"表示匹配任意 0 个或多个字符。

【任务小结】

利用 SQLiteOpenHelper 类完成数据库及数据表的创建时需实现 3 个方法，其中 onCreate( ) 方法在数据库不存在时调用，SQLiteOpenHelper 类先创建并打开一个数据库，然后调用 onCreate( ) 方法完成数据表的创建。数据库及数据表创建成功后，插入、修改、删除及查询操作都可以使用两种方法完成。

插入操作的两种方法为：execSQL("INSERT INTO……")或 insert(……)。

修改操作的两种方法为：execSQL("UPDATE……")或 update(……)。

删除操作的两种方法为：execSQL("DELETE……")或 delete(……)。

查询操作的两种方法为：rawQuery("SELECT……")或 query(……)。

任务 4 使用 SQLite 数据库完成运动记录信息的添加、修改、查询与删除

【任务描述】

创建新项目"MySports"，要求利用 SQLiteOpenHelper 类创建数据库与数据表，完成项目中运动记录的添加、修改、查询与删除。具体要求如下。

（1）项目启动后，首先进入引导页 SplashActivity，引导页对应的页面布局文件为"activity_splash. xml"，如图 5 – 13 所示，3 秒后页面自动由 SplashActivity 页面跳转到 MainActivity 页面。

（2）项目主页面 MainActivity 对应的页面布局文件为"activity_main. xml"，当数据库中没有运动记录时，"目前还没有运动信息哟!"的提示显示在 ListView 控件中，如图 5 – 14（a）所示。若数据库中添加了运动记录，则将用户添加的运动记录信息显示在 ListView 控件中，如图 5 – 14（b）所示。

（3）单击 MainActivity 页面中的"增加"按钮，页面跳转到增加运动记录页面 InsertActivity，增加运动记录页面对应的页面布局文件为"activity_insert. xml"，在页面中选取相应的运动记录信息后，单击"保存"按钮，则将运动记录信息保存于数据库"SportDB. db"中的"sportInfo"数据表中，运动记录增加成功（信息保存成功）后，将弹出提示对话框，如图 5 - 15 所示，在弹出的对话框中单击"确定"按钮，页面跳转到 MainActivity 页面，并将增加的运动记录信息显示于主页面的 ListView 控件上。单击对话框中的"取消"按钮，则关闭对话框。

（4）若在 MainActivity 页面中未选取哪一行记录就单击"修改"按钮，则使用 Toast 给出提示"请选择要修改的行"，如图 5 - 16 所示。若选取了要修改的行，如选取图 5 - 16 所示页面中的"游泳"项后单击"修改"按钮，则页面跳转到更新运动记录页面 UpdateActivity，同时将要修改的项的信息显示到 UpdateActivity 页面的各对应控件中，如图 5 - 17 所示。

（5）在 UpdateActivity 页面中，完成对所需信息的修改后，单击"更新"按钮，则完成数据库中相应运动记录的修改，并将修改完成的运动记录信息显示在主页面的 ListView 控件上。

（6）若在 MainActivity 页面中未选取哪一行运动记录就单击"删除"按钮，则使用 Toast 给出提示"请选择要删除的行"。若选取了要删除的行，单击"删除"按钮，则以对话框的形式给出提示，如图 5 - 18 所示。单击对话框中的"确定"按钮，则完成数据库中相应运动记录的删除，同时在 MainActivity 页面的 ListView 控件中也予以体现。单击对话框中的"取消"按钮，则关闭对话框。

图 5 - 13　SplashActivity 页面

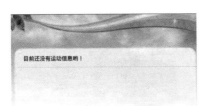 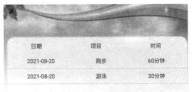

 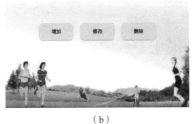

（a） （b）

图 5 – 14　MainActivity 页面

（a）没有运动记录时的页面效果；（b）添加运动记录后的页面效果

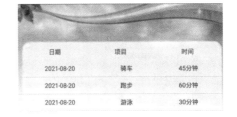

图 5 – 15　信息保存成功提示对话框　　　　图 5 – 16　未选取行时的提示

161

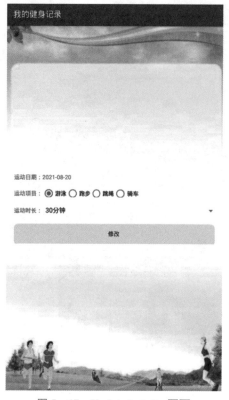

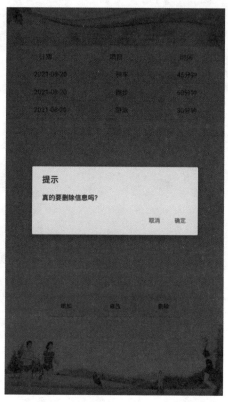

图 5-17　UpdateActivity 页面　　　　　图 5-18　删除信息提示对话框

【预备知识】

1. 在 Android 系统中利用 Timer 和 TimerTask 类实现定时操作

Timer 类是定时器类，可以用来实现在某一个时间或某一段时间后安排某一个任务执行一次或定期重复执行，该功能要与 TimerTask 类配合使用。Timer 类的常用方法见表 5-8。

表 5-8　Timer 类的常用方法

方法	说明
cancel( )	终止计时器，并放弃所有已安排的任务，对当前正在执行的任务没有影响
schedule(TimerTask task,Date time)	安排一个任务在指定的时间执行，如果已经超过该时间，则立即执行
schedule(TimerTask task,firstTime,long period)	安排一个任务在指定的时间执行，然后以固定的频率（单位：千赫兹）重复执行
schedule(TimerTask task,long delay)	安排一个任务在一段时间（单位：毫秒）后执行

续表

方法	说明
schedule(TimerTask task,long delay,long period)	安排一个任务在一段时间（单位：毫秒）后执行，然后以固定的频率（单位：千赫兹）重复执行
scheduleAtFixedRate (TimerTask task,Date firstTime,long period)	安排一个任务在指定的时间执行，然后以近似固定的频率（单位：千赫兹）重复执行
scheduleAtFixedRate (TimerTask task,long delay,long period)	安排一个任务在一段时间（单位：毫秒）后执行，然后以近似固定的频率（单位：千赫兹）重复执行

　　表中 schedule( ) 与 scheduleAtFixedRate( ) 方法的区别在于重复执行任务时对于时间间隔出现延迟的情况处理：schedule( ) 方法的执行时间间隔永远是固定的，如果之前出现了延迟的情况，之后也会继续按照设定好的间隔时间来执行；scheduleAtFixedRate( ) 方法可以根据出现的延迟时间自动调整下一次间隔的执行时间。

　　要执行具体的任务，则 Timer 类必须配合 TimerTask 类。TimerTask 类是一个抽象类，由 Timer 类安排其第一次执行和重复执行的时间。TimerTask 类有一个抽象方法（run( ) 方法），该方法内存放定时执行的代码。TimerTask 类的常用方法见表 5 – 9。

表 5 – 9　TimerTask 类的常用方法

方法	说明
cancel( )	用来终止此任务，如果该任务只执行一次且还没有执行，则永远不会再执行，如果为重复执行任务，则之后不会再执行（如果任务正在执行，则执行完后不会再执行）
run( )	该任务所要执行的具体操作
scheduledExecutionTime( )	返回最近一次要执行该任务的时间（如果正在执行，则返回此任务的执行安排时间），一般在 run( ) 方法中调用，用来判断当前是否有足够的时间来执行完成该任务

2. SQLite 数据操作

　　本单元任务 3【预备知识】中对利用非 SQL 命令方式完成数据操作中的插入与查询操作进行了介绍，这里介绍更新与删除操作，具体如下。

　　1）更新操作：方法的返回值类型为 int

```
update(String table, ContentValues values,String whereClause,String where-
Args);
```

参数说明如下。

table：数据表名。

values：要更新的表中的数据，需要使用 ContentValues 类，与 insert 语句中的 values 参数意义相同。

whereClause：更新条件子句，相当于查询 SQL 语句中的 WHERE 关键字后面的部分，在条件子句中建议使用占位符"?"（英文状态下的问号），满足该 whereClause 子句的记录将会被更新。

whereArgs：用于为 whereClause 子句中的占位符传递参数。

2）删除操作：方法的返回值类型为 int

```
delete(String table, String whereClause,String[] whereArgs);
```

参数说明如下。

table：数据表名。

whereClause：删除条件子句，相当于查询 SQL 语句中的 WHERE 关键字后面的部分，在条件子句中建议使用占位符"?"（英文状态下的问号），满足该 whereClause 子句的记录将会被删除。

whereArgs：用于为 whereClause 子句中的占位符传递参数。

【任务分析】

使用 Empty Activity 默认创建的 Activity 名称为"MainActivity"，它是项目的入口 Activity。若想修改项目启动后默认进入的页面不再是 MainActivity 而是 SplashActivity，本任务采取的方法是：新建 SplashActivity 页面，修改"AndroidManifest. xml"文件，将 SplashActivity 页面作为项目的入口 Activity。项目启动后进入 SplashActivity 页面，利用 Timer 类结合 TimerTask 类完成指定时间内由入口 Activity 跳转到主页面的功能。

本任务利用 SQLiteOpenHelper 类创建数据库、数据表成功后，通过数据库实例调用 insert()、update()、delete()和 query()方法完成信息的增加、更新、删除和查询操作。

【实现步骤】

（1）使用 Empty Activity 创建新项目"MySports"。

（2）资源准备及页面布局。

①复制图片资源。

将图片素材"back. jpg""picture. jpg"和"timg. jpg"复制到"drawable"文件夹中。

②编辑"strings. xml"文件。

在"strings. xml"文件的 resources 元素中增加如下字符定义，代码如下。

```
<resources>
    <string name = "app_name">我的健身记录</string>
    <!--MainActivity 页面-->
    <string name = "btn_insert">增加</string>
    <string name = "btn_update">修改</string>
```

```
< string name = "btn_del" > 删除 < /string >
<! -- InsertActivity 和 UpdateActivity 页面 -->
< string name = "rdoBtn_swim" > 游泳 < /string >
< string name = "rdoBtn_run" > 跑步 < /string >
< string name = "rdoBtn_scope" > 跳绳 < /string >
< string name = "rdoBtn_bike" > 骑车 < /string >
< string name = "btn_save" > 保存 < /string >
< string name = "textview1" > 运动日期: < /string >
< string name = "textView2" > 运动项目: < /string >
< string name = "textview3" > 运动时长: < /string >
<! -- item_list.xml 文件 -->
< string name = "item_txt_date" > 日期 < /string >
< string name = "item_txt_item" > 项目 < /string >
< string name = "item_txt_length" > 时间 < /string >
<! -- InsertActivity 和 UpdateActivity 页面中 Spinner 控件的列表信息 -->
< string - array name = "length" >
    < item >15 分钟 < /item >
    < item >30 分钟 < /item >
    < item >45 分钟 < /item >
    < item >60 分钟 < /item >
    < item >75 分钟 < /item >
    < item >90 分钟 < /item >
< /string - array >
< /resources >
```

③编辑"colors. xml"文件。

在"colors. xml"文件中增加自定义颜色，代码如下。

```
< ? xml version = "1.0" encoding = "utf - 8"? >
< resources >
    ……<! -- 省略默认代码 -->
    < color name = "btn" > #cffdfb < /color >
< /resources >
```

④shape 形状资源准备。

a. 在"drawable"文件夹中创建名为"btn_style"的 shape 文件。

b. 在"btn_style. xml"文件中编辑如下内容。

```
< ? xml version = "1.0" encoding = "utf - 8"? >
< shape xmlns:android = "http://schemas.android.com/apk/res/android" >
    < corners android:radius = "10dp"/>
    < solid android:color = "@color/btn"/>
< /shape >
```

⑤完成"item_list. xml"布局文件。

由于 MainActivity 页面后续将使用 ListView 结合 SimpleAdapter 完成运动记录信息的显

示，所以需要先设置其一项的布局。在"layout"文件夹中新建"item_list. xml"文件，该文件既作为一项的布局，同时也作为有运动记录时的表头使用，具体代码参见【二维码 5 -7】。

⑥完成"activity_main. xml"布局文件。

将默认 ConstraintLayout 布局修改为 LinearLayout 布局。采用线性布局结合 ListView 及 Button 控件完成页面布局。页面中没有运动记录时，ListView 上方的表头信息不可见，当数据表中有运动记录时表头信息才可见，所以需要先设置表头不可见（代码第 10 ~ 17 行），当有运动记录时利用编码方式将其显示出来，具体代码参见【二维码 5 -8】。

⑦完成"activity_splash. xml"布局文件。

用鼠标右键单击项目包名，利用"Empty Activity"模板创建 SplashActivity 页面，页面对应"activity_splash. xml"文件，利用默认的 ConstraintLayout 布局结合 ImageView 控件完成布局，具体代码参见【二维码 5 -9】。

⑧修改 SplashActivity 为项目入口 Activity。

项目启动后，首先进入的是引导页面 SplashActivity，而不是系统默认的 MainActivity，因此需要将引导页面指定为程序默认启动页面，即项目入口 Activity。在"AndroidManifest. xml"文件中将 MainActivity 的 < intent – filter > 标签以及标签中的所有内容移动到 SplashActivity 所在的 < activity > 标签中，具体代码参见【二维码 5 – 10】。

【二维码 5 –7】　　　　【二维码 5 –8】　　　　【二维码 5 –9】　　　　【二维码 5 – 10】

⑨完成"activity_insert. xml"布局文件。

用鼠标右键单击项目包名，利用"Empty Activity"模板创建 InsertActivity 页面，页面对应"activity_insert. xml"文件，利用 LinearLayout 布局结合 TextView、Spinner 等控件完成布局，具体代码参见【二维码 5 –11】。

【二维码 5 –11】

⑩完成"activity_update. xml"布局文件。

用鼠标右键单击项目包名，利用"Empty Activity"模板创建 UpdateActivity 页面，页面对应"activity_update. xml"文件，UpdateActivity 页面与 InsertActivity 页面布局相同，唯一不同之处在于"保存"按钮变成了"修改"按钮，代码如下。

```
<Button
    android:id = "@ + id/btn_update"
    android:layout_width = "wrap_content"
    android:layout_height = "wrap_content"
    android:layout_weight = "1"
    android:layout_marginTop = "20dp"
    android:background = "@drawable/btn_style"
    android:text = "@string/btn_update" />
```

⑪创建 SQLiteOpenHelper 子类。

利用 SQLiteOpenHelper 子类完成数据库及数据表的创建。用鼠标右键单击项目包名，在弹出的快捷菜单中选择"New"→"Java Class"选项，输入自定义的类名"DBOpenHelper"，DBOpenHelper 类继承自 SQLiteOpenHelper 类，在 DBOpenHelper 类中完成 SQLiteOpenHelper 类构造方法及 onCreate( ) 和 onUpgrade( )两个父类方法的重写，具体代码参见【二维码 5 – 12】。

【二维码 5 – 12】

⑫创建 Common 类。

由于项目中多个 Activity 都对数据库进行操作，为此将创建的数据库实例利用自定义的公共类 Common 来保存，从而方便各 Activity 的使用，具体代码参见【二维码 5 – 13】。

【二维码 5 – 13】

（3）在各页面对应的 Activity 中完成编码。

①在"SplashActivity. java"文件中完成编码。

SplashActivity 引导页面 3 秒后自动跳转到主页面 MainActivity，具体代码参见【二维码 5 – 14】。

②在"MainActivity. java"文件中完成编码。

a. 在 MainActivity 类中声明数据成员（代码第 2 ~ 4 行），声明全局变量用于存放从 ListView 控件中取出的信息（代码第 5 ~ 6 行）。

b. 在 MainActivity 类的 onCreate( )方法外自定义方法 initView( )，该方法的功能是实现控件的关联（代码第 18 ~ 25 行），并在 onCreate( )方法内调用该方法（代码第 11 行）。

【二维码 5 – 14】

c. 在 MainActivity 类的 onCreate( )方法外自定义方法 cxInfoToListview( )，该方法的功能是查询数据表中的全部信息并将其显示到 ListView 控件上。若数据表中有运动信息，则在 ListView 控件中显示查询到的全部信息，若数据表中没有运动信息，则在 ListView 控件上显示提示"目前还没有运动信息哟!"（代码第 30 ~ 85 行），并在 onCreate( )方法内调用该方法（代码第 12 行）。

d. 在 MainActivity 类的 onCreate( )方法外自定义方法 doClick( )，该方法的功能是实现"增加""修改"和"删除"按钮的单击事件，在 doClick( )方法的"增加"按钮的代码中，完成单击"增加"按钮后页面跳转到 InsertActivity 页面的功能（代码第 93 ~ 94 行）。

e. 在 MainActivity 类的 onCreate( )方法外自定义方法 itemClick( )，该方法的功能是单击 ListView 控件中的项，将 ListView 中放置的 HashMap 中的各信息取出（代码第 164 ~ 181 行），将取出的信息存放于全局变量中。

f. 在 doClick( )方法的"修改"按钮的代码中，完成如下功能。单击"修改"按钮，判断是否选取了页面中的哪一行，若没有选取，则使用 Toast 给出提示"请选取要修改的行"；若选取了其中的一行，则在页面跳转到 UpdateActivity 页面时携带所选行的主键、运动日期、运动项目和运动时长信息（代码第 99 ~ 112 行）。ListView 中的一行就是一个 HashMap，判断是否选中了一行，就是判断 HashMap 中主键的值是否为 0。

g. 在 doClick( )方法的"删除"按钮的代码中，完成如下功能。单击"删除"按钮，判断是否选取了页面中的哪一行，若没有选取，则使用 Toast 给出提示"请选取要删除的行"；若选取了某一行，则弹出提示对话框等待用户确认，若用户单击了对话框中的"确定"按钮，则删除数据表中的信息，同时在 ListView 控件中将删除的信息予以清除，若用户单击了对话框中的"取消"按钮，则关闭对话框。删除数据表中的信息，同时在 ListView 控件中予以体现，本任务采用刷新页面功能来实现（代码第 137 行），刷新页面功能要求 MainActivity 必须继承自 Activity 而不是 AppCompatActivity（代码第 1 行）。具体代码参见【二维码 5 – 15】。

【二维码 5 – 15】

③在"InsertActivity. java"文件中完成编码。

a. 在 InsertActivity 类中声明数据成员（代码第 2 ~ 5 行）。

b. 在 InsertActivity 类的 onCreate( )方法外自定义方法 initView( )，该方法的功能是实现控件的关联（代码第 16 ~ 24 行），并在 onCreate( )方法内调用该方法（代码第 10 行）。

c. 在 InsertActivity 类的 onCreate( )方法外自定义方法 hqSportDate( )，该方法的功能是实现系统当前日期的获取，并将获取的日期赋值到日期控件上（代码第 28 ~ 37 行）。在 onCreate( )方法内调用该方法（代码第 11 行）。

d. 在 InsertActivity 类的 onCreate( )方法外自定义方法 doClick( )，该方法的功能是实现"保存"按钮的单击事件，在 doClick( )方法内的"保存"按钮的代码中获取用户输入的各项信息，并将信息保存于数据表中，同时以对话框的形式给出提示，若单击对话框中的"确定"按钮，则页面跳转到 MainActivity 页面（代码第 46 ~ 81 行），若单击对话框中的"取消"按钮，则关闭对话框（代码第 82 ~ 89 行）。具体代码参见【二维码 5 – 16】。

【二维码 5 – 16】

④在"UpdateActivity. java"文件中完成编码。

a. 在 UpdateActivity 类中声明数据成员（代码第 2 ~ 5 行）。

b. 在 UpdateActivity 类的 onCreate( )方法外自定义方法 initView( )，该方法的功能是实现控件的关联（代码第 17 ~ 25 行），并在 onCreate( )方法内调用该方法（代码第 11 行）。

c. 在 UpdateActivity 类的 onCreate( )方法外自定义方法 receiveInfo( )，该方法的功能是接收从前一个页面（MainActivity 页面）利用 Intent 传递来的信息，并将信息赋值于页面相应控件中（代码第 30 ~ 70 行）。在 onCreate( )方法内调用该方法（代码第 12 行）。

d. 在 UpdateActivity 类的 onCreate( )方法外自定义方法 doClick( )，该方法的功能是实现"更新"按钮的单击事件，在 doClick( )方法内的"更新"按钮的代码中获取用户更新的各项信息，并将信息更新于数据表中，同时以对话框的形式给出提示，若单击对话框中的"确定"按钮，则页面跳转到 MainActivity 页面（代码第 49 ~ 116 行），若单击对话框中的"取消"按钮，则关闭对话框（代码第 117 ~ 124 行）。具体代码参见【二维码 5 – 17】。

【二维码 5 – 17】

（4）运行查看效果。

【任务要点】

1. 完成数据操作

1）更新操作

```
database.update(String table, ContentValues values,String whereClause,String[]
whereArgs);
```

参数说明如下。

table：数据表名。

values：更新的 ContentValues 类型的值，ContentValues 类是一种存储的机制，它只能存储基本类型的数据，不能存储对象。

whereClause：更新条件子句，在条件子句中建议使用占位符 "?"（英文状态下的问号），满足该 whereClause 子句的记录将会被更新。

whereArgs：用于为 whereClause 子句中的占位符传递参数。

更新数据表信息的代码如下。

```
ContentValues cValues = new ContentValues(); //实例化 ContentValues 类
cValues.put(String key,XXX value); //采用键值对的形式向 ContentValues 中存储基本类型的信息
int flag = database.update("sportInfo",cValues,"_id = ?",new String[]{newId}); //完成更新操作,更新 sportInfo 数据表中主键值为变量 newId 值的记录,更新成功返回大于 0 的整型值
```

2）删除操作

```
database.delete(String table, String whereClause,String[] whereArgs);
```

参数说明如下。

table：数据表名。

whereClause：删除条件子句，在条件子句中建议使用占位符 "?"（英文状态下的问号），满足该 whereClause 子句的记录将会被删除。

whereArgs：用于为 whereClause 子句中的占位符传递参数。

删除数据表信息的代码如下。

```
int flag = database.delete("sportInfo","_id = ?",new String[]{newId}); //完成删除操作,删除数据表中主键值为变量 newId 值的记录,删除成功返回大于 0 的整型值
```

2. 获取以 HashMap 形式存放在 ListView 控件中一行（一项）的信息

若 ListView 中的信息是以 SimpleAdapter 作为适配器，利用 ArrayList 结合 HashMap 进行数据绑定时，取出 ListView 控件中一行（一项）信息，步骤如下。

步骤 1：设置 ListView 控件列表项的单击事件监听器。

步骤 2：在列表项单击事件中，获取 ListView 控件中单击项所在的 HashMap。

步骤 3：从获取的 HashMap 中依据存储信息时的 key 名取出各项信息。具体代码如下。

```
lvi_show.setOnItemClickListener(new AdapterView.OnItemClickListener(){
    @Override
public void onItemClick(AdapterView<?> adapterView, View view, int i, long l){
    // 将 ListView 中放置的 HashMap 中的各信息取出
    ListView listView = (ListView) adapterView; // 将 adapterView 转换为 ListView
    HashMap < String, Object > myMap = ( HashMap < String, Object > ) list-
View.getItemAtPosition(i); //获取用户单击的那项对应的 HashMap
    // 依据存放时的 key 名从 HashMap 中取出各值
```

```
    newId = (int) myMap.get("m_id"); //"m_id"是向 HashMap 中存信息时使用的 key
    newDate = (String) myMap.get("m_date");
    newItem = (String) myMap.get("m_item");
    newLength = (String) myMap.get("m_length");
    }
});
```

【任务拓展】

打开本单元任务3的【拓展任务】"MyNoteBook"项目，修改"activity_info.xml"布局文件，如图5-19所示，利用 SQLiteOpenHelper 类完成如下功能。具体要求如下。

（1）在 InfoActivity 页面中，若用户未选取任何行而单击"更新"按钮，则给出提示"请选取要更新的行!"；若用户选取了要更新的行后单击"更新"按钮，则获取单击项的各项信息，同时页面跳转到 UpdateActivity 页面，在 UpdateActivity 页面中显示单击项的各项信息，如图5-20所示；用户完成修改项信息的输入，单击"更新"按钮，完成数据表中信息的更新，同时将修改后的信息显示于 ListView 控件中。

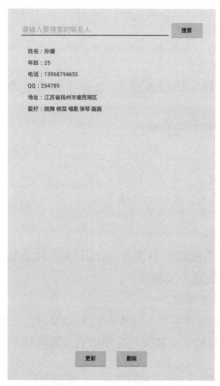

图5-19　InfoActivity 页面

图5-20　UpdateActivity 页面

（2）在 InfoActivity 页面中，若用户未选取任何行而单击"删除"按钮，则给出提示"请选取要删除的行!"；若用户选取了要删除的行后单击"删除"按钮，则将用户所选行的信息从数据表中删除，同时在 ListView 控件中予以体现。在删除信息时以对话框的形式弹出提示信息，若用户单击了对话框中的"确定"按钮，则将信息真正删除；若用户单击了对话框中的"取消"按钮，则关闭对话框。

[**任务提示**] InfoActivity 页面的 ListView 控件中的信息以 SimpleAdapter 作为适配器，利用 ArrayList 结合 HashMap 进行数据绑定，因此在更新和删除信息时需要先获取用户单击的那一项所在的 HashMap，再依据存储信息时的 key 名从 HashMap 中取出各项信息。在更新时将信息传递给 UpdateActivity 页面。

【任务小结】

利用创建子类继承 SQLiteOpenHelper 类，实现它的一些方法以达到创建数据库和数据表的目的。在使用数据库及数据表的 Activity 中实例化创建的子类对象，调用 getWritableDatabase() 方法获取 SQLiteDatabase 数据库实例，通过数据库实例的 insert()、delete()、update() 和 querg() 方法实现数据表中信息的插入、修改、删除及查询操作。查询操作执行成功后，查询结果返回 Cursor 类型的指针，通过调用 Cursor 的相应方法完成查询信息的显示。Cursor 和数据库在使用完成后需要及时关闭。

任务 5　使用系统 ContentProvider 读写系统通讯录

【任务描述】

创建新项目"MyAddressBook"，使用系统 ContentProvider 完成系统通讯录中成员信息的显示及填加，如图 5 – 21 所示。

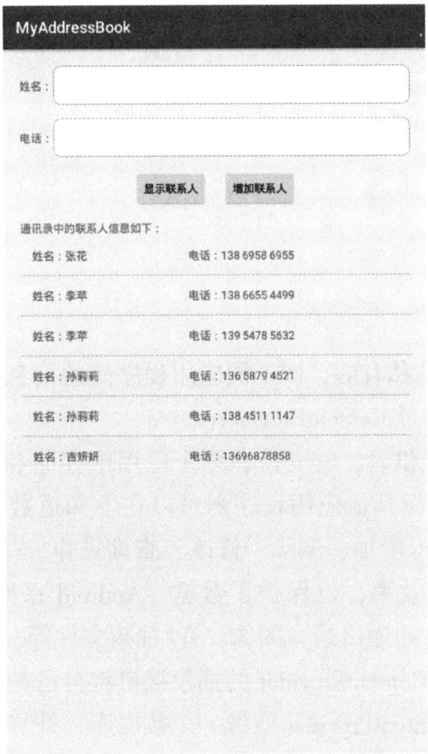

（a）

图 5 – 21　读写系统通讯录

（a）显示联系人

（b）

图 5 – 21　读写系统通讯录（续）

（b）增加联系人

【预备知识】

1. ContentProvider 简介

ContentProvider
认识

数据在 Android 系统中是私有的，即不同应用程序间的信息不可以直接访问，为了共享这些信息，Android 系统提供了 ContentProvider。

ContentProvider 即内容提供者，它支持在多个应用中存储和读取数据。使用 ContentProvider 指定需要共享的数据，而其他应用程序则可以在不知道数据来源、存储方式、存储路径的情况下，对共享数据进行增加、删除、修改、查询操作。采用 ContentProvider 机制实现共享，既提高了数据的访问效率，也保护了数据。Android 系统内置的许多数据都是使用 ContentProvider 形式共享的，如通讯录、图像、音/视频文件等。

应用程序通过实现一个 ContentProvider 的抽象接口将自己的数据以类似数据库中数据表的方式完全暴露出去，即 ContentProvider 就像一个数据库，外界获取其提供的数据就像从数据库中获取数据一样，只不过 ContentProvider 采用 Uri 来表示外界需要访问的"数据库"。Uri 是资源标识符，用来定位远程或本地的资源。每一个 ContentProvider 都拥有一个公共的 Uri，这个 Uri 用于表示这个 ContentProvider 所提供的数据。

在使用 ContentProvider 时，用户可以将自己开发的应用程序通过 ContentProvider 共享出去（自定义 ContentProvider），也可以访问系统 ContentProvider，实现通讯录中信息的读写、SD 卡中相关信息的获取等。

2. ContentProvider 中的 Uri

Uri 代表了要操作的数据，用来定位远程或本地的资源。Uri 主要包含两部分信息：一部分信息是需要操作的 ContentProvider，另一部分信息是对 ContentProvider 中的什么数据进行操作。Uri 的组成如下所示。

```
content://com.example.infoprovider/person/10
  scheme          主机名              路径
```

ContentProvider 的 scheme 由 Android 系统规定，scheme 为：content：//。

主机名（或叫作 Authority）用于唯一标识一个 ContentProvider，外部调用者可以根据这个标识进行识别。

路径（path）表示要操作的数据，路径的构建应根据业务而定，具体如下。

要操作 person 表中 id 为 10 的记录，可以构建这样的路径：/person/10。

要操作 person 表中 id 为 10 的记录的 name 字段，可以构建这样的路径：person/10/name。

要操作 person 表中的所有记录，可以构建这样的路径：/person。

要操作 xxx 表中的记录，可以构建这样的路径：/xxx。

当然，要操作的数据不一定来自数据库，也可以来自 XML 文件、网络等其他存储方式，具体如下。

要操作 XML 文件中 person 节点下的 name 节点，可以构建这样的路径：/person/name。

要把一个字符串转换成 Uri，可以使用 Uri 类的 parse()方法，如：Uri uri = Uri. parse("content：//com. ljq. provider. personprovider/person")。

3. 访问系统 ContentProvider

每一个系统 ContentProvider 都拥有一个公共的 Uri 以供访问。使用时，根据这个 Uri 以及提供的属性字段就可以实现访问。系统 ContentProvider 常用的 Uri 见表 5 – 10。

表 5 – 10　系统 ContentProvider 常用的 Uri

Uri	说明
联系人	ContactsContract. Contacts. CONTENT_URI
联系人电话	ContactsContract. CommonDataKinds. Phone. CONTENT_URI
联系人 Email	ContactsContract. CommonDataKinds. Email. CONTENT_URI
SD 卡中的图片	MediaStore. Images. Media. EXTERNAL_CNTENT_URI
SD 卡中的音频	MediaStore. Audio. Media. EXTERNAL_CONTENT_URI
SD 卡中的视频	MediaStore. Video. Media. EXTERNAL_CONTENT_URI
短信息	content：//sms/,需要通过 Uri 提供的 parse( )方法解析

ContentProvider 将应用程序的数据暴露出去后，当外部应用程序需要对 ContentProvider 中的数据进行增加、删除、修改、查询操作时，需要通过 ContentResolver 类来完成，ContentResolver 类操作数据的常用方法见表 5 – 11。

表 5 – 11　ContentResolver 类操作数据的常用方法

方法	说明
delete(Uri uri, String selection, String[ ] selectionArgs)	供外部应用从 ContentProvider 中删除数据
update(Uri uri, ContentValues values, String selection, String[ ] selectionArgs)	供外部应用更新 ContentProvider 中的数据
insert(Uri uri, ContentValues values)	供外部应用向 ContentProvider 中插入数据
query(Uri uri, String[ ] projection, String selection, String[ ] selectionArgs, String sortOrder)	供外部应用从 ContentProvider 中查询数据
getType(Uri uri)	返回当前 Uri 所代表数据的 MIME 类型

ContentResolver 类是一个抽象类，需要通过 Activity 类提供的 getContentResolver( )方法对其实例化。

4. 操作权限

一个 Android 应用程序在默认情况下是不拥有任何权限的，即在默认情况下，任何应用都没有权限执行对其他应用、操作系统或用户有不利影响的任何操作。如果应用程序需要一些额外的能力，则它需要在"AndroidManifest. xml"文件中静态地声明相应的权限。如果应用程序没有声明权限，却使用了相应的功能，在调用相应功能时，将会导致应用程序崩溃。Android 系统常用的权限见表 5 – 12。

表 5 – 12　Android 系统常用的权限

权限	说明
READ_CONTACTS	读取联系人，允许应用程序访问联系人的通讯录信息
WRITE_CONTACTS	向通讯录中写入联系人信息，但不可读取
READ_EXTERNAL_STORAGE	读取外部存储，如读取 SD 卡中的图片、音/视频等
WRITE_EXTERNAL_STORAGE	写入外部存储，如向 SD 卡中写文件等
READ_SMS	读取短信
SEND_SMS	发送短信
RECEIVE_SMS	接收短信
RECEIVE_MMS	接收彩信

续表

权限	说明
INTERNET	访问网络连接，可能产生 GPRS 流量
ACCESS_NETWORK_STATE	获取网络信息状态，如当前的网络连接是否有效
ACCESS_WIFI_STATE	获取当前 WiFi 接入的状态以及 WLAN 热点的信息
CHANGE_WIFI_STATE	改变 WiFi 状态
BATTERY_STATS	获取电池电量统计信息
BLUETOOTH	允许应用程序连接配对过的蓝牙设备
BLUETOOTH_ADMIN	允许应用程序发现和配对新的蓝牙设备
BROADCAST_SMS	当收到短信时触发一个广播
CALL_PHONE	允许应用程序从非系统拨号器里输入电话号码
CAMERA	允许访问摄像头进行拍照
SET_ALARM	设置闹铃提醒
VIBRATE	允许使用振动
WAKE_LOCK	唤醒锁定，允许应用程序在手机屏幕关闭后后台进程仍然运行

在 Android 6.0（API 23）发布之前，在授权时所有权限在 manifest 中静态声明，在安装时授权。声明的方式是直接将所有应用程序用到的权限统一在清单文件中使用标签 < uses - permission > 定义，应用程序在安装过程中将罗列清单文件声明的所有权限，安装完成后用户可以选择是否授予应用程序某个隐私的权限。但从 Android 6.0 开始，增加了运行时权限处理机制，将权限的保护等级分为 normal、dangerous、signature 和 signatureOrSystem 4 种，其中常用的等级是 normal 和 dangerous。所有权限除了在 manifest 中静态声明外，对于 normal 权限在安装应用程序时授权，对于 dangerous 权限需要在应用程序运行时弹出显式对话框，请求用户授权。对于应用程序的危险权限，用户可以选择性地进行授权或者关闭。dangerous 权限见表 5 – 13。

表 5 – 13　dangerous 权限

权限组	权限	说明
SMS	READ_SMS	读取短信
	SEND_SMS	发送短信
	RECEIVE_SMS	接收短信
	RECEIVE_MMS	接收彩信
	RECEIVE_WAP_PUSH	接收 WAP PUSH 信息
	READ_CELL_BROADCASTS	获取小区广播

权限组	权限	说明
CONTACTS	READ_CONTACTS	读取联系人
	WRITE_CONTACTS	写入联系人，但不可读取
	GET_ACCOUNTS	访问 GMail 账户列表
STORAGE	READ_EXTERNAL_STORAGE	读取外部存储
	WRITE_EXTERNAL_STORAGE	写入外部存储
LOCATION	ACCESS_FINE_LOCATION	允许通过 GPS 获取定位
	ACCESS_COARSE_LOCATION	允许通过 WiFi 和移动基站获取定位
MICROPHONE	RECORD_AUDIO	允许通过手机或耳机的麦克风录音
PHONE	READ_PHONE_STATE	允许读取电话的状态
	CALL_PHONE	允许程序从非系统拨号器输入电话号码
	READ_CALL_LOG	允许读取通话记录
	WRITE_CALL_LOG	允许修改通话记录
	ADD_VOICEMAIL	允许应用程序添加系统中的语音邮件
	USE_SIP	允许应用程序使用 SIP 视频服务
	PROCESS_OUTGOING_CALLS	允许应用程序监视，修改或放弃拨出电话
SENSORS	BODY_SENSORS	允许使用传感器
CALENDAR	READ_CALENDAR	允许读取日历
	WRITE_CALENDAR	允许修改日历
CAMERA	CAMERA	允许访问摄像头进行拍照

5. 访问系统 ContentProvider 的步骤

步骤 1：实例化 ContentResolver 类。

```
ContentResolver cResover = getContentResolver();
```

步骤 2：提供操作所需的 Uri。

如获取通讯录中的联系人信息，则 "Uri contactsUri = ContactsContract. Contacts. CONTENT_URI;"。

步骤 3：利用 ContentResolver 对象调用相应的方法完成相应的增加、删除、修改、查询操作，与操作数据库类似。

步骤 4：依据相应的操作添加相应的权限（清单文件和安装应用程序两个方面添加权限）。

【任务分析】

　　读写手机设备通讯录中联系人信息为系统 ContentProvider 的常见应用之一，通讯录通过 ContentProvider 对外暴露数据，用户创建的应用程序要获取通讯录中的信息（联系人姓名、电话及 Email 等）需要通过 ContentResolver 类完成。利用 Activity 提供的 getContentResolver( ) 方法实例化 ContentResolver 类后，调用 query( )、insert( ) 方法分别完成通讯录中信息的查询和添加。

　　启动模拟器，向其内添加几位联系人的信息，打开"Device File Explorer"，在"Device File Explorer"中可以查看系统通讯录所对应的数据库文件。系统提供的联系人 ContentProvider 文件保存在"data"→"data"→"com. android. providers. contacts"→"databases"→"contacts2. db"文件中。"contacts2. db"也是一个数据库文件，所以操作 ContentProvider 与操作数据库的过程类似，通过 ContentResolver 类实例调用 insert( )、delete( )、update( ) 和 query( ) 方法完成增加、删除、修改、查询操作。

【实现步骤】

查询通讯录
中的信息 1

　　（1）使用 Empty Activity 创建"MyAddressBook"项目。
　　（2）资源准备及页面布局。
　　①复制图片资源。
　　将图片素材"login_edit_normal. 9. png"复制到"drawable"文件夹中。
　　②编辑"strings. xml"文件。
　　在"strings. xml"文件的 resource 元素中增加如下字符定义，代码如下。

查询通讯录
中的信息 2

```
<resources>
    <string name = "app_name" >MyAddressBook </string >
    <string name = "txt_name" >姓名: </string >
    <string name = "txt_phone" >电话: </string >
    <string name = "btn_insert" >增加联系人 </string >
    <string name = "btn_display" >显示联系人 </string >
    <string name = "txt_hint" >通讯录中的联系人信息如下: </string >
</resources >
```

查询通讯录
中的信息 3

　　③完成"activity_main. xml"布局文件。
　　a. 将默认"ConstraintLayout"布局修改为"LinearLayout"，设置布局"padding"为"20 dp"。
　　b. 采用"LinearLayout"与"TableLayout"相结合的布局形式完成页面布局，具体代码参见【二维码 5 – 18】。

通讯录中的
数据库和
数据表 1

　　（3）在清单文件"AndroidManifest. xml"中完成向通讯录中增加联系人及查询联系人的权限（代码第 4～5 行），具体代码参加【二维码 5 – 19】。
　　（4）在"MainActivity. java"文件中完成编码。
　　①在 MainActivity 类中声明数据成员（代码第 2～5 行）。
　　②在 MainActivity 类的 onCreate( ) 方法外自定义方法 initView( )，该方法的功能是实现控

通讯录中的
数据库和
数据表 2

件的关联（代码第 16～23 行），并在 onCreate( )方法内调用该方法（代码第 11 行）。

③在 MainActivity 类的 onCreate( )方法外自定义方法 doClick( )，该方法的功能是实现"显示联系人"和"增加联系人"按钮的单击事件（代码第 27～121 行）。

④在 doClick( )方法的"显示联系人"按钮代码内，编码实现将通讯录中联系人的相关信息查询出来并显示在下方 ListView 控件中的功能，若模拟器通讯录中没有联系人，则在下方的 ListView 控件中显示"通讯录为空，没有成员信息!"；若模拟器通讯录中有联系人（向模拟器通讯录中添加至少 2 位联系人的信息，将其中 1 人的电话设置为 2 个及以上），则将联系人的姓名和电话显示在下方的 ListView 控件中（代码第 41～80 行）。另外，从移动设备通讯录中查询联系人，除了在清单文件中添加权限外，还需要用户在应用程序运行时授权，允许从通讯录中读取信息，在用户允许的情况下，完成查询功能（代码第 35～39 行）。

⑤在 doClick( )方法内的"增加联系人"按钮代码内，编码实现向通讯录中增加联系人功能（代码第 90～116 行），除了在清单文件中添加权限外，还需要用户在应用程序运行时授权，在用户允许的情况下，将输入的信息插入通讯录（代码第 85～89 行）。具体代码参见【二维码 5－20】。

【二维码 5－20】

（5）运行查看效果。

【任务要点】

1. 添加读写通讯录中联系人信息权限

在清单文件"AndroidManifest. xml"的 < manifest > 节点内添加读写通讯录中联系人信息权限。

```xml
<?xml version = "1.0" encoding = "utf - 8"?>
<manifest xmlns:android = "http://schemas.android.com/apk/res/android"
    package = "wjx.com.mynotebook" >
    <uses - permission android:name = "android.permission.READ_CONTACTS"/>
    <uses - permission android:name = "android.permission.WRITE_CONTACTS"/>
    <application
        ......
    </application>
</manifest>
```

2. 应用程序运行时授权

从 Android 6.0 开始，所有权限仍然在 manifest 中静态声明，normal 权限在安装应用程序的时候自动授权，dangerous 权限（见表 5－11）需要在应用程序运行时由用户授权。在应用程序运行时授权的代码如下。

```java
if (ContextCompat.checkSelfPermission(Context context, String permission) ! =
PackageManager.PERMISSION_GRANTED) {
    ActivityCompat.requestPermissions(@NonNull Activity activity, @NonNull String
[] permissions,int requestCode);
```

```
    } else {
    ……(程序功能实现代码)
}
```

其中 ContextCompat. checkSelfPermission（Context context，String permission）方法用来检查是否授予某个权限，方法返回值只有 PackageManager. PERMISSION_GRANTED 和 Package-Manager. PERMISSION_DENIED，即权限被授予和拒绝。

利用 ActivityCompat. requestPermissions（@ NonNull Activity activity，@ NonNull String［ ］permissions，int requestCode）方法请求获取权限，其中 requestCode 取 1 值。调用该方法后系统会弹出一个请求用户授权的提示对话框。应用程序在模拟器中运行后弹出的请求用户授权的提示对话框如图 5 – 22 所示，由用户决定权限，单击"ALLOW"按钮，可以完成 else 部分代码实现的功能。

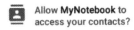

图 5 – 22 请求用户权限提示对话框

【任务拓展】

创建新项目"MyMusic"，使用系统 ContentProvider 将存储在 SD 卡中音频文件的相关信息显示于页面的 ListView 控件中，如图 5 – 23 所示。

图 5 – 23 获取 SD 卡中的音频信息

[**任务提示**] 在模拟器中运行显示 SD 卡中的信息时，需要先向模拟器的 SD 卡中导入音频文件（进入"Device File Explorer"，用鼠标右键单击"sdcard"文件夹，在弹出的快捷菜单中选择"upload…"命令），导入音频文件后必须重启模拟器。

读取 SD 卡中的信息需要在清单文件和应用程序运行时两方面授予权限。

存储于 SD 卡中的音频信息的 Uri 为 MediaStore. Audio. Media. EXTERNAL_CONTENT_URI，其中 MediaStore. Audio. Media. TITLE 表示音频名称，MediaStore. Audio. Media. ARTIST 表示歌手名，MediaStore. Audio. Media. ALBUM 表示专辑名。

获取 SD 卡中的信息并显示在 ListView 控件中，由 SimpleAdapter 完成数据源的加载。

【任务小结】

ContentProvider 用于不同应用程序间的数据共享机制，ContentProvider 提供了通过 Uri 实现数据操作的方式，外界程序通过 ContentResolver 访问 ContentProvider 提供的数据，ContentResolver 操作数据信息与操作数据库类似，通过 insert（）、update（）、delete（）和 query（）方法完成 ContentProvider 中信息的增加、修改、删除、查询功能，这样既提高了数据的访问效率，同时也保护了数据。

知识拓展

1. SQLite 数据操作

在 Android 系统中对数据库中的数据进行增加、删除、修改、查询操作，可以通过 SQL 命令和非 SQL 命令两种方式完成。非 SQL 命令方式即使用 SQLiteOpenHelper 类，已在前面的任务中进行了讲解，这里介绍 SQL 命令方式。

通过数据库实例调用相应的方法配合 SQL 语句完成数据操作。具体如下。

1）插入操作：两个重载的方法，方法的返回值类型为 long。

语法格式：

```
execSQL(String sql);
execSQL(String sql,Object[] bindArgs);
```

参数说明如下。

sql：为插入操作对应的 SQL 语句（INSERT INTO ……）。

bindArgs：为 SQL 语句中占位符参数的值，参数值在数组中的顺序要和占位符的位置对应，如果 SQL 语句中没有使用占位符，则采用 execSQL（String sql）语句完成插入操作。

2）查询操作：方法的返回值类型为 Cursor。

语法格式：

```
rawQuery(String sql,String[] selectionArgs);
```

参数说明如下。

sql：为查询对应的 SQL 语句（SELECT……）。

selectionArgs：为 SELECT 语句中占位符参数的值，参数值在数组中的顺序要和占位符的位置对应，如果 SELECT 语句没有使用占位符，则该参数设置为 null。

3）更新操作：方法的返回值类型为 int。

语法格式：

```
execSQL(String sql,Object[] bindArgs);
```

参数说明如下。

sql：为更新对应的 SQL 语句（UPDATE ……）。

bindArgs：含义同插入操作。

4）删除操作：方法的返回值类型为 int。

语法格式：

```
execSQL(String sql,Object[] bindArgs);
```

参数说明如下。

sql：为删除对应的 SQL 语句（DELETE……）。

bindArgs：含义同插入操作。

综上，若完成增加、删除、修改操作则使用 execSQL（）方法，若完成查询操作则使用 rawQuery（）方法。

2. 文件存储

文件存储是 Android 系统中的一种数据存储方式，其与 Java 中的文件存储类似，都是通过 I/O 流的形式把数据直接存储到文件中。

在文件存储中，将数据存入文件有两种方式，一种是内部存储，另一种是外部存储，其中内部存储是将数据以文件的形式存储到应用程序中，外部存储是将数据以文件的形式存储到一些外部设备中，如 SD 卡。

1）内部存储

内部存储是指应用程序中的数据以文件的形式存储到应用程序中（文件默认保存在 "data"→"data"→"＜package name＞"→"files" 目录下）此时存储的文件会被其所在的应用程序私有化，如果其他应用程序想要操作本应用程序中的文件，则需要设置权限。当创建的应用程序被卸载时，其内部存储文件也随之被删除。

在 Android 开发中，内部存储使用的是 Context 提供的 openFileOutput（）方法和 openFileInput（）方法，见表 5 – 14。

表 5 – 14 内部存储的常用方法

方法	说明
openFileInput（String name）	FileInputStream 类的方法，用于读取本地文件中的字节数据
openFileOutput（String name，int mode）	FileOutputStream 类的方法，用于将字节数据写入文件，参数 1 为文件名，参数 2 为操作的模式，模式可以为 MODE_PRIVATE、MODE_APPEND，含义与 SharedPreferences 中的模式相同。若指定的文件不存在，则创建一个新的文件

使用 openFileOutput（）或 openFileInput（）方法读写文件时，文件名称中不能包含任何分隔符（\），只能是文件名。如果读写的文件不存在，将自动创建该文件。

2）外部存储

外部存储是指将数据以文件的形式存储到一些外部设备中，如 SD 卡或者设备内嵌的存储卡。其属于永久性的存储方式（外部存储的文件通常位于"mnt"→"sdcard"目录下，不同厂商生产的手机路径可能不同）。外部存储的文件可以被其他应用程序共享，当将外部存储设备连接到计算机时，这些文件可以被浏览、修改和删除，因此这种方式不安全。

外部存储设备可能被移除、丢失或者处于其他状态，因此在使用外部设备之前必须使用 Environment. getExternalStorageState（）方法确认外部设备是否可用，当外部设备可用并且具有读写权限时，就可以通过 FileInputStream、FileOutputStream 对象读写外部设备中的文件。读写外存储器中文件操作的常用方法见表 5 - 15。

表 5 - 15 读写外存储器中文件操作的常用方法

方法	说明
getExternalStorageDirectory（）	获取外存储器（SD 卡）根路径
getExternalStorageState（）	获取外存储器（SD 卡）当前的状态，从而判断 SD 卡是否存在

向外部设备（SD 卡）存储数据的示例代码如下。

```
String state = Environment.getExternalStorageState();//获取外部设备的状态
if(state.equals(Environment.MEDIA_MOUNTED)){//判断外部设备是否可用
  File SDPath = Environment.getExternalStorageDirectory();//获取 SD 卡目录
  File file = new File(SDPath,"data.txt");
  String data = "Hello World";
  FileOutputStream fos = null;
  try{
    fos = new FileOutputStream(file);
    fos.write(data.getBytes());
  }catch(Exception e){
    e.printStackTrace();
  }finally{
    try{
      If(fos! = null){
        fos.close();
      }
    }catch(IOException e){
      e.printStackTrace();
    }
  }
}
```

在上述代码中，Environment 的 getExternalStorageState（）和 getExternalStorageDirectory（）方法分别用于判断是否存在 SD 卡和获取 SD 卡根目录的路径。由于手机厂商不同，SD 卡根目录也可能不同，因此通过 getExternalStorageDirectory( )方法获取 SD 卡根目录可以避免把路径写成固定的值而找不到 SD 卡。

练习与实训

一、填空题

1. Android 系统中的数据存储方式有 5 种，分别是＿＿＿＿＿、＿＿＿＿＿、＿＿＿＿＿、＿＿＿＿＿和网络。

2. 在 Android 系统中将数据存入文件有＿＿＿＿＿和＿＿＿＿＿两种方式。

3. SharedPreferences 是一个轻量级的存储类，它本质上是一个 XML 文件，所存储的数据以＿＿＿＿＿的格式保存在 XML 文件中。

4. 在 Android 系统中创建数据库可以通过使用＿＿＿＿＿方法创建数据库，另外还可以通过写一个继承＿＿＿＿＿类的方式创建数据库。

5. ContentProvider 与 Activity 一样，创建时首先会调用＿＿＿＿＿方法。

6. ContentResolver 可以通过 ContentProvider 提供的＿＿＿＿＿进行数据操作。

7. 当用户将文件保存至 SD 卡时，需要在清单文件 "AndroidManifest. xml" 中添加＿＿＿＿＿权限。当用户要读取系统提供的通讯录中的信息时，需要添加＿＿＿＿＿权限。

8. 查询 SQLite 数据库中的信息，查询成功后将返回＿＿＿＿＿类型的指针，调用该类型实例的＿＿＿＿＿方法，可以获取查询结果中的记录条数。指针使用完毕后调用＿＿＿＿＿方法完成关闭。

9. 利用 SQL 语句的方式完成数据操作时，数据库实例调用＿＿＿＿＿方法可以完成插入、修改和删除操作，调用＿＿＿＿＿方法可以完成查询操作。

10. 利用 SQLiteOpenHelper 类（非 SQL 语句）方式完成数据操作时，要对数据库中的信息进行插入、修改、删除和查询操作，对应的方法分别为＿＿＿＿＿、＿＿＿＿＿、＿＿＿＿＿、＿＿＿＿＿。

二、选择题

1. 下列文件操作权限中，指定文件内容若存在则将其覆盖的是（　　　）。

A. MODE_ PRIVATE
B. MODE_ APPEND
C. MODE_ WORLD_ READABLE
D. MODE_ WORLD_ WRITEABLE

2. 下列代码中，用于获取 SD 卡路径的是（　　　）。

A. Environment. getExternalStorageDirectory( );

B. Environment. getSDDirectory( )

C. Environment. getExternalStorageState( );

D. Environment. getSD( )

3. 如果要将应用程序中的私有数据分享给其他应用程序，可以使用的（　　　）。

A. File　　　　B. ContentProvider　　　　C. SharedPreferences　　　　D. SQLite

4. 下列关于文件存储数据的说法中错误的是（　　　）。

A. 文件存储可以将数据存储到 SD 卡中

B. 文件存储可以将数据存储到内存中

C. 文件存储是以流的形式来操作数据的

D. 文件存储是 Android 系统中存储数据的唯一形式

5. 当外部应用程序需要对 ContentProvider 中的数据进行增加、删除、修改、查询操作时，可以使用 ContentResolver 类来完成，要获取 ContentResolver 对象，可以使用的方法是（　　）。

A. getContentResolver（）　　　　　　B. getResolver（）

C. getContentProvider（）　　　　　　D. new ContentResolver（）

6. 以下哪些数据库操作不能使用 execSQL（）方法执行？（　　）

A. 插入　　　　　　　　　　　　　　B. 删除

C. 修改　　　　　　　　　　　　　　D. 查询

7. 使用 SQLite 中的 query（）方法完成数据库查询操作，后续不再使用数据库，必须要完成的操作是（　　）。

A. 关闭 Cursor 并关闭数据库

B. 直接退出

C. 关闭 Cursor 但不关闭数据库

D. 再执行一次 query（）方法

8. （　　）方法能实现从数据库中查询数据。

A. insert（）　　　　　　　　　　　　B. onUpgrade（）

C. execSQL（）　　　　　　　　　　　D. rawQuery（）

9. 下列关于 SharedPreferences 存取文件的描述中，错误的是（　　）。

A. 属于移动存储解决方式

B. SharedPreferences 处理的就是键值对

C. 读取 XML 文件的路径是/sdcard/shared prefs

D. 文本的保存格式是".xml"

10. 在多个应用程序中读取共享存储数据时需要用到的 query（）方法，是（　　）类的方法。

A. ContentProvider　　　　　　　　　B. ContentResolver

C. SQLiteOpenHelper　　　　　　　　D. SQLiteDatabase

11. 下列关于 SQLite 数据库的描述中，错误的是（　　）。

A. SqliteOpenHelper 类有创建数据库和更新数据库版本的功能

B. SqliteDatabase 类是用来操作数据库的

C. 每次调用 SqliteDatabase 的 getWritableDatabase（）方法时，都会执行 SQLiteHelper 类中的 onCreate（）方法

D. 当数据库版本发生变化时，会调用 SQLiteOpenHelper 的 onUpgrade（）方法更新数据库

12. 下列初始化 SharedPreferences 的代码中，正确的是（　　）。

A. SharedPreferences sp = new SharedPreferences（）；

B. SharedPreferences sp = getPreferences（）；

C.　SharedPreferences sp = SharedPreferences. Factory( );

D.　SharedPreferences sp = getSharedPreferences( );

13.　下列关于 ContentProvider 的描述，错误的是（　　　）。

A.　ContentProvider 是一个抽象类，只有继承后才能使用

B.　ContentProvider 只有在 "AndroidManifest. xml" 文件中注册后才能运行

C.　ContentProvider 为其他应用程序提供了统一的访问数据库的方式

D.　以上说法都不对

14.　在查询系统短信信息时，内容提供者对应的 Uri 为（　　　）。

A.　Contacts. Photos. CONTENT_URI

B.　Contacts. People. CONTENT_URI

C.　content：//sms/

D.　Media. EXTERNAL_CONTENT_URI

15.　关于 ContentValues 类的说法中正确的是（　　　）。

A.　与 Hashtable 比较类似，也是负责存储一些键值对，但是所存储的键值对当中的键是 String 类型，而值都是基本类型

B.　与 Hashtable 比较类似，也是负责存储一些键值对，但是所存储的键值对当中的键是任意类型，而值都是基本类型

C.　与 Hashtable 比较类似，也是负责存储一些键值对，但是所存储的键值对当中的键可以为空，而值都是 String 类型

D.　与 Hashtable 比较类似，也是负责存储一些键值对，但是所存储的键值对当中的键是 String 类型，而值也是 String 类型

三、编程题

采用 Empty Activity 新建 Android 应用程序，取名为 "NoteApp"。请针对 SQLite 数据表 notes 进行读操作，将读出的信息显示于界面的 ListView 中。其中 notes 中包含 4 个字段内容：_id（主键）、title（笔记标题）、content（笔记内容）、datetime（记录时间）。其中笔记的内容需要通过截断字符串显示前面 10 个字符，后面为省略号，如图 5 - 24 所示。

要求采用 SQLiteOpenHelper 类方式完成数据库和数据表的创建，在数据表创建完成后，利用 SQL 语句完成如下 3 条记录的插入。

记录 1：insert into notes（TITLE，CONTENT，DATETIME）values（'阅读小记'，'久闻《编程珠玑》一书的大名，一直没有找到合适的机会深入学习阅读，最近终于得以入手，便决心细细地研究，提升一下自己的编程思想与技术。'，'2021 - 08 - 09'）

记录 2：insert into notes（TITLE，CONTENT，DATETIME）values（'程序调试'，'程序调试是将编制的程序投入实际运行前，用手工或编译程序等方法进行测试，修正语法错误和逻辑错误的过程。这是保证计算机信息系统正确性的必不可少的步骤。'，'2021 - 08 - 19'）

记录 3：insert into notes（TITLE，CONTENT，DATETIME）values（'英语学习'，'既然想学习英语，那么就对自己狠一点。找一些高难度的或者全英文的电影来看，还可以看英语新闻。'，'2021 - 08 - 23'）

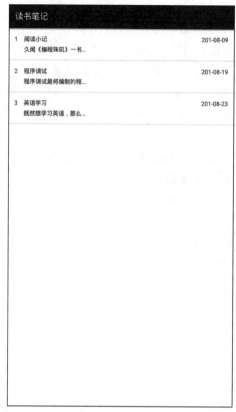

图 5 – 24 "NoteApp" 应用程序效果

单元 6

服务与广播

在 Android 系统中，通常只允许呈现一个应用程序的界面，即处于活动状态，其他应用程序处于非活动状态。但有时又需要某些功能即使没有界面，也能在后台长期运行，比如音乐的播放。服务（Service）就可以实现此项需求。服务能够在后台长时间运行且不提供用户界面的应用程序组件。广播接收机（BroadcastReceiver）也是 Android 系统的重要组件，该组件本质上是一个全局的监听器，用于监听系统全局的广播消息——这些信息就是应用程序（包括用户开发的应用程序和系统的应用程序）所发出广播意图，并采取相应的措施。

【学习目标】

(1) 熟悉常用的系统服务；
(2) 掌握系统服务的使用方法与步骤；
(3) 理解服务的生命周期；
(4) 掌握自定义服务的方法；
(5) 熟悉常用的系统广播；
(6) 掌握系统广播接收的方法；
(7) 掌握广播的发送与接收方法。

任务1　自定义服务演绎服务生命周期

【任务描述】

服务分为启动式服务与绑定式服务，分别创建项目演绎启动式服务与绑定式服务的生命周期，如图 6 - 1 所示。

【预备知识】

1. Android 服务的分类

服务与 Activity 的不同之处就是它没有用户界面，是在后台运行的应用组件。其他应用程序能够启动服务，并且当用户切换到另外的应用场景时，服务将持续在后台运行。服务分为应用于程序内部的本地服务与应用于 Android 系统上的应用程序之间的远程服务。不管是本地服务还是远程服务，它们都不能自己启动，需要通过调用 startService( ) 或 bindService( ) 方法开启服务。这就对应了服务的两种方式：启动式服务与绑定式服务。服务启动后可以无限期地在后台运行，即使启动它的组件被破坏。服务的生命周期如图 6 – 2 所示。

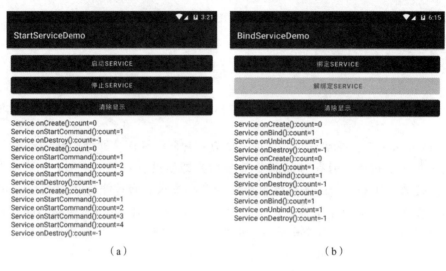

（a）　　　　　　　　　　　　　　　　（b）

图 6 – 1　服务生命周期演绎效果

（a）启动式服务；（b）绑定式服务

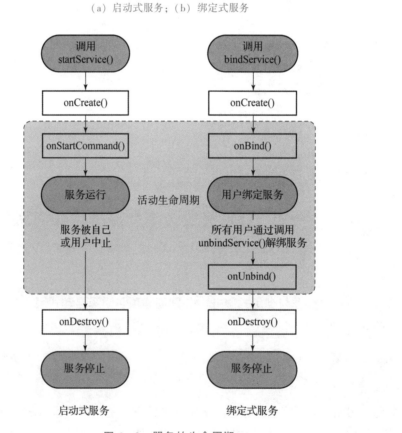

图 6 – 2　服务的生命周期

1）启动式服务

启动式服务通过调用 startService( )启动，通过调用 stopService( )或 Service. stopSelf( )停止服务。因此，服务一定是由其他组件启动的，但停止过程可以通过其他组件或自身完成。以这种方式启动的服务不能获取服务对象，因此无法调用服务中实现的方法，也不能获取服务中的任何状态和数据信息。所以，如果仅以启动式服务方式使用服务，这个服务需要具备自我管理能力，且不需要通过方法调用向外部组件提供数据或功能。

2）绑定式服务

绑定式服务是通过服务连接（ServiceConnection）实现的，服务连接能获取服务对象，因此绑定服务组件可以调用服务中实现的方法，或直接获取服务中的状态和数据信息。使用该服务的组件通过 bindService( )建立服务连接，通过 unbindService( )停止服务连接。如果在绑定过程中服务没有启动，bindService( )会自动启动服务，而且同一个服务可以绑定多个服务连接，这样可以同时为多个不同的组件提供服务。

2. Android 系统服务

除了自定义服务，Android 系统为所有应用程序提供了非常多的系统服务，常见系统服务见表6－1。

表6－1　常见系统服务

系统服务	描述
AccountManagerService	Android 账户服务，提供了对账户、密码、授权的集中管理
AccessibilityManagerService	辅助管理程序截获所有的用户输入，并根据这些输入给用户一些额外的反馈，起到辅助的效果，如 View 的点击、焦点等事件分发管理服务
ActivityManagerService	Android framework 框架核心服务，管理整个框架中的任务、进程，Intent 解析等的核心实现，四大组建的生命周期
AlarmManagerService	提供闹铃和定时器等功能
AppWidgetService	Android 中提供 Widget 的管理和相关服务
AssetAtlasService	负责将预加载的 bitmap 组装成纹理贴图，生成的纹理贴图可以被用来跨进程使用，以减少内存
AudioService	AudioFlinger 的上层管理封装，主要是音量、音效、声道及铃声等的管理
BackupManagerService	备份服务
BatteryService	负责监控电池的充电状态、电池电量、电压、温度等信息，当电池信息发生变化时，发生广播通知其他关系到电池信息的进程和服务
BluetoothManagerService	负责蓝牙后台管理和服务

系统服务	描述
ClipboardService	剪贴板服务
CommonTimeManagementService	管理本地常见的时间服务的配置，在网络配置变化时重新配置本地服务
ConnectivityService	网络连接状态服务
ContentService	内容服务，主要是为数据库等提供解决方法的服务
ConsumerIrService	远程控制，通过红外等控制周围的设备（例如电视等）
CountryDetectorService	检测用户国家
DevicePolicyManagerService	提供一些系统级别的设置及属性
DiskStatsService	磁盘统计服务，供 dumpsys 使用
DisplayManagerService	用于管理全局显示生命周期，决定在已连接的物理设备如何配置逻辑显示，并通知系统和应用状态的改变
DreamManagerService	屏幕保护
DropBoxManagerService	用于系统运行时日志的存储与管理
IdleMaintenanceService	用于观察设备状态，在设备空闲时执行维护任务。将一些比较耗时的、代价比较高的任务放到设备空闲时执行，以保证用户的体验
InputManagerService	以前在 WindowManagerService 中，现在独立出来，进行用户处理事件分发
InputMethodManagerService	输入法服务，用于打开和关闭输入法
LightsService	光感应传感器服务
LocationManagerService	位置服务，GPS、定位等
LockSettingsService	和锁屏界面中的输入密码、手势等安全功能有关。可以保存每个 user 的相关锁屏信息
WallpaperManagerService	壁纸管理服务
MountService	磁盘加载服务程序，一般要和一个 linux daemon 程序如 vold/mountd 等合作起作用，主要负责监听并广播 device 的 mount/unmount/badremoval 等事件
NetworkManagementService	网络管理服务
NetworkPolicyManagerService	维护网络使用策略
NetworkStatsService	网络统计相关

续表

系统服务	描述
NetworkTimeUpdateService	监视网络时间，当网络时间变化时更新本地时间
NotificationManagerService	通知服务
NsdService	网络服务搜索
PackageManagerService	Android framework 框架核心服务，用于 APK 的解析、权限验证、安装等
PrintManagerService	打印服务
PowerManagerService	电源管理服务
RecognitionManagerService	身份识别相关
SamplingProfilerService	用于耗时统计等
SearchManagerService	搜索服务
SchedulingPolicyService	调度策略
SerialService	对串口的设备进行操作
StatusBarManagerService	状态栏
TelephonyRegistry	提供电话注册、管理服务，可以获取电话的链接状态、信号强度等
TextServicesManagerService	文本服务，例如文本检查等
TwilightService	指出用户当前所在位置是否为晚上，被 UiModeManager 等用来调整夜间模式
UiModeManagerService	管理当前 Android 设备的夜间模式和行车模式
UsbService	USB Host 和 device 管理服务
VibratorService	振动器服务
WifiP2pService	WiFi Direct 服务
WifiService	WiFi 服务
WindowManagerService	Android framework 框架核心服务，窗口管理服务
WiredAccessoryManager	监视手机和底座上的耳机

3. 系统服务使用方法

下面以使用 WifiService 系统服务实现图 6-3 所示 WiFi 开启与关闭为例，介绍 Android 系统服务的使用方法与步骤。

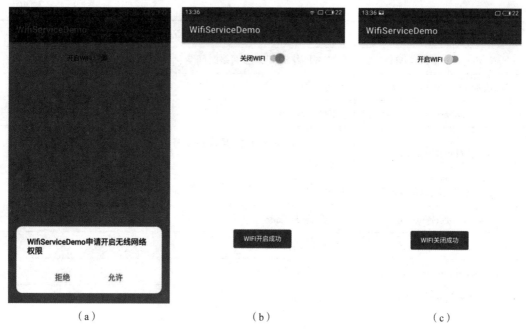

（a）　　　　　　　　　　　（b）　　　　　　　　　　　（c）

图 6-3　使用系统服务开启与关闭 WiFi

（a）权限请求；（b）开启 WiFi 成功；（c）关闭 WiFi 成功

（1）准备工作：在 MainActivity 的 onCreate( )方法内，完成 Switch 控件的关联与监听。

```
Switch sw = findViewById(R.id.sw_operation);
sw.setChecked(false);
sw.setText("开启 WIFI");
sw.setOnCheckedChangeListener(new CompoundButton.OnCheckedChangeListener() {
    @Override
    public void onCheckedChanged(CompoundButton buttonView, boolean isChecked) {}
});
```

（2）由 Switch 控件开启或关闭，控制 WiFi 的服务开启或关闭。因此在 onChecked-Changed( )方法内完成：①获取 WifiManager 对象；②由 WifiManager 对象控制 WiFi 服务。

```
public void onCheckedChanged(CompoundButton buttonView, boolean isChecked) {
    //1)获取 WiFi 系统服务
    WifiManager wifi = (WifiManager)getApplicationContext().getSystemService
(Context.WIFI_SERVICE);
    //2)通过改变 Switch 控件的状态改变 WiFi 状态
    if(isChecked){
        wifi.setWifiEnabled(true);
        Toast.makeText(MainActivity.this, "WIFI 开启成功", Toast.LENGTH_LONG)
.show();
        sw.setText("关闭 WIFI");
    }else{
        wifi.setWifiEnabled(false);
```

```
        Toast.makeText(MainActivity.this, "WIFI 关闭成功", Toast.LENGTH_LONG)
.show();
        sw.setText("开启 WIFI");
    }
}
```

（3）在"AndroidManifest. xml"文件的 manifest 内、application 外添加权限

```
<uses-permission android:name = "android.permission.ACCESS_WIFI_STATE"/>
<uses-permission android:name = "android.permission.CHANGE_WIFI_STATE"/>
```

注意：对于 Android 10 或更高版本的手机系统，该应用无法启用或停用 WiFi，因为此版本的 WifiManager 中 setWifiEnabled( ) 方法始终返回"false"。另外 Android 8.0 及以上的系统使用系统服务，如涉及获得许可（Permission）时，部分许可需动态申请。

```
//判断是否授权 ,PackageManager.PERMISSION_GRANTED 已授权
if (ContextCompat.checkSelfPermission(MainActivity.this,
Manifest.permission.SEND_SMS)! = PackageManager.PERMISSION_GRANTED) {
    //动态申请权限,
    if (ActivityCompat.shouldShowRequestPermissionRationale(MainActivity.this,
Manifest.permission.SEND_SMS)) {
        //可自行添加提醒,引导用户手动设置开启权限
        Toast.makeText(MainActivity.this, "请到设置 - 应用管理中开启此应用的权限",
Toast.LENGTH_SHORT).show();
    }else{
        //申请权限
        ActivityCompat.requestPermissions(MainActivity.this,new String[]{Mani-
fest.permission.SEND_SMS},1);
    }
}
```

【任务分析】

图 6-1（a）所示为启动式服务的生命周期。当按下"启动 SERVICE"按钮时，服务启动并打印日志；当按下"停止 SERVICE"按钮时，服务停止并打印日志。启动式服务可以重复启动，即可以多次按下"启动 SERVICE"按钮。

图 6-1（b）所示为绑定式服务的使用方法。当单击"绑定 SERVICE"按钮时，服务绑定并启动，打印日志；当单击"解绑定 SERVICE"按钮时，服务解绑定，停止并打印日志。绑定服务在同一个应用程序内不能多次连续开启。

【实现步骤】

1. 启动式服务生命周期演绎

（1）创建新项目"StartServiceDemo"。

（2）在 activity_main 布局的父容器中依次使用 3 个 Button 和 1 个
ScrollView，ScrollView 中包含 1 个 TextView 控件，以线性布局为例，控件属性设置见表 6-2。

服务生命
周期 2
绑定式服务

服务生命
周期 1
启动式服务

表6-2 启动式服务控件属性设置

控件	属性	属性值
Button（3个）	layout_width	match_parent
	layout_height	wrap_content
	text	启动 SERVICE（第1个）
		停止 SERVICE（第2个）
		清除显示（第3个）
	id	btn_start（第1个）
		btn_stop（第2个）
		btn_clear（第3个）
ScrollView	layout_width	match_parent
	layout_height	match_parent
TextView	layout_width	match_parent
	layout_height	wrap_content
	id	txt_state
	textSize	16 sp

（3）编辑 MainActivity 类。代码参考【二维码6-1】。

①声明数据成员（代码第2~3行）。

②在 onCreate()方法内完成关联，设置初始值，并设置监听器（代码第5~17行）。

③完成单击事件响应（代码第1行及第19~35行）。

（4）自定义 Service 子类 MyService，重写启动式服务的相关方法，代码参见【二维码6-2】。

【二维码6-1】 【二维码6-2】

（5）完成"AndroidManifest. xml"文件注册服务。在 < application > 标签内、< activity > 标签后增加以下代码。

```
<service android:name = ".MyService"/>
```

（6）运行查看效果。

2. 绑定式服务生命周期演绎

（1）创建新项目"BindServiceDemo"。

（2）在 activity_main 布局的父容器中依次使用3个 Button 和1个 Scroll-View，ScrollView 中包含1个 TextView 控件，控件属性设置见表6-3。

发送与
接收广播

表6-3 绑定式服务控件属性设置

控件	属性	属性值
Button（3个）	layout_width	match_parent
	layout_height	wrap_content
	text	绑定 SERVICE（第1个）
		解绑定 SERVICE（第2个）
		清除显示（第3个）
	id	btn_bind（第1个）
		btn_unbind（第2个）
		btn_clear（第3个）
ScrollView	layout_width	match_parent
	layout_height	match_parent
TextView	layout_width	match_parent
	layout_height	wrap_content
	id	txt_state

（3）自定义服务子类 MyService，重写绑定式服务的相关方法。代码参见【二维码6-3】。

【二维码6-3】

①自定义服务子类，声明数据成员（代码第1、2行以及第54行）。

②在 MyService 类内自定义内部类及方法，用于返回服务本身（代码第4~8行）。

③重写 onBind()方法（代码第10~17行）。

④重写 onUnbind()方法（代码第19~25行）。

⑤重写服务的其他方法（代码第27~53行）。

（4）编辑 MainActivity 类。代码参考【二维码6-4】。

①声明数据成员，并完成服务连接（代码第2~16行）。

②在 onCreate()方法内完成关联，设置初始值，并设置监听器（代码第18~31行）。

【二维码6-4】

③完成单击事件响应（代码第1行以及第33~53行）。

（5）完成"AndroidManifest.xml"文件注册服务。

```
< service android:name = ".MyService" />
```

（6）运行查看效果。

【任务要点】

1. ScrollView

ScrollView 滚动视图适用于控件内容超出屏幕范围时，通过滚动条来控制显示的情况。滚动视图的使用方式与各个布局管理器的使用方式类似。唯一不同的是：所有布局管理器可以包含多个控件，而滚动视图里只能有一个控件（可以是布局）。ScrollView 指的是提供一个专门的容器，可以装下多于屏幕宽度的一个控件，而后采用拖拽的方式显示控件的所有内容。

2. 自定义启动式服务

在 MainActivity 类中，为了方便查看服务生命周期各方法的执行过程，设计一个 static 类型的字符串变量 text，自定义服务 MyService 类中的 onCreate( )、onStartCommand( ) 和 onDestroy( ) 方法的每次执行，都要在 text 末尾追加执行当前方法的声明。

在 MyService 类中，定义一个 int 类型的属性 count，它的赋值过程在各个生命周期方法中实现。启动服务时，onCreate( ) 方法仅在第一次被调用，onStartCommand( ) 却每次都被调用。onStartComand( ) 方法有一个整型返回值，一般使用 START_STICKY，表示如果服务进程被"杀掉"，则保留服务的状态为开始状态，但不保留递送的 Intent 对象，随后系统会尝试重新创建服务。由于服务状态为开始状态，所以创建服务后一定会调用 onStartCommand( ) 方法。如果在此期间没有任何启动命令被传递到服务，那么参数 Intent 将为 null。此外返回值还有 START_NOT_STICKY、START_REDELIVER_INTENT、START_STICKY_COMPATIBILITY 可选。

以 startService( ) 方式启动服务时，也可以在 onBind( ) 方法中添加代码：在 TextView 中追加执行该方法的声明。但是从运行结果来看，这部分的 TextView 追加并没有显示。因此，onBind( ) 方法根本没有被执行。

3. 自定义绑定式服务

在自定义服务 MyService 类中，为了使服务支持绑定，必须在类中重写 onBind( ) 方法，并返回 MyService 的实例。首先声明一个 Binder 的子类——内部类 MyBinder，并在该类中自定义一个 getService( ) 方法，该方法需要返回 MyService 的实例，然后在重写的 onBind( ) 方法内返回 MyBinder 类的实例，最后重写 onUnbind( ) 方法，解除绑定。

在 MainActivity 类中，则需要创建 ServiceConnection 实例。当某个应用组件调用 bindService( ) 方法绑定一个服务时，Android 系统会调用服务的 onBind( ) 方法，它返回一个用来与服务交互的 IBinder 实例。只是绑定方式是异步的，bindService( ) 方法被调用后会立即返回，它不会返回 IBinder 实例。为了接收 IBinder 实例，该应用组件必须创建一个 ServiceConnection 的实例并传给 bindService( )。ServiceConnection 对象实例化时，必须实现两个回调方法：onServiceConnected( ) 方法用于传递要返回的 IBinder 实例；onServiceDisconnect( ) 方法用于绑定断开时的处理。

绑定服务的 bindService( ) 方法有 3 个参数：①明确指定绑定服务的 Intent；②ServiceConnection 对象；③表明绑定中的操作，一般使用 BIND_AUTO_CREATE，即服务不存在时创建一个实例。解绑定服务的 unbindService( ) 方法的参数即 ServiceConnection 对象。由于服务绑定时才有 ServiceConnection 对象，因此服务绑定前解绑定按钮不可用。

从运行结果来看，绑定式服务只执行了 onCreate( )、onBind( )、onUnbind( )、onDestroy( )

方法，并没有执行 onStartCommand( ) 方法。

【任务拓展】

自定义音乐播放器的服务类，使用绑定式服务方式，在应用程序开启时实现绑定，在应用程序退出时解绑定。自定义绑定式服务页面如图 6 – 4（a）所示，单击页面中的按钮打印日志消息，如图 6 – 4（b）所示。注：只需打印消息，不用实现具体功能。

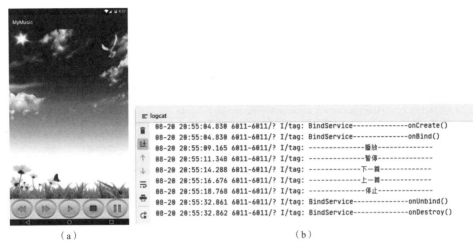

（a）   （b）

图 6 – 4 自定义音乐播放器服务效果

（a）自定义绑定式服务页面；（b）自定义绑定式服务生命周期

[任务提示]

（1）自定义服务类。

使用绑定式服务方式，在重写方法内打印日志消息。此外，自定义与 ImageButton 对应的操作方法分别实现打印"播放""暂停""停止""上一首"与"下一首"的日志。

（2）MainActivity 类。

创建 ServiceConnection 实例，在 onCreate( ) 方法内绑定服务，并监听 ImageButton，完成事件响应；在 onDestroy( ) 方法内解绑定服务。

（3）注册服务。

【任务小结】

Android 的服务分为本地服务与远程服务，通过 startService( ) 或 bindService( ) 方法启动。两种方式的服务有各自的生命周期。服务在使用前必须在 "AndroidManifest. xml" 文件中进行注册。

任务2 发送与接收广播

【任务描述】

创建 "BroadcastReceiverDemo" 项目，实现分别发送普通广播与有序广播，并接收广播。如图 6 – 5 所示，当单击 "发送一条普通广播" 按钮时，发送普通广播，与之匹配的广播接收机（BroadcastReceiver）收到广播并打印消息；当单击"发送一条有序广播"按钮时，发送有序广播，与之匹配的广播接收机收到广播并根据顺序对广播进行处理，打印消息。

（a）

```
logcat
08-21 14:08:28.225 3111-3111/com.example.broadcastreceiverdemo I/System.out: BReceiver3收到广播，内容为：这是一条普通广播
08-21 14:08:28.236 3111-3111/com.example.broadcastreceiverdemo I/System.out: BReceiver2收到广播，内容为：这是一条普通广播
08-21 14:08:28.237 3111-3111/com.example.broadcastreceiverdemo I/System.out: BReceiver1收到广播，内容为：这是一条普通广播
08-21 14:08:29.904 3111-3111/com.example.broadcastreceiverdemo I/System.out: BReceiver4收到广播，内容为：这是一条有序广播
08-21 14:08:29.904 3111-3111/com.example.broadcastreceiverdemo I/System.out: BReceiver5收到广播，内容为：这是一条有序广播
08-21 14:08:29.905 3111-3111/com.example.broadcastreceiverdemo I/System.out: 收到附加内容：data1
08-21 14:08:29.905 3111-3111/com.example.broadcastreceiverdemo I/System.out: BReceiver6收到广播，内容为：这是一条有序广播
08-21 14:08:29.905 3111-3111/com.example.broadcastreceiverdemo I/System.out: 收到附加内容：data1,data2
```

（b）

图 6-5　广播发送和接收效果

（a）发送广播的页面布局；（b）广播接收机打印消息

【预备知识】

1. Android 广播的原理

在 Android 系统中，广播是一种广泛运用的应用程序之间传输信息机制。用广播电台作个比方，许多不同的广播电台通过特定的频率发送它们的内容，而用户只需要将收音机频率调成和广播电台的频率一样就可以收听它们的节目了。

Android 系统中的广播机制也是类似的道理。

（1）广播电台发送的内容是语音，而在 Android 系统中要发送的广播内容是一个 Intent。这个 Intent 可以携带要传送的数据。

（2）广播电台通过大功率的发射器发送内容，而在 Android 系统中则是通过 sendBroadcast( )等方法发送内容。

（3）用户通过调整到具体的广播电台频率接收广播电台的内容，而在 Android 系统中要接收广播中的内容则需要注册一个广播接收机。广播接收机只接收 Action 与发送广播的 Action 一致的广播。

广播实现了不同应用程序之间的数据传输与共享，多个注册广播接收机具有相同 Action 时，它们都可以接收相同 Action 的广播。典型的应用如注册 Android 系统自带的短信、电话等广播相同的 Action 的广播接收机，就可以接收它们的数据了，方便做一些处理，如拦截系统短信、骚扰电话等。广播还起到了一个通知的作用。比如在服务中要通知主程序更新其 UI。因为服务是没有界面的，所以不能直接获得主程序的控件，这就需要在主程序中注册一个广播接收机专门用来接收服务发过来的数据和通知。

2. IntentFilter

在广播发送时，并不知道哪个广播接收机类来接收，因此使用隐式 Intent。隐式 Intent

需要借助 IntentFilter 实现数据的过滤与匹配。IntentFilter 还可以匹配数据类型、路径和协议，包括用来确定多个匹配项顺序的优先级（priority）。应用程序的 Activity、服务和广播接收机都可以注册 IntentFilter。这样才可以实现这些组件的数据共享及对应操作。

为了使组件能够注册 IntentFilter，通常在 "AndroidManifest. xml" 文件的各个组件的节点下定义 < intent – filter > 节点，然后在此节点内声明该组件所支持的动作、执行的环境和数据格式等信息。当然，也可以在应用程序代码中动态地为组件设置 IntentFilter。< intent – filter > 节点支持 < action > 标签、< category > 标签和 < data > 标签，分别用来定义 IntentFilter 的 "动作""类别" 和 "数据"。IntentFilter 过滤 Intent 时，一般都是通过 Action、Data 及 Category 三方面进行匹配和筛选的。一个 Intent 只能设置一种 Action，但是一个 IntentFilter 却可以设置多个 Action 过滤。当 IntentFilter 设置了多个 Action 时，只需要一个满足即可完成 Action 验证。当 IntentFilter 中没有说明任何一个 Action 时，那么任何 Action 都不会与之匹配；而如果 Intent 中没有包含任何 Action，那么只要 IntentFilter 中含有 Action，便会匹配成功。数据的匹配包含数据的 Uri 与数据类型，数据 Uri 分成三部分（scheme、authority、path），只有这些全部匹配时，Data 的验证才会成功。IntentFilter 同样可以设置多个 Category，当 Intent 中的 Category 与 IntentFilter 中的一个 Category 完全匹配时，便会通过 Category 的检查，而其他 Category 并不受影响。但是当 IntentFilter 没有设置 Category 时，只能与没有设置 Category 的 Intent 匹配。

3. 广播接收机

发送的广播要接收，都需要定义广播接收机的子类，并实现抽象方法 onReceive(context, intent) 方法来完成。广播接收机接收到广播后，会自动调用 onReceive( ) 方法。注意 onReceive( ) 方法中不能执行太耗时的操作，时间一般不超过 10 秒，否则会出现异常。如果需要在广播接收机中执行耗时操作，可通过 Intent 启动服务来完成。

广播接收机与其他 Android 组件类似，使用时需要进行注册。广播接收机注册可以采用静态注册或动态注册。

1）静态注册

静态注册就是在 "AndroidManifest. xml" 配置文件中完成注册。通过这种方式注册的广播为常驻型广播，也就是说如果应用程序关闭，只要有相应事件触发程序还是会被系统自动调用运行。静态注册的代码如下。

```
< receiver android:enabled = ["true" | "false"] android:exported = ["true" | "false"]
    android:icon = "drawable resource" android:label = "string resource" android:
name = "string"
      android:permission = "string" android:process = "string" >
  …
< /receiver >
```

其中，相关属性如下。

（1）android：exported：该广播接收机能否接收其他 App 发出的广播，这个属性默认值是由广播接收机中有无 Intent Filter 决定的。如果有 Intent Filter，默认值为 "true"，否则为 "false"。

（2）android：name：广播接收机类名。

（3）android：permission：如果设置，具有相应权限的广播发送方发送的广播才能被此广播接收机接收。

（4）android：process：广播接收机运行所处的进程。默认为 App 的进程，可以指定独立的进程。

2）动态注册

动态注册是在 Java 文件中通过代码进行的，通过调用上下文的 registerReceiver（receiver，intentFilter）方法实现。通过这种方式注册的广播为非常驻型广播，即它会跟随 Activity 的生命周期的创建而创建、销毁而销毁，所以在 Activity 结束前需要调用 unregisterReceiver（receiver）方法移除它。

在 Android 8.0 之后（即 API≥26），所有隐式 Intent 广播必须动态注册；对于 API < 26，有以下几个广播接收必须使用动态注册方式。

（1）android. intent. action. SCREEN_ON；

（2）android. intent. action. SCREEN_OFF；

（3）android. intent. action. BATTERY_CHANGED；

（4）android. intent. action. CONFIGURATION_CHANGED；

（5）android. intent. action. TIME_TICK。

4. Android 广播类型

1）普通广播

所有监听该广播的接收者都可以监听到该广播。级别高的广播接收机先收到广播；同级别的广播接收机接收先后是随机的，但动态注册高于静态注册。广播接收机不能截断广播而继续传播，也不能处理该广播。

2）有序广播

按照接收者的优先级顺序接收该广播。同级别的广播接收机的接收顺序随机，同样动态注册高于静态注册。高级别的广播接收机收到广播后，可以终止广播意图的继续传播，也可修改广播内容或处理广播。

3）系统广播

Android 系统中内置了多个系统广播，只要涉及手机的基本操作（如开机、网络状态变化、拍照等），都会发出相应的广播。每个广播都有特定的 Action，Android 系统广播的 Action 常量见表 6 - 4。当系统中有相关操作时会自动发送广播，应用程序只需要在注册广播接收机时定义对应的 Action 即可接收到系统发送的广播。

表 6 - 4　Android 系统广播的 Action 常量

操作	Action 常量
系统时间被改变	Intent. ACTION_TIME_CHANGED
系统日期被改变	Intent. ACTION_DATE_CHANGED
系统时区被改变	Intent. ACTION_TIMEZONE_CHANGED

续表

操作	Action 常量
系统启动完成	Intent. ACTION_BOOT_COMPLETED
新的应用程序被安装	Intent. ACTION_PACKAGE_ADDED
应用程序被改变	Intent. ACTION_PACKAGE_CHANGED
应用程序被卸载	Intent. ACTION_PACKAGE_REMOVED
应用程序被重新启动	Intent. ACTION_PACKAGE_RESTARTED
应用程序数据被清理	Intent. ACTION_PACKAGE_DATA_CLEARED
电池电量改变	Intent. ACTION_BATTERY_CHANGED
系统被关闭	Intent. ACTION_SHUTDOWN
电池电量低	Intent. ACTION_BATTRY_LOW
外接电源被连通	Intent. ACTION_POWER_CONNECTED
外接电源被断开	Intent. ACTION_POWER_DISCONNECTED
拨出电话	Intent. ACTION_NEW_OUTGOING_CALL
系统通话状态改变	Intent. ACTION_PHONE_STATE
监听网络变化	android. net. conn. CONNECTIVITY_CHANGE
关闭或打开飞行模式	Intent. ACTION_AIRPLANE_MODE_CHANGED
屏幕锁屏	Intent. ACTION_CLOSE_SYSTEM_DIALOGS
插入耳机	Intent. ACTION_HEADSET_PLUG

4）异步广播（粘滞性广播）

异步广播是一种可以先发送后注册广播接收机的滞留性广播。由于它在 Android 5.0（API 21）中已经失效，所以不建议使用。

5）App 应用内广播

App 应用内广播可理解为一种局部广播，该广播的发送者和接收者都同属于一个 App。相比于全局广播（普通广播），App 应用内广播的优势体现在：安全性高和效率高。App 应用内广播可通过将全局广播设置成局部广播或使用封装好的 LocalBroadcastManager 类实现。

5. 系统广播的使用方法

下面以接收系统电池电量改变广播的案例（图 6-6），介绍系统广播的接收方法及广播接收机动态注册的方法。

图 6-6 获取系统电量效果

（1）在布局界面中使用 Button 按钮，"id" 为 "btn_ receive"。

（2）自定义广播接收机的子类 BReceiver，重写 onReceive 的抽象方法。

```java
public class BReceiver extends BroadcastReceiver {
    @Override
    public void onReceive(Context context, Intent intent) {
        int level = intent.getIntExtra("level",0);//获取现存电量
        int scale = intent.getIntExtra("scale",100);//总电量
        int power = level*100/scale;//计算电量百分比
        int temperature = intent.getIntExtra("temperature",0);//电池温度
        Toast.makeText(context, "温度:"+temperature/10+"\n电量:"+power+"%",
Toast.LENGTH_SHORT).show();
    }
}
```

（3）在 MainActivity 类的 onCreate()方法内动态注册 BroadcastReceiver，在 onStop()方法内注销该广播接收机。

```java
public class MainActivity extends AppCompatActivity {
    private BReceiver receiver = null;
    @Override
    protected void onCreate(Bundle savedInstanceState) {
        super.onCreate(savedInstanceState);
        setContentView(R.layout.activity_main);
        Button btn_receive = findViewById(R.id.btn_receive);
        btn_receive.setOnClickListener(new View.OnClickListener() {
            @Override
            public void onClick(View v) {
```

```
            receiver = new BReceiver();
            IntentFilter filter = new IntentFilter(Intent.ACTION_BATTERY_
CHANGED);
            registerReceiver(receiver,filter);
          }
      });
   }
   @Override
   protected void onStop() {
       unregisterReceiver(receiver);
       super.onStop();
   }
}
```

该应用程序单击"显示电量"按钮前,不会有任何消息弹出;单击"显示电量"按钮后,会先弹出当前手机的电量与温度信息(ACTION_BATTERY_CHANGED 是个异步广播),接下来当电量改变或手机插拔充电线时,都会弹出电量与温度的信息。这验证了广播是不断发送的,只要注册了对应的广播接收机就可以不断地接收到这类广播,如果应用程序不定义广播接收机,那么这些信息都是"听"不到的。

【任务分析】

从打印的日志来看,BCReceiver1～3 接收普通广播,BCReceiver4～6 接收有序广播,需要在广播接收机中通过 IntentFilter 进行广播过滤。根据普通广播与有序广播接收顺序的特点,考虑设置 IntentFilter 的优先级,或采用动态、静态的不同注册方式,改变接收顺序。此外有序广播接收者可以修改广播内容。BCReceiver 4 先收到有序广播后,对广播进行处理,因此 BCReceiver5 后接收到有序广播,还带有附加消息。BCReceiver 6 同理。

【实现步骤】

(1)创建"BroadcastReceiverDemo"项目。

(2)准备"strings. xml"文件。

```
< resources >
    < string name = "app_name" >BroadcastReceiverDemo < /string >
    < string name = "btn_normal" >发送一条普通广播 < /string >
    < string name = "btn_order" >发送一条有序广播 < /string >
    < string name = "message_receive" >收到广播,内容为: < /string >
    < string name = "message_normal" >这是一条普通广播 < /string >
    < string name = "message_order" >这是一条有序广播 < /string >
    < string name = "message_addition" >收到附加内容: < /string >
< /resources >
```

(3)在"activity_main. xml"文件中增加 2 个 Button。布局内控件属性设置见表 6 - 5。

表 6 – 5　布局内控件属性设置

控件	属性	属性值
Button	text	@ string/btn_normal（第 1 个：这是一条普通广播） @ string/btn_order（第 2 个：这是一条有序广播）
	id	btn_normal（第 1 个） btn_order（第 2 个）
	testSize	20 sp
	onClick	doClick

（4）在 MainActivity 类内定义 doClick（View view）方法，完成按钮单击事件响应。

```
public void doClick(View view) {
    Intent intent = new Intent();
    switch (view.getId()){
        case R.id.btn_normal: //这是一条普通广播
            intent.putExtra("msg",getString(R.string.message_normal));
            intent.setAction("BC_normal");
            sendBroadcast(intent); //发送普通广播
            break;
        case R.id.btn_order: //这是一条有序广播
            intent.putExtra("msg",getString(R.string.message_order));
            intent.setAction("BC_order");
            sendOrderedBroadcast(intent,null); //发送有序广播
            break;
    }
}
```

（5）自定义 6 个广播接收机的子类用于接收广播。

①新建 BReceiver1 广播接收机子类，并完成类内方法重写，代码如下。

```
public class BReceiver1 extends BroadcastReceiver {
    @Override
    public void onReceive(Context context, Intent intent) {
        String s = intent.getStringExtra("msg");
System.out.println("BReceiver1" +context.getString(R.string.message_receive) +
s);//收到广播的内容
    }
}
```

②同理增加 BReceiver2、BReceiver3 类，其功能与 BReceiver1 类一致。注意修改打印消息内的广播接收机名称。

③新建 BReceiver4 类，代码如下。

```
public class BReceiver4 extends BroadcastReceiver {
    @Override
    public void onReceive(Context context, Intent intent) {
        String s = intent.getStringExtra("msg");
System.out.println("BReceiver4"+context.getString(R.string.message_receive)
+s);//收到广播的内容
        Bundle bundle = new Bundle();
        bundle.putString("data1","data1");
        setResultExtras(bundle);
    }
}
```

④新建 BReceiver5 类，代码如下。

```
public class BReceiver5 extends BroadcastReceiver {
    @Override
    public void onReceive(Context context, Intent intent) {
        String s = intent.getStringExtra("msg");

System.out.println("BReceiver5"+context.getString(R.string.message_receive) +
s);//收到广播的内容
        Bundle bundle = getResultExtras(true);
        String data = bundle.getString("data1");
System.out.println(context.getString(R.string.message_addition)+data);
        bundle.putString("data2","data2");
        setResultExtras(bundle);
//      abortBroadcast();
    }
}
```

⑤新建 BReceiver6 类，代码如下。

```
public class BReceiver6 extends BroadcastReceiver {
    @Override
    public void onReceive(Context context, Intent intent) {
        String s = intent.getStringExtra("msg");
System.out.println("BReceiver6"+context.getString(R.string.message_receive) +
s);//收到广播的内容
        Bundle bundle = getResultExtras(true);
        String data1 = bundle.getString("data1");
        String data2 = bundle.getString("data2");
System.out.println(context.getString(R.string.message_addition) + data1 + ","
+data2);
    }
}
```

（6）注册广播接收机。

①静态注册广播接收机。打开"AndroidManifest. xml"文件，在标签 < application > 内、标签 < activity > 后增加注册代码。

```xml
< receiver android:name = ".BReceiver1" >
    < intent - filter android:priority = "100" >
        < action android:name = "BC_normal"/>
    </intent - filter >
</receiver >
< receiver android:name = ".BReceiver2" >
    < intent - filter android:priority = "200" >
        < action android:name = "BC_normal"/>
    </intent - filter >
</receiver >
< receiver android:name = ".BReceiver4" >
    < intent - filter android:priority = "200" >
        < action android:name = "BC_order"/>
    </intent - filter >
</receiver >
< receiver android:name = ".BReceiver5" >
    < intent - filter android:priority = "100" >
        < action android:name = "BC_order"/>
    </intent - filter >
</receiver >
< receiver android:name = ".BReceiver6" >
    < intent - filter android:priority = "50" >
        < action android:name = "BC_order"/>
    </intent - filter >
</receiver >
```

②动态注册与注销。在 MainActivity 类的 onCreate( )方法内注册 BReceiver3 对象，在 onStop( )方法内注销 BReceiver3 对象。MainActivity 类内相关代码如下。

```java
private BReceiver3 receiver3;
@Override
protected void onCreate(Bundle savedInstanceState) {
    super.onCreate(savedInstanceState);
    setContentView(R.layout.activity_main);
    receiver3 = new BReceiver3();
    IntentFilter intentFilter = new IntentFilter("BC_normal");
    registerReceiver(receiver3,intentFilter);
}
@Override
protected void onStop() {
    unregisterReceiver(receiver3);
    super.onStop();
}
```

（7）运行查看效果。

【任务要点】

1. 按钮单击事件

本任务的按钮单击事件是采用控件 onClick 属性方式添加的。在 onClick 属性上给出响应方法的名称。在 MainActivity 类内实现该方法，注意：方法的权限必须是 public。

2. 广播发送

sendBroadcast(Intent)：发送普通广播；sendOrderedBroadcast(Intent, receiverPermission)：发送有序广播。两个方法都有一个 Intent 对象参数。该 Intent 对象属于 Intent 的隐式调用，通过 setAction() 方法增加 Action，只有广播接收机设置了相同的 IntentFilter 才能接收这条广播。发送有序广播的第 2 个参数可以设定访问的权限。

3. 广播接收机

根据任务要求，BReceiver1 ~ 3 接收普通广播，因此 IntentFilter 的值设置为 "BC_normal"；BReceiver4 ~ 6 接收有序广播，因此 IntentFilter 的值设置为 "BC_order"。

根据普通广播的特点，广播接收机接收到普通广播后只是获取广播信息，不能截断或修改广播。为了体现不同级别广播接收机收到广播的顺序，分别在 BReceiver1 与 BReceiver2 的 IntentFilter 中设置 priority 分别为 100 和 200，并采用 BReceiver3 动态注册的方式。可见动态注册优先于静态注册，priority 高的优先于 priority 低的。

根据有序广播的特点，先收到广播的广播接收机可以截断或修改广播，因此在 BReceiver4 收到广播后对广播增加了附加消息，通过 setResultExtras(bundle) 方法实现；BReceiver5 是后收到消息的广播接收机，它除了收到广播外，还可以读取附加消息，使用 getResultExtras(true) 方法获取 Bundle 对象以获取消息，并对广播增加第二个附加消息；BReceiver6 最后收到广播。截断广播时可在前面的广播接收机中设置 abortBroadcast() 方法终止该广播，如在 BReceiver5 中增加该方法，那么 BReceiver6 就不会收到这条有序广播。

4. 动态注册与注销广播接收机

动态注册广播接收机要先于发送广播，否则无法接收广播。动态注册广播接收机时首先定义广播接收机子类对象，并设置需要的 IntentFilter，然后完成注册。在 Activity 销毁前需要注销广播接收机。

注意：如果系统版本是 Android8.0 及以上，则其不接受静态注册广播接收机，可参照 BReceiver3 的注册方式进行动态注册，通过 IntentFilter 对象调用 setPriority(int priority) 方法设置优先级进行对比。

【任务拓展】

实现通过广播开启服务的功能，如图 6-7 所示。当单击页面中的按钮时，通过广播开启自定义服务，当退出该 Activity 时，服务被停止。

[任务提示]

该项目的流程是单击前台页面中的按钮，MainActivity 类发送一条普通广播，当广播接收机收到广播后，开启自定义服务；最后当 Activity 被销毁时，注销广播接收机并停止服务。

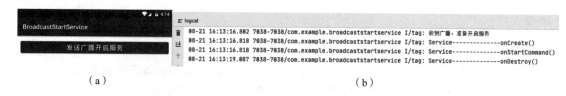

（a）　　　　　　　　　　　　　　　　　　　（b）

图 6 – 7　广播开启服务效果

（a）页面布局；（b）后台运行打印消息

实现步骤如下。

（1）完成前台布局。

（2）新建服务子类，在 onCreate()、onStartCommand() 和 onDestroy() 方法内打印日志。

（3）在 "AndroidManifest. xml" 文件中注册服务类。

（4）新建广播接收机子类，在 onReceive() 方法中开启服务，并打印日志。

（5）在 MainActivity 类的 onCreate() 方法内设置按钮监听器。在响应处理中，首先动态注册广播接收机，然后发送广播。

（6）重写 MainActivity 类的 onDestroy() 方法，注销广播接收机并停止服务。

【任务小结】

Android 系统内的广播分为普通广播和有序广播等。通过 sendBroadcast() 方法发送普通广播，通过 sendOrderedBroadcast() 方法发送有序广播。Android 系统程序或应用程序发送的广播需要定义广播接收机子类进行接收，并通过 IntentFilter 对广播中的 Intent 意图进行匹配过滤，才能正常接收。自定义的广播接收机可以静态注册，也可以动态注册。

任务 3　完成闹钟功能

【任务描述】

使用广播与服务技术完成闹钟功能。具体要求：单击 "设置日期" 按钮，弹出设置日期的对话框，默认日期为系统当前日期，完成选择后按钮显示所选择的日期；单击 "设置时间" 按钮，弹出设置时间的对话框，默认时间为系统当前时间，完成选择后按钮显示所选择的时间；单击 "闹钟开启" 按钮，开启闹钟，手机按照设置的日期与时间响铃（闹钟时间需大于当前时间）；单击 "闹钟关闭" 按钮，则取消闹钟（图 6 – 8）。

【预备知识】

1. DatePicker 与 DatePickerDialog

在 Android 系统中，用户在界面上选择日期可以通过控件 DatePicker 或对话框 DatePickerDialog 实现。DatePicker 继承自 FrameLayout 类，由年、月、日三部分组成。如果要捕获用户修改控件数据的事件，需要为 DatePicker 添加 OnDateChangedListener 监听器。DatePicker 类的常用方法见表 6 – 6。

（a）　　　　　　　　　　（b）　　　　　　　　　　（c）

图 6 – 8　设置闹钟日期、时间及闹钟开启效果

（a）设置闹钟日期；（b）设置闹钟时间；（c）闹钟开启

表 6 – 6　DatePicker 类的常用方法

方法名称	方法说明
getDayOfMonth( )	获取日期天数
getMonth( )	获取日期月份
getYear( )	获取日期年份
setMaxDate(long maxDate)	设置最大日期天数
setMinDate(long minDate)	设置最小日期天数
setSpinnersShown(boolean shown)	设置是否显示下拉选择框
setEnabled(boolean enabled)	根据传入的参数设置日期选择控件是否可用
getFirstDayOfWeek( )	返回一周的第一天
getCalendarView( )	返回 CalendarView
init（int year, int monthOfYear, int dayOfMonth, DatePicker. onDateChangedListener onDateChangedListener）	初始化 DatePicker 控件的属性，参数 onDate-ChangedListener 为监听器对象，负责监听日期数据的变化
updateDate(int year, int monthOfYear, int dayOfMonth	根据传入的参数更新日期选择控件的各个属性值

DatePickerDialog 是以对话框方式选择日期。使用时，可采用匿名类方式直接创建 DatePickerDialog 对象，构造方法如下。

```
public DatePickerDialog(Context context, OnDateSetListener callBack, int year,
int month, int dayOfMonth)
```

参数分别为：上下文对象，OnDateSetListener 监听器对象，初始化显示年、月、日。

2. TimePicker 与 TimePickerDialog

TimePicker 与 TimePickerDialog 可以设置具体的时间。TimePicker 是一个时间选择控件，也继承自 FrameLayout 类。时间选择控件向用户显示一天中的时间（可以为 24 小时制，也可以为 AM/PM 制），并允许用户进行选择。如果要捕获用户修改数据的事件，便需要为 TimePicker 添加 OnTimeChangedListener 监听器。TimePicker 类的常用方法见表 6 – 7。

表 6 – 7 TimePicker 类的常用方法

方法名称	方法说明
getCurrentHour ( )	获取控件的当前小时
getCurrentMinute ( )	获取控件的当前分钟
is24HourView ( )	判断控件是否使用 24 小时制
isEnabled ( )	判断控件是否可用
setCurrentHour (Integer currentHour)	根据传入的参数设置当前小时
setCurrentMinute (Integer currentMinute)	根据传入的参数设置当前分钟
setEnabled (boolean enabled)	根据传入的参数设置控件是否可用
setIs24HourView (boolean is24HourView)	根据传入的参数设置是否为 24 小时制
setOnTimeChangedListenner(TimePicker.OnTimeChangedListener onTimeChangedListener)	为时间选择控件添加 OnTimeChangedListener 监听器

TimePickerDialog 是以对话框方式选择时间。使用时，同样采用匿名类方式直接创建 TimePickerDialog 对象，构造方法如下。

```
public TimePickerDialog ( Context context, OnTimeSetListener callBack, int
hourOfDay, int minute, boolean is24HourView)
```

参数分别为：上下文对象，OnTimeSetListener 监听器对象，初始化显示小时、分钟及是否使用 24 小时制视图显示。

3. Calendar

Calendar 是 Android 开发中获取时间必不可少的一个工具类。Calendar 类是一个基础抽象类，用在 Date 对象和一些整数字段（如年、月、日、时、分、秒）之间的转换。它能够自动根据手机所设置的时区调整时间戳，也就是该时区真实的时间戳。

1）Calendar 类的常用常量字段

（1）Calendar. YEAR：年份。

（2）Calendar. MONTH：月份，0 表示一月，1 表示二月。

（3）Calendar. DATE：日期。

（4）Calendar. DAY_OF_MONTH：日期，和上面的字段 DATE 意义相同。

（5）Calendar. HOUR：12 小时制的小时。

（6）Calendar. HOUR_OF_DAY：24 小时制的小时。

（7）Calendar. MINUTE：分钟。

（8）Calendar. SECOND：秒。

（9）Calendar. DAY_OF_WEEK：星期几。

2）Calendar 类的常用方法

（1）Calendar. getInstance( )：实例 Calendar 对象。

（2）set(int year ,int month,int date)：设置年、月、日。

（3）set(int year ,int month,int date,int hour,int minute)：设置年、月、日、时、分。

（4）set(int year ,int month,int date,int hour,int minute,int second)：设置年、月、日、时、分、秒。

（5）get(Calendar. Month)：获取月份。

（6）get(Calendar. DAY_OF_MONTH)：获得这个月的第几天。

（7）get(Calendar. DAY_OF_WEEK)：获得这个星期的第几天 。

（8）get(Calendar. DAY_OF_YEAR)：获得这个年的第几天。

（9）getTimeMillis( )：获得当前时间的毫秒表示。

（10）getTimeInMillis( )：返回此 Calendar 的时间值，以毫秒为单位。

（11）setTimeInMillis(long millis)：用给定的 long 值设置此 Calendar 的当前时间值。

（12）add(int field, int value)：向 field 域设置 value 值

4. AlarmManager

AlarmManager 是 Android 系统中常用的一种系统级别的服务，经常被用来执行定时任务，如闹钟功能等。闹钟就是在特定时刻广播一个 Intent，简单来说，通过设定一个时间，在该时间到来时，AlarmManager 为广播设定 Intent。这个 Intent 是延时意图，使用 PendingIntent。PendingIntent 可以理解为 Intent 的封装包，就是在 Intent 上加一个指定的动作。

1）要得到 PendingIntent 对象，可用静态方法获取

（1）getActivity(Context, int, Intent, int)：从系统取得一个用于启动 Activity 的 PendingIntent 对象。

（2）getBroadcast(Context, int, Intent, int)：从系统取得一个用于向广播接收机发送广播的 PendingIntent 对象。

（3）getService(Context, int, Intent, int)：从系统取得一个用于启动服务的 PendingIntent 对象。

以上方法中的参数为：①上下文对象；②请求码，用于区分不同的通知；③Intent 对象；④flag 标识。

2）AlarmManager 的常用方法

（1）cancel（PendingIntent pendingIntent）：取消闹钟。

（2）setTimeZone（String timeZone）：设置系统的默认时区。

（3）set（int type，，long triggerAtMillis，PendingIntent operation）：设置一次性闹钟，参数 1 表示闹钟类型，参数 2 表示闹钟执行时间，参数 3 表示闹钟响应动作。其适用于 API < 19。

（4）setExact（int type，long triggerAtMillis，PendingIntent operation）：设置一次性闹钟，方法同（3），在 API≥19 时使用，设置的闹钟将在精准的时间被激发。

（5）setExactAndAllowWhileIdle（int type，long triggerAtMillis，PendingIntent operation）：设置一次性闹钟，方法同（3），在 API≥23 时使用。

（6）setWindow（int type，long windowStartMillis，long windowLengthMillis，PendingIntent operation）：方法同（4），在 API≥19 时使用，设置的闹钟将在精准的时间段内被激发，参数 3 为闹钟时间段。

（7）setRepeating（int type，long triggerAtMillis，long intervalMillis，PendingIntent operation）：设置重复闹钟，参数 3 表示闹钟两次执行的间隔时间。其适用于 API < 19。

（8）setInexactRepeating（int type，long startTime，long intervalTime，PendingIntent operation）：设置重复闹钟，方法与（7）相似，用于设置一个非精确的周期性任务。相对而言此方法更节能，因为系统可能会将几个差不多的闹钟合并为一个来执行，以减少设备的唤醒次数。

以上方法中涉及的闹钟类型 type 有 5 个值可选。

（1）AlarmManager. RTC_WAKEUP：表示闹钟在睡眠状态下会唤醒系统并执行提示功能，该状态下闹钟使用绝对时间，即当前系统时间，状态值为 0。

（2）AlarmManager. RTC：表示闹钟在睡眠状态下不可用，该状态下闹钟使用绝对时间，状态值为 1。

（3）AlarmManager. ELAPSED_REALTIME_WAKEUP：表示闹钟在睡眠状态下会唤醒系统并执行提示功能，该状态下闹钟使用相对时间（相对于系统启动开始），状态值为 2。

（4）AlarmManager. ELAPSED_REALTIME：表示闹钟在手机睡眠状态下不可用，该状态下闹钟也使用相对时间，状态值为 3。

（5）AlarmManager. POWER_OFF_WAKEU：表示闹钟在手机关机状态下也能正常进行提示，该状态下闹钟使用绝对时间，状态值为 4。

5. MediaPlayer 类

Android 系统通常用 MediaPlayer 类来播放音频文件。它的使用步骤如下。

1）获得 MediaPlayer 实例

①MediaPlayer mp = new MediaPlayer（）；//使用直接 new 的方式。

②MediaPlayer mp = MediaPlayer. create（this，R. raw. test）；//第二个参数为资源文件，这时不用调用 setDataSource（）方法。

2）设置播放文件

MediaPlayer 要播放的文件主要包括 3 个来源：用户在应用程序中自带的 resource 资源；存储在 SD 卡或其他文件路径下的媒体文件；网络上的媒体文件。MediaPlayer 使用 setDataSource（）方法设置文件来源。

（1）setDataSource（String path）；

（2）setDataSource（FileDescriptor fd）；

（3）setDataSource（Context context，Uri uri）；

（4）setDataSource（FileDescriptor fd，long offset，long length）。

3）控制播放器

Android 系统通过控制播放器状态的方式来控制媒体文件的播放，常用的方法如下。

（1）prepare（）和 prepareAsync（）：提供了同步和异步两种方式，设置播放器进入 prepare 状态。需要注意的是，调用控制播放器其他方法前，必须让播放器先进入 prepare 状态；如果 MediaPlayer 实例是由 create（）方法创建的，那么第一次启动播放前不需要再调用 prepare（）方法，因为 create（）方法内已经调用过了。

（2）start（）：真正启动文件播放的方法。

（3）pause（）和 stop（）：起到暂停和停止播放的作用。

（4）seekTo（）：定位方法，可以让播放器从指定的位置开始播放。需要注意的是，该方法是异步方法，即该方法返回时并不意味着定位完成，尤其在播放网络文件时。通过调用 setOnSeekCompleteListener（OnSeekCompleteListener）方法设置监听器，触发 OnSeekComplete.onSeekComplete（）方法才是真正定位完成时。

（5）release（）：可以释放播放器占用的资源，一旦确定不再使用播放器应当尽早调用它释放资源。

（6）reset（）：可以使播放器从 Error 状态中恢复过来，重新回到 Idle 状态。

【任务分析】

根据任务描述，在手机视图内有 4 个按钮。其中，2 个按钮分别实现弹出 DatePickerDialog 与 TimePickerDialog 完成闹钟日期与时间的设置；另外 2 个按钮完成闹钟的开启与关闭功能。

闹钟的开启：使用 AlarmManager 根据闹钟的时间差发送延时意图的广播，当广播接收机收到该广播时，开启闹钟响铃服务。

闹钟的关闭：如果闹钟已经响铃，先停掉响铃服务，再取消 AlarmManager 发送的延时意图。

【实现步骤】

（1）创建新项目 "AlarmClock"。

（2）准备 "strings.xml" 文件。

```
<resources>
    <string name = "app_name" >AlarmClock< /string >
    <string name = "txt_time" >闹钟时间设置< /string >
    <string name = "btn_date" >设置日期< /string >
    <string name = "btn_time" >设置时间< /string >
    <string name = "txt_setting" >闹钟开启关闭设置< /string >
```

```
<string name = "btn_on"> 闹钟开启 </string>
<string name = "btn_off"> 闹钟关闭 </string>
<string name = "tst_on"> 闹钟开启成功！</string>
<string name = "tst_off"> 闹钟取消成功！</string>
<string name = "tst_timeError"> 请正确设置闹钟时间！</string>
</resources>
```

（3）在"activity_main. xml"文件内依次放 1 个 TextView 和 2 个 Button，再放 1 个 Text-View 和 2 个 Button 控件，控件属性设置见表 6 - 8。

表 6 - 8　控件属性设置

控件	属性	属性值
TextView（2 个）	layout_width	match_content
	layout_height	wrap_content
	text	@ string/txt_time（第 1 个：闹钟时间设置）
		@ string/txt_setting（第 2 个：闹钟开启关闭设置）
	textSize	20 sp
Button（4 个）	layout_width	match_parent
	layout_height	wrap_content
	text	@ string/btn_date（第 1 个：设置日期） @ string/btn_time（第 2 个：设置时间） @ string/btn_on（第 3 个：闹钟开启） @ string/btn_off（第 4 个：闹钟关闭）
	id	btn_date（第 1 个） btn_time（第 2 个） btn_on（第 3 个） btn_off（第 4 个）
	textSize	20 sp

（4）使用 MainActivity 类完成数据初始化与按钮监听事件响应等，具体操作如下，代码参考【二维码 6 - 5】。

【二维码 6 - 5】

①声明数据成员（代码第 2 ~ 4 行）。

②在 onCreate()方法内完成初始化、关联与监听（代码第 6 ~ 20 行）。

③自定义内部类完成按钮单击事件响应（代码第 22 ~ 41 行）。

④自定义 setDate()与 setTime()方法，设置闹钟的日期与时间（代码第 43 ~ 83 行）。

⑤自定义 startAlarm()方法，发送延时广播，广播携带闹钟时间信息（代码第 85 ~ 107 行）。

⑥自定义 stopAlarm()方法，取消闹钟（代码第 109 ~ 123 行）。

（5）新建广播接收机子类 AlarmReceiver，当收到广播时，启动闹铃服务。代码参考【二维码 6 - 6】。

（6）新建服务子类 AlarmService，在服务创建时响铃，在服务销毁时停止响铃。代码参考【二维码 6 - 7】。

（7）完成"AndroidManifest. xml"文件的服务与广播接收机注册。在 < application > 标签内增加注册代码（代码第 19 ~ 24 行）。代码参考【二维码 6 - 8】。

【二维码 6 - 6】   【二维码 6 - 7】   【二维码 6 - 8】

（8）运行查看效果。

【任务要点】

1. DatePickerDialog 与 TimePickerDialog

本任务的日期与时间选择使用 DatePickerDialog 与 TimePickerDialog 完成，使用匿名类创建实例对象。通过 Calendar 对象获取当前的日期与时间，作为两个对话框的初始值。监听器完成事件响应的 onDateSet( ) 和 onTimeSet( ) 方法中，year、month、dayOfMonth、hourOfDay、minute 是在对话框上完成选择后的闹钟响铃时间，这个闹钟响铃的日期与时间保存到 mCalendar 对象中。

2. 延时意图 PendingIntent

闹钟响铃的原理是当到达设定的时间时，发送一条普通广播，接收机接收到该广播后，开启自定义闹钟响铃服务。闹钟的响铃时间一般会在当前时间之后，两个时间存在一段时间差，让 Intent 意图按指定时间发送广播，要靠 PendingIntent 延时意图来完成。将发送广播的 Intent 通过 getBroadcast( ) 方法封装在 PendingIntent 对象中，并通过 AlarmManager 的 setExact( ) 方法设置定时等待，时间到达后发送广播，从而控制闹钟响铃的时间。

3. 自定义闹钟响铃服务

（1）手机发出声音由 AudioManager 完成，它是 Android 系统服务管理的一个类，控制访问音量和振铃器模式。

getStreamMaxVolume(int streamType) 方法返回特定流的最大音量指数。参数 streamType 是手机声音的类型，有以下几个值可选。

①STREAM_ALARM：手机闹铃的声音；

②STREAM_DTMF：DTMF 音调的声音；

③STREAM_MUSIC：手机音乐的声音；

④STREAM_NOTIFICATION：系统提示的声音；

⑤STREAM_RING：电话铃声的声音；

⑥STREAM_SYSTEM：手机系统的声音；

⑦STREAM_VOICE_CALL：语音电话的声音。

当返回的最大音量指数不为 0 时，MediaPlayer 对象设置音频流类型为手机闹铃声音，设置播放器进入 prepare 状态，然后通过 start( )方法启动闹钟响铃。

（2）闹钟的服务可以隐藏在后台，即手机页面呈现其他应用的视图时闹钟仍然正常，需要把 MediaPlayer 播放操作放在 onCreate( )方法内。

（3）使用 AlarmManager 发送延时广播时，根据 API 版本的不同，分别用到 set( )、setExact( )和 setExactAndAllowWhileIdle( )方法。

4. 注意点

本任务适用于真机运行，在模拟器上可能会因为不能获取音频参数等原因无法响铃。使用真机调试时，Android 8.0 及以上版本系统（API≥26）需要将广播接收机的静态注册改为动态注册才能正常接收广播。

【拓展任务】

完成"WallPaperManager"项目，实现手动更换壁纸和周期性自动更换壁纸的功能。如图 6-9 所示，当单击"更换壁纸"按钮时，会弹出"选择壁纸"菜单，进入选择壁纸页面，进而修改手机壁纸；当单击"获取系统电量"按钮时，显示系统电量，如果电量大于40%，则启用"开启自动更换壁纸"按钮，否则该按钮不可用；当单击"开启自动更换壁纸"按钮时，手机周期性更换壁纸；当单击"关闭自动更换壁纸"按钮时，停止自动更换；当单击"清除壁纸"按钮时，将更换的壁纸变回原来的效果。

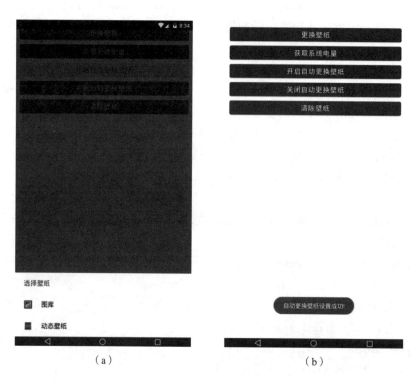

图 6-9 壁纸更换效果

（a）更换壁纸；（b）自动更换壁纸

[任务提示]

根据任务描述，需要动态注册广播接收机接收系统电量改变的广播，对页面上的多个按钮分别实施监听。相关类与方法如下。

1. WallpaperManager 类

Android 壁纸管理器 WallpaperManager 类，负责系统壁纸管理。通过它可以获得当前壁纸以及设置喜欢的图片作为系统壁纸。WallpaperManager 类通过其静态方法 getInstance（context）实例化对象。使用时，需要在 AndroidManifest 中获得许可，即 < uses－permission > 标签，name 值为 android. permission. SET_WALLPAPER。

WallpaperManager 类的常用方法如下。

（1）setBitmap(Bitmap bitmap)：将壁纸设置为 bitmap 所代表的位图。

（2）setResource(int resid)：将壁纸设置为 resid 资源所代表的图片。

（3）setStream(InputStream data)：将壁纸设置为 data 数据所代表的图片。

（4）clear()：清除壁纸，设置回系统默认的壁纸。

（5）getDesiredMinimumHeight()：最小壁纸高度。

（6）getDesiredMinimumWidth()：最小壁纸宽度。

（7）getDrawable()：获得当前系统壁纸，如果没有设置壁纸，则返回系统默认壁纸。

（8）getWallpaperInfo()：加入当前壁纸是动态壁纸，返回动态壁纸信息。

（9）peekDrawable()：获得当前系统壁纸，如果没设置壁纸，则返回 null。

2. 调用图库

Intent 类提供了 createChooser(Intent target，CharSequence title) 的静态方法，它能返回一个 Intent 对象，实现弹出一个 Activity 的选择框。方法中第 1 个参数 Intent 对象对应用户启用的 Activity，可通过设置 Intent. ACTION_SET_WALLPAPER 过滤条件达到开启图库的目的，第 2 个参数是选择框的标题。

3. 自定义服务子类

自定义服务子类提供周期性更换壁纸的服务。API≥19 的系统已不支持使用 setRepeating()方法设置周期性地发送广播或开启服务。参考使用 Timer 定时器进行定时更换壁纸操作。由于定时更换壁纸属于耗时操作，可放在服务子类中完成。服务子类需要在 AndroidManifest 中注册。

【任务小结】

服务与广播接收机是 Android 系统的两大组件，利用系统服务、系统广播、自定义的服务与广播及广播接收机，可以实现非常强大的功能。

知识拓展

在 Android 系统中，Activity、服务和广播接收机都工作在主线程上，因此任何耗时的处理都会降低用户界面的响应速度，甚至导致用户界面失去响应。当用户界面失去响应超过 5 秒时，Android 系统会允许用户强行关闭应用程序。因此，较好的解决方法是将耗时的处理转移到子线程上，这样可以避免负责界面更新的主线程无法处理界面事件，从而避免用户界面长时间失去响应。耗时的处理过程一般指运算量巨大的复杂运算，还包括大量的文件操作、网络操作和数据库操作等。

线程是独立的程序单元，多个线程可以并行工作。在多处理器系统中，每个中央处理器（CPU）单独运行一个线程，因此线程是并行工作的。但在单处理器系统中，处理器会给每个线程一个小段时间，在这段时间内，线程是被执行的，然后处理器执行下一个线程，这样就产生了线程并行运行的假象。无论线程是否真的并行工作，在宏观上可以认为子线程是独立于主线程，且能与主线程并行工作的程序单元。

在 Java 语言中，建立和使用线程比较简单，首先需要实现 Java 的 Runnable 接口，并重载 run( )方法。在 run( )方法中放置代码的主体部分。

```
private Runnable backgoundWork = new Runnable() {
    @Override
    public void run() {
        //过程代码
    }
};
```

然后创建 Thread 对象，并将上面的 Runnable 对象作为参数传递给 Thread 对象。在 Thread 的构造函数中，第 1 个参数表示线程组，第 2 个参数是需要执行的 Runnable 对象，第 3 个参数是线程的名称。

```
private Thread workThread;
workThread = new Thread(null, backgoundWork, "workThread");
```

最后，调用 start( )方法启动线程。

```
workThread.start();
```

在 run( )方法返回后，线程就自动终止了。当然，也可以调用 stop( )方法在外部终止线程，但并不推荐这种方法，因为有可能产生异常。最好的方法是通知线程自动终止，一般调用 interrupt( )方法通告线程准备终止，线程会释放它正在使用的资源，在完成所有的清理工作后自动关闭。

```
workThread.interrupt();
```

其实 interrupt( )方法并不能直接终止线程，它仅改变了线程内部的一个布尔字段，run( )方法能够检测到这个布尔字段，从而知道何时应该释放资源和终止线程。在 run( )方法的代码中，一般通过 Thread. interrupted( )方法查询线程是否被中断。在很多情况下，子线程需要无限运行，除非外部调用 Thread. interrupt( )方法判断线程是否应被中断。以 1 秒为间隔循环检测线程是否应被中断。

若线程在休眠过程中被中断，则会产生 InterruptedException。在中断的线程上调用 sleep( )方法，同样会产生 InterruptedException。因此，除了使用 Thread. interrupted( )方法判断线程是否应被中断，还可以通过捕获 InterruptedException 判断线程是否应被中断，并且在捕获到 InterruptedException 后，安全终止线程。

```
public void run() {
    try {
        while (true){
            //过程代码
            Thread.sleep(1000); //使用线程休眠1000毫秒
        }
        }catch (InterruptedException e){
        e.printStackTrace();
    }
}
```

通过以上方法已经可以设计自己的线程，但还存在一个不可回避的问题，即在图形用户界面中，如何使用线程中的数据更新用户界面。Android 系统提供了多种方法解决这个问题，比如使用 Handler 更新用户界面。

Handler 允许将 Runnable 对象发送到线程的消息队列中，并将每个 Handler 对象绑定到一个单独的线程和消息队列上。当用户建立一个新的 Handler 对象时，通过 post( )方法将 Runnable 对象从后台线程发送到 GUI 线程的消息队列中，在 Runnable 对象消息队列后，这个 Runnable 对象将运行。

```
private static Handler handler = new Handler(); //建立一个私有的静态的 Handler 对象
public static void UpdateGUI(int arg){
    //界面更新相关处理
    handler.post(Refresh);
}
private static Runnable Refresh = new Runnable() {
    @Override
    public void run() {
        //过程代码
    }
};
```

接下来通过一个实例 ThreadRandomServiceDemo 来演示如何使用线程持续产生随机数并更新 GUI。如图 6 - 10 所示，当单击"启动服务"按钮时，将启动后台线程，后台线程每秒产生 1 ~ 35 的随机数，并通过 Handler 将该随机数更新到前台页面；当单击"停止服务"按钮时，关闭后台线程。

图 6 - 10　通过服务开启线程持续产生随机数效果

（1）创建项目，并在"activity_main. xml"文件中放置 1 个 TextView 和 2 个 Button，完成页面布局。

（2）新建 RandomService 类，继承服务类，代码如下。

```java
public class RandomService extends Service {
    private Thread workThread;
    private Random mRandom = new Random();
    private Runnable backgoundWork = new Runnable() {
        @Override
        public void run() {
            try {
                while(! Thread.interrupted()){
                    int rnd = mRandom.nextInt(35) +1;
                    MainActivity.updateGUI(rnd);
                    Thread.sleep(1000);
                }
            }catch (InterruptedException e){
                e.printStackTrace();
            }
        }
    };
    @Nullable
    @Override
    public IBinder onBind(Intent intent) {
        return null;
    }
    @Override
    public void onCreate() {
        super.onCreate();
        Log.i("tag","(1) --------------Service 调用 onCreate()");
        workThread = new Thread(null, backgoundWork, "workThread");
    }
    @Override
    public int onStartCommand(Intent intent, int flags, int startId) {
        Log.i("tag","(2) --------------Service 调用 onStartCommand()");
        if(!workThread.isAlive()){
            workThread.start();
        }
        return super.onStartCommand(intent, flags, startId);
    }

    @Override
    public void onDestroy() {
        super.onDestroy();
        Log.i("tag","(3) --------------Service 调用 onDestroy()");
        workThread.interrupt();
    }
}
```

（3）完成 MainActivity 类的代码编写。

```
public class MainActivity extends AppCompatActivity {
    private Button btn_start,btn_stop;
    private TextView txt_number;
    private static int rnd;
    private static Handler handler = new Handler();
    private static Runnable refreshText;
    @Override
    protected void onCreate(Bundle savedInstanceState) {
        super.onCreate(savedInstanceState);
        setContentView(R.layout.activity_main);
        Log.i("tag","(0) --------------MainActivity 调用 onCreate()");
        btn_start = findViewById(R.id.btn_start);
        btn_stop = findViewById(R.id.btn_stop);
        txt_number = findViewById(R.id.txt_number);
        txt_number.setText("");
        btn_stop.setEnabled(false);
        btn_start.setOnClickListener(new ButtonOnClickListener());
        btn_stop.setOnClickListener(new ButtonOnClickListener());
        refreshText = new Runnable() {
            @Override
            public void run() {

    txt_number.setText(txt_number.getText().toString() + " \t" + String.valueOf
(rnd));
            }
        };
    }
    private class ButtonOnClickListener implements View.OnClickListener{
        @Override
        public void onClick(View v) {
            Intent serviceIntent = new Intent(getApplicationContext(), RandomSer-
vice.class);
            switch (v.getId()){
                case R.id.btn_start:
                    btn_stop.setEnabled(true);
                    btn_start.setEnabled(false);
                    txt_number.setText("");
                    startService(serviceIntent);
                    break;
                case R.id.btn_stop:
                    btn_stop.setEnabled(false);
                    btn_start.setEnabled(true);
                    stopService(serviceIntent);
                    break;
            }
```

```
        }
    }
    public static void updateGUI(int number){
        rnd = number;
        handler.post(refreshText);
    }
}
```

（4）完成"AndroidManifest. xml"文件内服务注册。

练习与实训

一、填空题

1. 在创建服务时，必须继承_____类，绑定服务时，必须实现服务的_____方法。

2. 服务的开启有两种方式，分别是_____和_____。

3. 在"AndroidManifest. xml"文件中，注册服务时应使用的节点为_____。

4. 发送普通广播的方法是_____，发送有序广播的方法是_____。

5. 广播接收机注册有两种方式，_____注册的优先级高于_____注册。

6. 使用 registerReceiver(receiver, intentFilter) 方法注册广播接收机，需要使用_____方法注销广播接收机。

7. Android 系统的四大组件中，主要用于后台运行和跨进程访问的是_____。

二、选择题

1. 下面关于广播的叙述中错误的是（　　）。

A. 广播是 Android 系统的四大组件之一

B. sendOrderedBroadcast 用来向系统广播有序事件，sendBroadcast 用来向系统广播无序事件

C. 静态注册需要在"AndroidMainfest. xml"文件中完成

D. 动态注册需要在应用程序退出时注销

2. 下面关于广播接收机的叙述中错误的是（　　）。

A. 广播接收机有两种注册方式，即静态注册和动态注册

B. 广播接收机必须在"AndroidMainfest. xml"文件中声明

C. 广播接收机使用时，一定有一方发送广播，有一方监听注册广播，onReceive( )方法才会被调用

D. 广播发送的 Intent 都是隐式启动

3. 下面关于接收广播顺序的叙述中错误的是（　　）。

A. 对于有序广播，优先级高的先接收

B. 对于有序广播，同优先级的动、静态广播接收机，静态优先于动态

C. 对于有序广播，同优先级的动态广播接收机，先注册的优于后注册的

D. 对于普通广播，动态广播接收机优先于静态广播接收机

4. 下列不属于服务生命周期的方法的是（　　　）。

A. onCreate（　）　　　　　　　　B. onDestroy（　）

C. onStop（　）　　　　　　　　　D. onStartCommand（　）

5. 下列关于Intent启动组件的说法中错误的是（　　　）。

A. startActivity（　）

B. startService（　）

C. startBroadcastReceiver（　）

D. startActivityForResult（　）

6. 下列关于服务生命周期的说法中正确的是（　　　）。

A. 如果服务已经启动，将先后调用onCreate（）和onStartCommand（）方法

B. 当服务第一次启动的时候先后调用onCreate（）和onStartCommand（）方法

C. 当服务第一次启动的时候只调用onCreate（）方法

D. 如果服务没有启动，不能调用StopService（）方法停止服务

7. 关于广播的作用，正确的说法是（　　　）。

A. 使用abortBroadcast（）方法可以中断所有广播的传递。

B. 它可以帮助服务修改用户界面

C. 它不可以启动一个服务

D. 它可以启动一个Activity

8. 关于startService（）和bindService（）方法，以下说法中错误的是（　　　）。

A. 通过startService（）启动服务，会调用如下生命周期方法：onCreate（）→onStartCommand（）→onDestory（）

B. 当采用startService（）方法启动服务时，启动者与服务是没有绑定在一起的，启动者退出，服务还在运行

C. 如果调用bindService（）方法启动服务，会调用如下生命周期方法：onCreate（）→onBind（）→onDestory（）→onUnBind（）

D. 采用bindService（）方法启动服务时，启动者与服务是绑定在一起的，即启动者退出，服务也就终止，解除绑定

9. 通过bindService（）绑定服务后，如果服务还未启动，则（　　　）；当调用者退出时，服务会（　　　）。

A. 失败，不终止　　　　　　　　B. 启动，终止

C. 失败，终止　　　　　　　　　D. 启动，不终止

10. 下列关于ServiceConnection接口的onServiceConnected（）方法的触发条件的描述中正确的是（　　　）。

A. bindService（）方法执行成功后

B. bindService（）方法执行成功同时onBind（）方法返回非空IBinder对象

C. 服务的onCreate（）和onBind（）方法执行成功后

D. 服务的onCreate（）和onStartCommand（）方法启动成功后

11. 如果在 Android 应用程序中发送短信，那么需要在"AndroidManifest. xml"文件中增加什么样的权限？（   ）

A. 发送短信，无须配置权限

B. permission. SMS

C. android. permission. RECEIVE_SMS

D. android. permission. SEND_SMS

12. MediaPlayer 播放资源前，需要调用（   ）方法完成准备工作。

A. setDataSource( )   B. prepare( )

C. reset( )   D. release( )

13. 下列在"AndroidManifest. xml"文件中注册广播接收机的代码中正确的是（   ）。

A.

```
< receiver android:name = "NewBroad" >
    < intent - filter >
        < action android:name = "android.provider.action.NewBroad"/>
    </intent - filter >
</receiver >
```

B.

```
< receiver android:name = "NewBroad" >
    < intent - filter >
        < android:name = "android.provider.action.NewBroad"/>
    </intent - filter >
</receiver >
```

C.

```
< receiver android:name = "NewBroad" >
        < action android:name = "android.provider.action.NewBroad"/>
</receiver >
```

D.

```
< intent - filter >
    < receiver android:name = "NewBroad" >
        < action android:name = "android.provider.action.NewBroad"/>
    </receiver >
</intent - filter >
```

三、编程题

1. 使用音频管理器 AudioManager 改变手机振铃模式为铃声、静音或振动，如图 6 - 11 所示。

图 6 – 11　手机振铃模式修改效果

2. 使用剪贴板管理器 ClipboardManager 和短信服务管理器 SmsManager 完成短信内容的复制和发送功能。要求：如图 6 – 12（a）所示，在文本上长按，可以将文本复制到剪贴板上；在第一个 EditText 上输入收信号码，在第二个 EditText 上长按实现粘贴后，单击"发送短信"按钮，授权发送短信，如图 6 – 12（b）所示，使短信成功发送。

图 6 – 12　短信发送效果

（a）复制内容到剪贴板；（b）发送许可

3. 借助 Notification 实现单击按钮发送通知消息的功能，在手机状态栏上的通知消息如图 6 – 13 所示，即仿照手机收到短信，手机最上方的状态栏内会出现图标提示的功能。

图 6 – 13　手机状态栏上的通知

4. 接收系统广播检测网络状态，当单击"检测网络"按钮时，若检测到移动端网络连通并且采用的是"移动数据"（无 WiFi），下方显示"mobile"图片；若 WLAN 连通并且采用的是"WiFi"（与移动是否连接无关），则下方显示"WiFi"图片，如图 6 – 14 所示；若无任何网络，显示"nosignal"图片。

图 6 – 14　系统网络检测后显示图片效果

单 元 **7**

Android网络与通信应用程序设计

Android 系统提供了 Socket 通信、HTTP 通信、URL 通信、WebService 及使用 WebView 组件等方式实现网络通信，其中最常用的是 HTTP 通信。HTTP 通信即使用 HTTP 发送和接收网络数据。Android 系统提供了原生的 HttpURLConnection 方式进行 HTTP 操作，也可以使用第三方提供的网络框架（如 OKHttp）进行 HTTP 操作。

【学习目标】

（1）理解 HTTP、HTTPS；

（2）会使用 Thread + Handler 进行消息传递；

（3）会使用 HttpURLConnection 获取网络资源；

（4）了解 JSON 格式，能解析 JSON。

任务 1　利用 HttpURLConnection 和
Thread + Handler 浏览网络图片

【任务描述】

创建新项目"GetPicture"，要求使用 HttpURLConnection 和 Thread + Handler 完成网络资源（图片）的获取，如图 7 – 1 所示。

图片获取 API 相关信息如下。

（1）请求方式：GET。

（2）图片获取地址：http://img31. mtime. cn/mg/2012/10/30/201631. 37192876. jpg。

【预备知识】

1. HTTP、HTTPS 及 URL

HTTP（Hyper Text Transfer Protocol）即超文本传输协议，它规定了浏览器和万维网服务器之间相互通信的规则。浏览网页时，浏览器和服务器基于

Handler 机制

请求/响应模式（即客户端发出请求，服务器端接收请求并做出响应）来进行数据的发送和接收。

HTTPS（Secure Hypertext Transfer Protocol）即安全超文本传输协议，它是一个安全通信通道，它基于 HTTP 开发，用于在浏览器和服务器之间交换信息。它使用安全套接字层

图 7-1　利用 **HttpURLConnection** 和 **Thread + Handler** 浏览网络图片

（SSL）进行信息交换，是 HTTP 的安全版。为了保证用户数据和设备的安全，谷歌公司从 Android 9.0 以后访问网络默认使用 HTTPS，若想使用 HTTP 获取服务器端信息，需要完成相应 HTTP 访问配置，为后续服务器端给出的服务器访问地址做准备工作。

URL（Uniform Resource Locator）即统一资源定位符，是对可以从互联网上得到的资源的位置和访问方法的一种简洁的表示，是互联网上标准资源的地址。互联网上的每个文件都有一个唯一的 URL，它包含的信息指出文件的位置以及浏览器应该怎么处理它。如 URL：http://www. shixiu. net/d/file/p/2bc22002a6a61a7c5694e7e641bf1e6e. jpg，这个连接规定使用 HTTP，主机名称为 www. shixiu. net，其他部分则确定了要在这个站点上所要访问的资源是一张 JPG 格式的图片。通过 URL 就可以确定资源的位置，便于获取资源。

2. 客户端发送请求的两种方式

访问网络时，客户端发送请求时通常用到两种网络请求方式：GET 方式和 POST 方式。

（1）GET 方式是把参数数据队列加到提交表单的 action 属性所指定的 URL 中，其值在 URL 中可以看到，即向服务器提交的参数跟在请求的 URL 后面。使用 GET 方式访问网络 URL 的内容一般小于1KB。

（2）POST 方式是将表单内各个字段与其内容放置在 HTML HEADER 内一起传送到 action 属性所指的 URL 地址，提交的数据是以键值对的形式封装在请求实体中，用户通过浏览器无法看到发送的请求数据。因此，POST 方式比 GET 方式相对安全。

3. Android 系统中的主线程与子线程

1）主线程（UI 线程）

当一个应用程序首次启动时，Android 系统会启动一个 Linux 进程和一个主线程。主线程负责处理与 UI 相关的事件，并把相应的事件分发到对应的组件进行处理，所以主线程又称为 UI 线程。由于 Android 系统的 UI 是单线程的，当其任务繁重时，需要其他线程配合工作。

2）子线程

非 UI 线程即子线程，子线程一般都是后台线程，用于进行数据、系统等其他非 UI 的操作。建议把所有运行慢的、耗时的操作都放在子线程中。

在 Android 系统中，出于对性能优化的考虑，对于 Android 系统的 UI 操作并不是线程安全的。也就是说，若有多个线程操作 UI 组件，有可能导致线程安全问题，所以在 Android 系统中规定只能在 UI 线程中对 UI 组件进行操作。这个 UI 线程在应用程序第一次启动时开启，该线程专门用来操作 UI 组件，在这个 UI 线程中不能进行耗时操作，否则就会出现 ANR（Application Not Responding）现象。如果在子线程中操作 UI 组件，那么应用程序会抛出异常。想在子线程中更新 UI，Android 系统提供了多种解决方式，如可以借助广播、借助 Thread 与 Handler 相结合的方式（Handler 消息机制），也可以借助异步任务（AsyncTask）方式（AsyncTask 在 Android 10.0 及以上版本中已经被标记为弃用）。

4. 在 Android 系统中创建子线程的 3 种方式

在 Android 系统中实现多线程的方法有 3 种方式，具体如下。

（1）新建一个类来继承 Thread 类，并重写 run( )方法，在 run( )方法内实现耗时操作。代码整体结构如下。

```
/**
 * 自定义 NetThread 类来继承 Thread 类,并重写其 run()方法,在 run()方法内完成耗时操作
 */
class NetThread extends Thread{
    @Override
    public void run() {
        super.run();
        //在 run()方法内完成耗时操作
        ......
        }
    }
    //实例化 NetThread 线程
    NetThread thread = new NetThread();
    //启动线程
    thread.start();
```

（2）新建一个类并实现 Runnable 接口。代码整体结构如下。

```
/**
 * 自定义 NetThread 类实现 Runnable 接口,在 run()方法内完成耗时操作
 */
class NetThread implements Runnable{
    @Override
    public void run() {
        super.run();
        //在 run()方法内完成耗时操作
        ......
    }
}
//实例化 NetThread 线程
NetThread thread = new NetThread();
//启动线程
thread.start();
```

（3）使用匿名内部类。代码整体结构如下。

```
/**
 * 匿名内部类,在 run()方法内完成耗时操作
 */
new Thread(new Runnable(){
    @Override
    public void run() {
        super.run();
        //在 run()方法内完成耗时操作
        .....
    }
}).start();//启动线程
```

5. Handler 消息传递机制

Android 系统中存在消息队列，通过消息队列完成主线程和子线程之间的消息传递。子线程完成工作任务后发出消息，消息进入消息队列。主线程逐一取出消息队列中的消息并进行处理，这称为 Handler 消息传递机制，主要过程如下。

1）Handler 创建消息

每一个消息都需要被指定的 Handler 处理。Android 消息机制中引入了消息池，Handler 创建消息时，首先查询消息池中是否有消息存在，如果有，则直接从消息池中将消息取出，否则重新初始化一个消息实例。使用消息池的好处是消息不被使用时，并不作为垃圾回收，而是放入消息池，可供下次 Handler 创建消息时使用，从而提高了消息对象的复用，减少系统垃圾回收的次数。

2）Handler 发送消息

UI 主线程初始化 Handler 后，子线程便可以通过该 Handler 将消息发送到 UI 线程的消息队列中。

3）Handler 处理消息

UI 主线程循环查询消息队列，当发现有消息存在时会按照先进先出的规则从消息队列

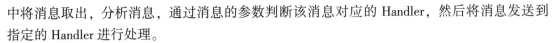

中将消息取出，分析消息，通过消息的参数判断该消息对应的 Handler，然后将消息发送到指定的 Handler 进行处理。

6. Handler 消息机制的 4 个核心类

Handler 进行消息处理有 4 个核心类，分别是 Handler、Message、MessageQueue 和 Looper。

1）Handler

Handler 是消息的发送者和最终消息处理者，主要用于发送消息和处理消息。一般通过 Handler 对象的 sendMessage( )方法将消息发送到消息队列中，消息经过一系列处理后，最终会传递到 Handler 对象的 HandleMessage( )方法中进行处理。

2）Message

Message 是在线程之间传递的消息，它可以在内部携带少量信息，用于在不同线程之间交换数据。Message 的 what、arg1 和 arg2 字段可以用来携带一些整型数据，obj 字段可以用来携带一个 Object 对象。

3）MessageQueue

MessageQueue 即消息队列，主要用来存放通过 Handler 发送的消息。通过 Handler 发送的消息会存在 MessageQueue 中等待处理。每个线程只有一个 MessageQueue 对象，它采用先进先出的方式管理 Message。

4）Looper

Android 系统中的每一个线程都有且仅有一个 Looper，它帮助 Thread 维护一个消息队列。它作为线程中 MessageQueue 的管理者，用于建立消息循环并管理消息队列，不停地从消息队列中抽取消息，分发下去并循环执行，直到抽取到的消息是退出消息，此时 Looper 结束，线程退出。在主线程中创建 Handler 对象时，系统已经创建了 Looper 对象，所以不用手动创建 Looper 对象，而在子线程中的 Handler 对象需要调用 Looper. loop( )方法开启消息循环。

4 个核心类的关系如图 7 - 2 所示。

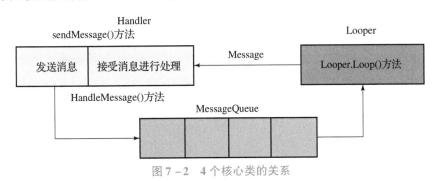

图 7 - 2   4 个核心类的关系

在图中可以清晰地看到 Handler 消息机制的处理流程。在 Handler 消息机制中，首先需要在 UI 线程中创建一个 Handler 对象，然后在子线程中调用 Handler 对象的 sendMessage( )方法发送信息，接着这个发送的信息会存放在 UI 线程的 MessageQueue 中，通过 Looper 对象取出 MessageQueue 中的消息，最后分发回 Handler 的 handleMessage( )方法中。

7. HttpURLConnection

HttpURLConnection 是 Android 系统中 HTTP 通信的原生方式。HttpURLConnection 是 Android 标准实现，是 URLConnection 抽象类的子类，是一个标准的 Java 类。HttpURLConnection 用法的示例代码如下。

HttpURLConnection
通信

```
URL url = new URL("http://img31.mtime.cn");  //要访问资源的路径
HttpURLConnection conn = (HttpURLConnection)url.openConnection();
                                      //获取 HttpURLConnection 对象
conn.setRequestMethod("GET");              //设置请求方式
conn.setConnectTimeout(5000);              //设置超时时间
InputStream inputStream = conn.getInputStream();    //获取服务器返回的输入流
```

上述代码给出了手机端与服务器端建立连接并获取服务器返回数据的过程，在使用 HttpURL-Connection 对象访问网络时，需要设置超时时间，以防止连接被阻塞时无响应，影响用户体验，并且上述示例代码在实际编码时需要放在 try – catch 代码块中，否则代码会报红。

【任务分析】

由于谷歌公司在 Android 4.0 版本以后禁止在 UI 线程（主线程）中进行网络访问，所以 UI 线程（主线程）只负责 UI 的响应。如果在主线程中进行网络访问，超过 5 秒就会引发 ANR 异常，所以访问网络的操作不能放在主线程中，必须放在子线程中，但在子线程中不能操作 UI 组件，为了实现主线程与子线程间信息的交互，本任务利用 Handler 消息机制，即利用 Thread 与 Handler 相结合的方式。在主线程中定义 Handler，将子线程处理的信息利用 Handler 对象的 sendMessage( ) 方法传递给 Handler，在 Handler 里利用 handleMessage( ) 方法接收参数，经过处理后，将信息显示到 UI 界面上。

【实现步骤】

（1）使用 Empty Activity 创建"GetPicture"项目。

（2）资源准备及页面布局。

①复制图片资源。

将图片素材"login_edit_normal. 9. png"复制到"drawable"文件夹中。

②编辑"strings. xml"文件。

利用 HttpURL-
Connection
完成网络图片
的获取 1

在"strings. xml"文件的 resource 元素中增加如下字符定义，代码如下。

```
<resources>
    <string name = "app_name">GetPicture</string>
    <string name = "edt_nURL">请输入获取资源的 URL</string>
    <string name = "btn_get">获取</string>
</resources>
```

利用 HttpURL-
Connection
完成网络图片
的获取 2

③完成"activity_main. xml"布局文件。

a. 将默认"ConstraintLayout"布局修改为"RelativLayout"，设置布局"padding"为"20 dp"。

b. 利用 EditText、ImageView 和 Button 控件完成页面布局，代码参见【二维码 7 – 1】。

（3）在清单文件"AndroidManifest. xml"中加入允许访问网络权限（代码第 4 行），代码参见【二维码 7–2】。

（4）在"MainActivity. java"文件中完成编码。

【二维码 7–1】　　【二维码 7–2】

①在 MainActivity 类中声明数据成员（代码第 2～4 行）。

②在 MainActivity 类的 onCreate( )方法外自定义方法 initView( )，该方法的功能是实现控件的关联（代码第 14～17 行），同时将获取图片资源的 URL 赋值给 EditText 控件（代码第 18 行），并在 onCreate( )方法内调用该方法（代码第 11 行）。

③在 MainActivity 类的 onCreate( )方法外自定义方法 doClick( )，该方法的功能是实现"获取"按钮的单击事件（代码第 27～121 行）。

④在 doClick( )方法的"获取"按钮代码内，编码获取用户输入的图片资源对应的 URL，当用户输入信息为空时用 Toast 给出相应的提示。

⑤搭建 Thread + Handler 代码框架。在主线程中创建 Handler 对象，并重写其 handleMessage( )方法；自定义 NetThread 类继承 Thread，并重写其 run( )方法；在"获取"按钮代码内用户信息输入不为空的情况下，实例化 NetThread 对象，并调用其 start( )方法启动线程，代码参见【二维码 7–3】。

【二维码 7–3】

⑥在【二维码 7–3】所示代码第 38 行注释的下方书写代码，利用 HttpURLConnection 方式完成访问网络功能。代码如下。

```
URL netURL = null;
try {
    netURL = new URL(url);
    HttpURLConnection urlConn = (HttpURLConnection)netURL.openConnection();
    urlConn.setRequestMethod("GET"); //请求方式 GET 或 POST 必须大写
    urlConn.setConnectTimeout(5000);
    int code = urlConn.getResponseCode();//获取响应码
    if(code = =200){ //200 表示访问网络成功
        InputStream iStream = urlConn.getInputStream();//获取输入流
        Bitmap iBitmap = BitmapFactory.decodeStream(iStream);//将输入流转换为
Bitmap 对象
        Message iMsg = new Message();//实例化 Message 对象
        iMsg.what =1;
        iMsg.obj = iBitmap;
        handler.sendMessage(iMsg); //利用 sendMessage( )方法发送信息
        iStream.close();        //关闭输入流
    }
} catch (MalformedURLException e) {
    e.printStackTrace();
} catch (IOException e) {
    e.printStackTrace();
}
```

⑦在【二维码 7–3】所示代码第 27 行注释的下方书写代码，完成子线程传递来的信息的接收，并将接收的 Bitmap 对象加载到 UI 的 imageView 控件上，代码如下。

```
if(msg.what = =1){
    Bitmap myBitmap = (Bitmap) msg.obj;
    imgView_resource.setImageBitmap(myBitmap);
}else{
    Toast.makeText(MainActivity.this, "显示图片错误", Toast.LENGTH_SHORT).show();
}
```

（5）运行查看效果，发现程序出现闪退。

（6）闪退的解决：HTTP 访问配置。

代码编写完成后，运行观察效果，发现程序出现闪退，其原因是：谷歌公司从 Android 9.0 以后版本访问网络默认使用加密连接（即使用 HTTPS），若想使用 HTTP 获取服务器端信息，需要完成相应 HTTP 访问配置，为后续服务端给出的服务器访问地址做准备工作。配置过程如下。

①创建 "xml" 文件夹。

在 "res" 文件夹中新建 "xml" 文件夹。用鼠标右键单击 "res" 文件夹，在弹出的快捷菜单中选择 "New"→"Directory" 选项，在弹出的 "New Directory" 对话框中输入文件夹名 "xml" 后按 Enter 键，则完成 "xml" 文件夹的创建。

②创建 "network_security_config. xml" 文件。

用鼠标右键单击 "res"→"xml" 文件夹，在弹出的快捷菜单中选择 "New"→"XML Resource File" 选项，弹出 "New Resource File" 对话框，如图 7 – 3 所示。在对话框的 "File name" 和 "Root element" 框中输入 "network_security_config"，单击 "OK" 按钮。

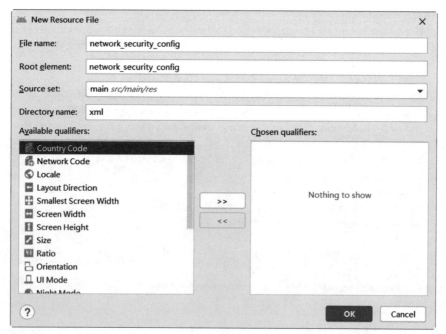

图 7 – 3 "New Resource File" 对话框

③在 "network_security_config. xml" 文件中编写代码。

在"network_security_config. xml"文件中书写代码，完成 HTTP 访问配置，代码参见【二维码 7 - 4】。

④在"AndroidManifest. xml"文件中完成配置。

打开"AndroidManifest. xml"清单文件，在 < appliction > 标签内加入代码完成配置，具体代码如下。

【二维码 7 - 4】

```
android:networkSecurityConfig = "@xml/network_security_config"
```

（7）再次运行查看效果。

【任务要点】

使用 HttpURLConnection 和 Thread + Handler 方式访问网络的过程如下。

HttpURLConnection 作为应用程序和 URL 之间的桥梁，可以向 URL 发送请求，读取 URL 资源。实现步骤如下。

步骤 1：创建 URL 对象。给定的资源 URL 必须以"http"或"https"开头。

```
URL netURL = new URL( "http://……");
```

步骤 2：通过 URL 的 openConnection( )方法创建 HttpURLConnection 对象，建立与 URL 的连接。

```
HttpURLConnection urlConn = (HttpURLConnection)netURL.openConnection();
```

步骤 3：通过 setRequestMethod( )和 setConnectTimeout( )方法设置请求方式及连接超时。

```
urlConn.setRequestMethod("GET");//连接方式可以为 GET 或 POST,必须大写
urlConn.setConnectTimeout(5000);//超时时间单位为毫秒
```

在使用对象访问网络时，需要设置超时限制时间，Android 系统在超过默认时间时会收回资源，中断操作。如果不设置超时限制，在网络异常的情况下，会因取不到数据而一直等待，导致应用程序僵死而不会继续往后执行。

步骤 4：通过 getResponseCode( )方法获取响应码，并对响应码进行判断。

```
int code = urlConn.getResponseCode();
```

响应码由 3 位数字组成，表示请求是否被理解或被满足。响应码的第一个数字定义了响应类别，后面两位数字没有具体分类。第一个数字有 5 种取值，如下所示。

1xx：指示信息——表示请求已经被接受，继续处理。

2xx：成功——表示请求已经被成功接收、理解、接受。

3xx：重定向——要完成请求必须进行更进一步的操作。

4xx：客户端错误——请求有语法错误或请求无法实现。

5xx：服务器端错误——服务器未能实现合法的请求。

响应码为 200 表示请求成功，一切正常，对 GET 和 POST 请求的应答文档跟在后面。

步骤 5：利用 HttpURLConnection 实例的 getInputStream( )方法获取网络返回的输入流。

```
InputStream iStream = urlConn.getInputStream();
```

步骤 6：处理输入流，将获取到的输入流利用 BitmapFactory 类的 decodeStream( )方法解析为 Bitmap 对象。

```
Bitmap iBitmap = BitmapFactory.decodeStream(iStream);
```

步骤 7：实例化 Message，并设置其相关属性值，调用 Handler 实例的 sendMessage( )方法发送信息。

```
Message iMsg = new Message();
iMsg.what = 1;
iMsg.obj = iBitmap;
myHandler.sendMessage(iMsg);
```

定义一个 Messge，其包含必要的描述和属性数据，并且此对象可以被发送给 Handler 处理。消息包含的属性字段有 arg1、arg2、what、obj、replyTo 等；其中 arg1 和 arg2 用来存放整型数据；what 用来保存消息标识；obj 是 Object 类型的任意对象，消息通过 sendMessage( )方法发送。

步骤 8：关闭流操作。流操作在使用完毕后关闭。

```
iStream.close();
```

步骤 9：在主线程 Activity 类内创建 Handler 对象，并利用 handleMessage( )方法接收消息，完成子线程更新 UI 线程的功能。

```
Handler handler = new Handler(){
    public void handleMessage(Message msg){
        if(msg.what == 1){
            //更新 UI
        }else{
            //错误提示
        }
    }
};
```

【任务拓展】

复制并打开本单元任务 1 的 "GetPicture" 项目，修改程序代码，要求用用匿名内部类的方式创建子线程再次完成任务，效果如图 7-1 所示。

[任务提示]

使用匿名内部类的方式，代码需写在按钮的单击事件内。其代码结构如下。

```
new Thread(new Runnable(){
    @Override
    public void run() {
        super.run();
        //在 run()方法内完成耗时操作
        ......
```

```
        }
}).start();//        启动线程
```

【任务小结】

　　本任务通过继承 Thread 类和匿名内部类两种方式实现多线程，解决了在 UI 线程中不能进行获取网络资源等耗时操作的问题。子线程通过 Handler 消息机制将处理完成的信息发送到 UI 线程，在保证线程安全的前提下，更新 UI 中的组件。

任务 2　利用 HttpURLConnection 和 Thread + Handler 查询手机号码归属地

【任务描述】

　　创建新项目 "SearchPhoneNumber"，要求使用 HttpURLConnection 和 Thread + Handler 完成手机号码归属地的查询，输入要查询的电话号码，单击"查询"按钮将查询结果显示出来，如图 7 - 4 所示。

图 7 - 4　手机号码归属地查询效果

手机号码归属地查询的 API 相关信息如下。

（1）请求方式：GET。

（2）手机号码归属地查询地址如下。

```
http://apis.juhe.cn/mobile/get? phone=13429667914&key=6c6248f42043fe022ee7c
2d42102b6cf
```

（3）请求参数说明：phone 是必填项，为需要查询的手机号码或手机号码前 7 位；key 为申请的秘钥，可在免费提供 API 的聚合数据网站中注册获取，请求成功后将以 JSON 格式信息返回请求结果。

（4）返回 JSON 示例如下。

```
{
    "resultcode": "200",
    "reason": "Return Successd!",
    "result": {
        "province": "浙江",
        "city": "杭州",
        "areacode": "0571",
        "zip": "310000",
        "company": "中国移动",
        "card": ""
    }
}
```

（5）返回主要参数，见表 7-1。

表 7-1　手机号码归属地查询 API 返回参数说明

名称	类型	说明
resultcode	int	返回码，值为 200 时表示查询成功
reason	string	返回说明
result	string	返回结果集
province	string	省份
city	string	城市（北京、上海、重庆、天津直辖市可能为空）
areacode	string	区号（部分记录可能为空）
zip	string	邮编（部分记录可能为空）
company	string	运营商

【预备知识】

1. 字节输入流转化为字符串

Android 系统中请求服务器都是以输入流（InputStream）的方式返回给客户端，客户端根据需要进行相应的转换，如在任务 1 和任务 2 中将输入流转换为 Bitmap 对象，在本任务中需要将输入流转换成字符串。InputStream 类的常用方法见表 7 - 2。

表 7 - 2　InputStream 类的常用方法

方法	说明
public int read( )	读取一个字节的数据，返回值是高位补 0 的 int 类型值。若返回值等于 - 1，说明没有读取到任何字节，读取工作结束
public int read(byte[ ] b)	读取 b. length 个字节的数据放到 b 数组中，返回值是读取的字节数
public int read(byte[ ] b,int off,int len)	从输入流中最多读取 len 个字节的数据，存放到偏移量为 off 的 b 数组中
public int close( )	关闭字节输入流

输入流和字符串之间的相互转化，可以使用 ByteArrayOutputStream 类及其相应方法完成，也可以使用 InputStreamReader 类、BufferedReader 类及其相应方法完成，本任务讲解并使用前一种方法。示例代码如下。

```
InputStream inputStream = urlConn.getInputStream();//服务器端获取输入流
ByteArrayOutputStream byteStream = new ByteArrayOutputStream();
byte[] buffers = new byte[1024];//定义长度为 1 024 字节的数组,相当于缓存
int length = inputStream.read(buffers);//定义 length 用来存放实际读取到的字节数
while(length! = -1){//每次读取 1024 字节长度的信息存放在缓存中,并将指定字节数组中从偏
移量 0 开始的 length 个字节写入字节数组输出流,当值等于 -1 时读取结束
    byteStream.write(buffers,0,length);//将指定字节数组 buffers 中从偏移量 0 开始的
length 个字节写入 byteStream 字节数组输出流
}
String jsonString = byteStream.toString();//将缓冲区的内容转换为字符串
byteStream.close(): //关闭字节输出流
inputStream.close();//关闭输入流
```

上述示例代码在实际编码时需要放在 try - catch 代码块中，否则代码会报红。

2. ByteArrayOutputStream 类的常用方法

ByteArrayOutputStream 类即字节数组输出流，它是在内存中创建一个字节数组缓冲区，所有发送到输出流的数据保存在该字节数组缓冲区中。ByteArrayOutputStream 类的常用方法见表 7 - 3。

表 7 - 3　ByteArrayOutputStream 类的常用方法

方法	说明
public void reset( )	将此字节数组输出流的 count 字段重置为零，从而丢弃输出流中目前已累积的所有数据输出

方法	说明
public byte[ ] toByteArray( )	创建一个新分配的字节数组，数组的大小和当前输出流的大小相同，内容是对当前输出流的复制
public String toString( )	将缓冲区的内容转换为字符串，根据平台的默认字符编码将字节转换为字符
public void write(int w)	将指定的字节写入此字节数组输出流
public void write (byte[ ] b, int off, int len)	将指定字节数组中从偏移量 off 开始的 len 个字节写入此字节数组输出流
public void writeTo(OutputStream outStr)	将此字节数组输出流的全部内容写入指定的输出流参数

3. JSON

JSON（JavaScript Object Notation）作为 Android 系统中客户端与服务器端数据交换的常用格式，是一种取代 XML 的数据结构。JSON 是 JavaScript 的一个子集，是一种轻量级的数据交换格式，易于人阅读和编写，同时也易于机器解析和生成。JSON 采用完全独立于编程语言的文本格式来存储和表示数据，简洁和清晰的层次结构使 JSON 成为理想的数据交换格式。

1）JSON 的结构

JSON 的两种基本结构如下。

名称/值对的集合：在不同的语言中，它可以被理解为不同的数据结构，如对象（object）、记录（record）、结构（struct）、字典（dictionary）、哈希表（hash table）等。

值的有序列表：在大部分语言中，它被理解为数组（array）。

2）JSON 的语法规则

JSON 语法的具体规则如下。

（1）数据在名称/值对中。名称/值对包括字段名称（在双引号中），后面写一个冒号，然后是值。JSON 值可以是数字（整数或浮点数）、字符串（在双引号中）、逻辑值（"true" 或 "false"）、数组（在方括号中）、对象（在花括号中）、null，如"最高温度":"20°"。

（2）数据由逗号分隔。各名称/值对间用逗号分隔，如 {" 最高温度":" 20°","最低温度":"8°"}。

（3）花括号({})保存对象。JSON 对象在花括号中书写，对象可以包含多个名称/值对，如 {"最高温度":"20°","最低温度":"8°","风力","3 级"}。

（4）方括号([])保存数组。JSON 数组在方括号中书写，数组可包含多个对象，各对象间用逗号分隔，注意最后一个对象或对象中的最后一个名称/值对不加逗号。示例如下。

```
{
    "HeWeather5":[
        {
            "alarms":{
                "level":"蓝色",
                "stat":"预警中",
                "title":"山东省青岛市气象台发布大风蓝色预警",
                "txt":" 2016 年 08 月 29 日 15 时 24 分继续发布大风蓝色预警",
                "type":"大风"
            },
            "basic":{
                "city":"青岛",
                "cnty":"中国",
                "id":"CN101120201",
                "lat":"36.088000",
                "lon":"120.343000",
                "prov":"山东"
            }
        }
    ]
}
```

4. JSON 数据的解析

Android 系统中解析 JSON 数据的常用方式有：Android 系统自带的原生解析和谷歌公司提供的 Gson 解析。这里先介绍 Android 系统自带的原生解析，谷歌公司提供的 Gson 解析在任务 3 中介绍。

使用 Android 系统自带的原生解析方式时，会涉及 JSONObject 和 JSONArray 两个类。

1）JSONObject 和 JSONArray 的数据表示形式

JSONObject 对应的 JSON 数据是用 {} 表示的，如：{"id" :1, "name" : "关露", "address" : "江苏省南京市白下区"}。

JSONArray 是由 JSONObject 构成的数组，其对应的 JSON 数据用 [{}, {}, ……, {}] 表示，如 [{"id":1, "name":"关露", "address":"江苏省南京市白下区"},{"id":2, "name":"陈红", "address":"黑龙江省哈尔滨市香坊区"}]，表示包含 2 个 JSONObject 的 JSONArray。

2）如何从字符串 String 获得 JSONObject 和 JSONArray 对象

```
JSONObject jsonObject = new JSONObject ( String str);
JSONArray jsonArray = new JSONArray(String str );
```

3）如何从 JSONArray 中获取 JSONObject 对象

可以将 JSONArray 作为一般数组对待，只是获取的数据内容为 JSON 对象而已。有两种方式可以从 JSONArray 中获取 JSONObject 对象，如下所示。

```
JSONObject jsonObject = (JSONObject)jsonArray.get(i);
JSONObject jsonObject = jsonArray.getJSONObject(i);
```

4）原生解析 JSON 数据

下面以 JSON 文件的 3 种典型类型为例，讲解使用 Android 系统自带的原生解析方式解析 JSON 数据的过程。

（1）文件 1：get_data1.json。

```
{"id":1,"name":"关露","age":25,"address":"江苏省南京市白下区"}
```

解析：文件最外围是以 {} 形式展现的，即 JSON 对象。将相关内容获取后形成字符串 jsonString，通过 JSONObject 类获取 JSON 文件中的相应内容，代码如下。

```
JSONObject jObject = new JSONObject(jsonString);
String jName = jObject.getString("name");
int jAge = jObject.getInt("age");
String jAddress = jObject.getString("address");
```

（2）文件 2：get_data2.json。

```
[
    {"id":1,"name":"关露","age":25,"address":"江苏省南京市白下区"},
    {"id":2,"name":"陈红","age":32,"address":"黑龙江省哈尔滨市香坊区"}
]
```

解析：文件最外围是以 [] 形式展现的，即 JSON 数组。将相关内容获取后形成字符串 jsonString，通过 JSONArray 和 JSONObject 类获取 JSON 文件中的相应内容，代码如下。

```
JSONArray array = new JSONArray(jsonString);
for(int i = 0; i <array.length(); i ++) {
    JSONObjectjObject = array.getJSONObject(i);
    int jId = jObject.getInt("id");
    String jName = jObject.getString("name");
    int jAge = jObject.getInt("age");
    String jAddress = jObject.getString("address");
}
```

（3）文件 3：get_data3.json。

```
{
    "id":1,
    "name":"关露",
    "age":25,
    "address":"江苏省南京市白下区",
    "courses":[
        {"cid":1,"cname":"C 语言程序设计"},
```

```
      {"cid":2,"cname":"Android 手机程序开发"},
      {"cid":3,"cname":"Web 前端页面设计"}
   ]
}
```

解析：文件最外围是以 {} 形式展现的，即 JSON 对象，对象内包含的 courses 对应的值是以 [] 形式展现的，即 JSONArray 数组，即对象内包含数组。将相关内容获取后形成字符串 jsonString，通过 JSONArray 和 JSONObject 类获取 JSON 文件中的相应内容，代码如下。

```
JSONObject jObject = new JSONObject(jsonString);
int jId = jObject.getInt("id");
String jName = jObject.getString("name");
int jAge = jObject.getInt("age");
//courses 的值对应 JSON 数组,使用 getJSONArray()方法获取
JSONArray array = jObject.getJSONArray("courses");
for (int i = 0; i < array.length(); i ++) {
    JSONObjectjObject = array.getJSONObject(i);
    int jcId = jObject.getInt("cid");
    String jcName = jObject.getString("name");
}
```

【任务分析】

任务中客户端发送请求，服务器端响应返回字节输入流，需先将字节输入流转换为 JSON 格式的字符串，然后利用 Android 系统原生解析方式（利用 JSONObject 和 JSONArray 类），从 JSON 格式的字符串中解析出信息显示到 UI 的 ListView 控件中。

【实现步骤】

（1）使用 Empty Activity 创建 "SearchPhoneNumber" 项目。

（2）完成页面布局。

①编辑 "strings. xml" 文件。

在 "strings. xml" 文件的 resources 元素中增加如下字符定义，代码如下。

```
< resources >
    < string name = "app_name" >SearchPhoneNumber < /string >
    < string name = "txt_phone" >电话号码: < /string >
    < string name = "edt_phone" >请输入要查询归属地的电话号码 < /string >
    < string name = "btn_query" >查询 < /string >
    < string name = "txt_hint" >查询到的信息如下: < /string >
< /resources >
```

②完成 "activity_main. xml" 布局文件。

a. 将默认 "ConstraintLayout" 布局修改为 "LinearLayout"，设置布局 "padding" 为 "25dp"。

b. 利用 EditText 和 Button 控件完成页面布局，代码参见【二维码 7 - 5】。

③在清单文件"AndroidManifest. xml"中加入允许访问网络权限，代码参见【二维码 7 – 2】。

④进行 HTTP 访问配置，具体见任务 1 中的相关操作。

（3）在"MainActivity. java"文件中完成编码。

【二维码 7 – 5】

①在 MainActivity 类中声明数据成员（代码第 2 ~ 4 行）。

②在 MainActivity 类的 onCreate( )方法外自定义方法 initView( )，该方法的功能是实现控件的关联（代码第 16 ~ 21 行），并在 onCreate( )方法内调用该方法（代码第 11 行）。

③在 MainActivity 类的 onCreate( )方法外自定义方法 doClick（ ），该方法的功能是实现"查询"按钮的单击事件（代码第 102 ~ 116 行）。

④在 doClick( )方法的"查询"按钮代码内，编码获取用户输入的信息，当用户输入信息为空时用 Toast 给出相应的提示（代码第 105 ~ 108 行）。

⑤搭建 Thread + Handler 代码框架。在主线程中创建 Handler 对象，并重写其 handleMessage( )方法；自定义 PhoneThread 类继承 Thread，并重写其 run( )方法；在"查询"按钮代码内用户信息输入不为空的情况下，实例化 PhoneThread 对象，并调用其 start( )方法启动线程。

⑥在 PhoneThread 类重写的 run( )方法内完成耗时操作，利用 HttpURLConnection 方式完成访问网络功能。将获取到的字节输入流转换为字符串（代码第 62 ~ 92 行），并利用 Message 对象将转换的 JSON 格式的字符串利用 Handler 对象的 sendMessage( )方法发送至 Handler（代码第 93 ~ 95 行）。

⑦信息发送至 Handler 后，在 Handler 对象的 handleMessage( )方法内利用 Android 系统原生解析方式解析 JSON 格式的字符串，并将解析的信息显示到 TextView 控件中（代码第 30 ~ 51 行），代码参见【二维码 7 – 6】。

【二维码 7 – 6】

（4）运行查看效果。

【任务要点】

1. 将字符数组输入流转换为 JSON 格式的字符串

利用 ByteArrayOutputStream 将字节输入流转换为字符串，每次读取一定字节长度的信息并将其写入字节数组输出流，直到长度值为 – 1 为止，示例代码如下。

```
InputStream inputStream = connection.getInputStream();
ByteArrayOutputStream byteStream = new ByteArrayOutputStream();
byte[] buffers = new byte[1024];
int length = inputStream.read(buffers);//定义 length 用来存放实际读取到的字节数
while (length! = -1) {
        byteStream.write(buffers,0,length);
        length = inputStream.read(buffers);
}
String jsonString = byteStream.toString();//将缓冲区的内容转换为字符串
```

其中上述代码段也可以简写如下。

```
InputStream inputStream = connection.getInputStream();
ByteArrayOutputStream byteStream = new ByteArrayOutputStream();
byte[] buffers = new byte[1024];
int length = 0;
while ((length = inputStream.read(buffers)) ! = -1) {
        byteStream.write(buffers,0,length);
}
String jsonString = byteStream.toString();//将缓冲区的内容转换为字符串
```

2. JSON 格式字符串的原生解析

从服务器端获取的字节输入流经 ByteArrayOutputStream 类转换为 JSON 格式的字符串后，若想显示在 UI 的控件上还需进一步解析。返回的字符串格式可以利用 Postman（Postman 是一款非常流行的 API 调试工具）工具或设置断点的方式进行查看。查询手机号码归属地返回的 JSON 格式如下。

```
{
    "resultcode": "200",
    "reason": "Return Successd!",
    "result": {
        "province": "浙江",
        "city": "杭州",
        "areacode": "0571",
        "zip": "310000",
        "company": "中国移动",
        "card": ""
    }
}
```

从以上代码可见，返回的整体是 JSON 对象，对象内 result 对应的值又是对象，即对象内嵌套对象。在解析 result 对应的值时，需要先将转换的 JSON 格式的字符串转换为 JSONObject 对象，然后利用 JSONObject 对象的 getJSONObject()方法获取 result 对应的值，这样就获取到了最里层的 JSON 对象，JSON 对象里的字符串信息通过其 getString()方法即可完成信息的获取，示例代码如下。

```
JSONObject jsonObject = new JSONObject(lastString);
JSONObject jObject = jsonObject.getJSONObject("result");
String rProvince = jObject.getString("province");//归属省
```

【任务拓展】

创建新项目"Dictionary"，要求使用 HttpURLConnection 及提供的搜单词的 API 完成输入单词的查询，并将查询结果显示出来，如图 7-5 所示。

图 7 – 5　查单词效果

搜单词的 API 相关信息如下。

（1）请求方式：GET。

（2）请求地址：http：//dict. youdao. com/suggest？ q = love&num = 1&doctype = json。

（3）请求参数说明：q 是必填项，即需要查询的英文单词；num 为单词个数，这里查询 1 个单词，若此参数省略则查询 5 个单词；doctype 为返回格式，若此参数省略则返回 XML 格式。

（4）返回 JSON 示例。

```
{
    "result": {
        "msg": "success",
        "code": 200
    },
    "data": {
        "entries": [
            {
                "explain": "n. 爱;爱情;喜好;(昵称)亲爱的;爱你的;心爱的人;钟爱之物;零分; v. 爱恋(某人);关爱;…",
                "entry": "love"
            }
        ],
        "query": "love",
        "language": "en",
```

```
        "type":"dict"
    }
}
```

（5）返回参数说明：explain 为单词解释，entry 为要查询的单词。

[任务提示]

从返回 JSON 格式中可见，返回的整体为 JSON 对象，其中 data 对应的又是 JSON 对象，而 entries 对应的为 JSON 数组，但该数组内只有一个 JSON 对象，所以不需要使用循环语句，直接获取数组的第一个对象即能获取 explain 对应的值，即最终获取的单词的解释。

【任务小结】

客户端通过网络请求访问服务器获取服务器端给出的响应——字节流入流，利用 Byte-ArrayOutputStream 类将字节输入流转换为 JSON 格式的字符串，再利用 Android 系统提供的原生解析方式解析 JSON，并将解析后的信息通过 Thread + Handler 方式显示到 UI 的控件中。在解析时需要根据返回的 JSON 格式来确定是使用 JSONObject 类还是使用 JSONArray 类。

任务 3　使用 HttpURLConnection、Gson、IOUtils 及自定义实体类获取 163 新闻

【任务描述】

创建新项目"News163"，要求使用 HttpURLConnection、Thread + Handler、Gson、IOUtils 及自定义实体类获取 163 新闻，要求页面一加载就能获取新闻信息（显示新闻标题和新闻发布时间），如图 7-6 所示。

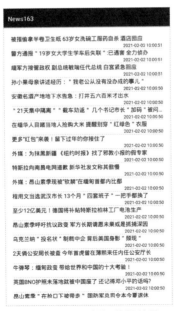

图 7-6　163 新闻获取效果

163 新闻查询的 API 相关信息如下。

（1）请求方式：GET。

（2）163 新闻获取地址如下。

```
https://api.apiopen.top/getWangYiNews
```

（3）返回 JSON 示例如下。

```
{
    "code":200,
    "message":"成功!",
    "result":[
        {
            "path":"https://www.163.com/dy/article/G1OBC8LO0514BCL4.html","image":"http://dingyue.ws.126.net/2021/0201/b63f2e50j00qntwfh0020c000hs00npg.jpg?imageView&thumbnail=140y88&quality=85",
            "title":"被指偷拿半卷卫生纸 63 岁女洗碗工服药自杀 酒店回应",
            "passtime":"2021-02-02 10:00:51"
        },
        {
            "path":" https://www.163.com/dy/article/G1O1Q9Q2053469M5.html","image":"http://cms-bucket.ws.126.net/2021/0201/9860dbd3p00qntxlo00iqc000s600e3c.png?imageView&thumbnail=140y88&quality=85",
            "title":"警方通报"19 岁女大学生学车后失联":已遇害 全力侦办",
            "passtime":"2021-02-02 10:00:51"
        },
        ......
    ]
}
```

（4）返回主要参数，见表 7-4。

表 7-4　163 新闻返回参数说明

名称	类型	说明
path	string	新闻详细内容链接
image	string	新闻相关图片路径
title	string	新闻标题
passtime	string	新闻发布的日期及时间

【预备知识】

1. IOUtils 类

除了利用 ByteArrayOutputStream 类将字节输入流转换为字符串外，Apache 提供了一个 commons-io.jar 包，使输入/输出流操作变得更加快捷。其中 commons-io 库常用类有 FileUtils 类和 IOUtils 类。FileUtils 类主要提供方便操作文件/目录的方法，IOUtils 类主要提供更便捷的操作流的方法。本任务使用 IOUtils 类完成字节输入流到字符串的转换，使用 IOUtils 类需要导入 common – io. jar 包，该类的常用方法见表 7 – 5。

表 7 – 5　IOUtils 类的常用方法

方法	说明
contentEquals（InputStream input1，InputStream input2）	比较两个输入流是否相等
copy（InputStream input，OutputStream output）	将字节从 InputStream 复制到 OutputStream 中
read（InputStream input，byte[ ] buffer）	从输入流中读取字节（通常返回输入流的字节数组的长度）
toString（InputStream input，"utf – 8"）	将缓冲区的内容通过 utf – 8 的编码方式以字符串的形式输出

2. Gson

利用 Android 系统自带的原生解析方式解析 JSON 数据的方法已在任务 2 中进行了介绍，这里介绍谷歌公司提供的 Gson 解析方式。

Gson（又称 Google Gson）是谷歌公司提供的用来在 Java 对象和 JSON 数据之间进行映射的 Java 类库，主要用途是将 Java 对象序列化为 JSON 字符串，或反序列化 JSON 字符串为 Java 对象。

JSON 与 Gson

Gson 核心 jar 包虽然精简（小于1M），却提供了非常强大的功能。与 JDK 自带的 JSON 解析 API 相比，使用 Gson 转换 Java 对象和 JSON 数据更加快速、高效，数据传递和解析更加方便。使用 Gson 时需导入 Gson 的 jar 包，该类的常用方法见表 7 – 6。

表 7 – 6　Gson 类的常用方法

方法	说明
toJson( )	将 Java 对象序列化为 JSON 数据
fromJson( )	将 JSON 数据反序列化为 Java 对象

利用 Gson
将 Java 对象
转换为 JSON

利用 Gson
将单个成员的
JSON 信息转换
为 Java 对象

3. 利用 Gson 解析 JSON 数据

本任务是从 JSON 格式的字符串中解析出相应的新闻标题及新闻发布时间。Gson 最常用的方法是借助 Java 类，将 JSON 信息生成对应 Java 对象来解析数据。将 JSON 数据生成 Java 对象的代码是一致的，如下所示。

```
Gson gson = new Gson();
BeanType bean = gson. fromJson(jsonData,BeanType.class);
```

其中 BeanType 为定义的 Java 实体类，jsonData 为从服务器中获取的 JSON 格式的字符串信息。在将 JSON 信息转换为 Java 对象时，依据 JSON 信

利用 Gson
将多位成员信息
的 JSON 转换
为 Java 对象

息类型又分为如下几种情况。

（1）JSON 信息是简单对象类型，如 {"name":"张三","age":18}。

转换时，依据给出的 JSON 信息写出其对应的 Java 实体类，Java 实体类中的成员变量的名称必须与 JSON 信息中的 key 名相同，代码如下。

```
public class MyIntro{
    private String name;
    private int age;
    //getter 与 setter 略
}
```

转换代码如下。

```
String jsonData = "{ \"name\": \"张三\", \"age\":18}";//转换为 JSON 字符串
Gson myGson = new Gson();
MyIntro intro = myGson.fromJson(jsonData, MyIntro.class);
```

（2）JSON 信息是简单数组类型，如 ["apple","banana","orange"]。

显然，数组在 Java 中对应的也是数组。这时不需要创建 Java 实体类，直接转换即可。

转换代码如下。

```
String fruitJson1 = "[ \"apple\", \"pear\", \"banana\"]";
Gson fruitGson = new Gson();
//注意参数 2 是 String[].class
String[] fruits = fruitGson.fromJson(fruitJson1,String[].class);
```

上述除了使用简单的数组形式外，还可以使用 List 类型的数组，因为使用 List 方式进行增加、删除和修改都比较方便。使用 List 方式进行转换的代码如下。

```
String fruitJson2 = "[ \"apple\", \"pear\", \"banana\"]";
Gson fruitGson = new Gson();
List < String > fruitList = fruitGson.fromJson(fruitJson2,new TypeToken < List <
String > >(){}.getType());
```

（3）没有数据头的纯 JSON 数组类型，数组内包含多个 JSON 对象。示例如下。

```
[
  {
    "name": "张小利",
    "age": 25,
    "phone": "1386888899",
    "email": "xiaoli@163.com"
  },
  {
    "name": "李思思",
    "age": 20,
    "phone": "13696987896",
```

```
      "email": "sisi@sohu.com"
   },
   ...
]
```

这种情况与（2）不同，需要创建一个 Java 实体类，具体转换步骤如下。

步骤 1：创建一个 Java 实体类（或称为 Bean 对象），Java 实体类中的成员变量的名称必须与 JSON 信息中的 key 名相同。

```
public class UserBean {
    private String name ;
    private int age;
    private String phone;
    private String email;
    //getter 与 setter 略
}
```

步骤 2：将给出的 JSON 信息转换为字符串 jsonString。

步骤 3：将步骤 2 中的字符串转换为 JSON 数组，代码如下。

```
JsonParser parser = new JsonParser();
JsonArray jsonArray = parser.parse(jsonString).getAsJsonArray();
```

步骤 4：使用 Gson 进行解析，代码如下。

```
Gson gson = new Gson();
List <UserBean> userBeanList = new ArrayList < >();
```

步骤 5：遍历数组，代码如下。

```
for (JsonElement user : jsonArray) {
    //使用 Gson,直接转成 Bean 对象
    UserBean userBean = gson.fromJson(user, UserBean.class);
    userBeanList.add(userBean);
}
```

（4）有数据头的纯数组数据。示例如下。

```
{
  "muser":[
    {
        "name": "张小利",
        "age": 25,
        "phone": "1386888899",
        "email": "xiaoli@163.com"
    },
    {
```

```
        "name": "李思思",
        "age": 20,
        "phone": "13696987896",
        "email": "sisi@sohu.com"
      },
      ...
    ]
}
```

这种情况与（3）不同，信息先以 JSON 对象的形式呈现，再以 JSON 数组的形式呈现，这类情况的转换步骤如下。

步骤 1：创建一个 Java 实体类（或称为 Bean 对象）。

```java
public class UserBean {
  private List < MuserBean > muser;
  public List < MuserBean > getMuser() {
    return muser;
  }
  public void setMuser(List < MuserBean > muser) {
    this.muser = muser;
  }
  public class MuserBean {
    private String name;
    private int age;
    private String phone;
    private String email;
    //getter 与 setter 略
  }
}
```

步骤 2：将给出的 JSON 信息转换为字符串 jsonString。

步骤 3：使用 Gson 进行解析，代码如下。

```java
Gson gson = new Gson();
UserBean userBean = gson.fromJson(jsonString, UserBean.class);//解析为对象
List < UserBean.MuserBean > userBeanList = userBean.getMuser();//MuserBean 对象
```

步骤 4：循环从 MuserBean 对象中获取各信息。

（5）有数据头的复杂 JSON 数据。示例如下。

```
{
    "code": 200,
    "msg": "OK",
    "muser": [
    {
      "name": "张小利",
```

```
        "age": 25,
        "phone": "1386888899",
        "email": "xiaoli@163.com"
    },
    {
        "name": "李思思",
        "age": 20,
        "phone": "13696987896",
        "email": "sisi@sohu.com"
    },
    ...
    ]
}
```

转换步骤如下。

步骤 1：创建一个 Java 实体类（或称为 Bean 对象）。

```
public class ResultBean {
    private int code;
    private String msg;
    private List < UserBean > muser;
    public class UserBean {
        private String name ;
        private String age;
        private String phone;
        private String email;
        //getter 与 setter 略
    }
    //getter 与 setter 略
}
```

步骤 2：将给出的 JSON 信息转换为字符串 jsonString。

步骤 3：使用 Gson 进行解析，直接解析为对象，再从对象中取出集合，代码同情况 (4)。

（6）JSON 信息在格式上相近，只不过某个字段的 value 不固定。

例如，JSON 信息主要是如下两类。

```
{"code":"0","message":"success","data":{}}
{"code":"0","message":"success","data":[]}
```

对于字段 data，有时候是对象，有时候是数组。出现这种情况时，使用 Result < T > 来映射 JSON 数据，使用类来映射 JSON 数据的 data 部分。这意味着，对于不同的 JSON 数据，将不再生成多个 Java 类，而是动态生成所需的 Java 对象，实体类 Result 如下。

```
public class Result <T> {
    private int code;
    private String message;
    private T data;
    //getter 与 setter 略
}
```

【任务分析】

本任务中客户端发送请求，服务器端响应返回字节输入流，需要先将字节输入流转换为 JSON 格式的字符串，然后利用谷歌公司提供的 Gson 解析方式和 Java 实体类配合，从 JSON 格式的字符串中解析出所需的信息显示到 UI 的 ListView 控件中。

【实现步骤】

（1）使用 Empty Activity 创建"News163"项目。

（2）完成页面布局。

①完成"activity_main. xml"布局文件。

a. 将默认"ConstraintLayout"布局修改为"LinearLayoutLayout"，设置布局"padding"为"25dp"。

b. 利用 ListView 控件完成页面布局，代码参见【二维码7-7】。

【二维码7-7】

②"完成 item_list. xml"布局文件。

由于 MainActivity 页面后续将使用 ListView 结合 SimpleAdapter 完成获取到的新闻信息的显示，所以需先设置其一项的布局。在"layout"文件夹中新建"item_list. xml"文件，代码参见【二维码7-8】。

【二维码7-8】

③NewsInfo 实体类的创建（NewsInfo. java）。

由于从服务器端获取的 JSON 格式的字符串需使用 Gson 及 Java 实体类完成解析，为此，需自定义 Java 实体类 NewsInfo，用来利用 Gson 对象的 fromJson() 方法将 JSON 格式的字符串转换为 Java 对象，从而为后续 163 新闻标题及新闻发布时间的获取作准备。

用鼠标右键单击项目包名，在弹出的快捷菜单中选择"New"→"Java Class"选项，弹出"New Java Class"对话框，输入要创建的类名"NewsInfo"后，按 Enter 键，NewsInfo 类代码参见【二维码7-9】。

【二维码7-9】

④在清单文件"AndroidManifest. xml"中加入允许访问网络权限，代码参见【二维码7-2】。

（3）在"MainActivity. java"文件中完成编码。

①在 MainActivity 类中声明数据成员（代码第2行）。

②在 MainActivity 类的 onCreate() 方法外自定义方法 initView()，该方法的功能是实现控件的关联（代码第14～16行），并在 onCreate() 方法内调用该方法（代码第7行）。

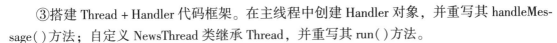

③搭建 Thread + Handler 代码框架。在主线程中创建 Handler 对象，并重写其 handleMessage()方法；自定义 NewsThread 类继承 Thread，并重写其 run()方法。

④在 onCreate()方法的 initView()方法的下方，实例化 NewsThread 对象，并调用其 start()方法启动线程。

⑤在 NewsThread 类重写的 run()方法内完成耗时操作，利用 HttpURLConnection 方式完成访问网络功能获取字节输入流（代码第 59 ~ 67 行），并将获取到的字节输入流利用 IOUtils 类的 toString()方法转换为字符串（使用 IOUtils 类时需要先导入 common - io. jar 包，见代码第 69 行），并利用 Message 对象将转换的 JSON 格式的字符串利用 Handler 对象的 sendMessage()方法发送至 Handler（代码第 78 ~ 80 行）。

⑥将信息发送至 Handler 后，在 Handler 对象的 handleMessage()方法内利用谷歌公司提供的 Gson 类及实体类 NewsInfo 完成 JSON 信息的解析，并将解析的信息显示到 TextView 控件中（代码第 28 ~ 49 行），代码参见【二维码 7 - 10】。

【二维码 7 - 10】

（4）运行查看效果。

【任务要点】

1. 第三方 jar 包的导入

在任务的实现中，如字节流转换为字符流，JSON 字符串序列化为 Java 对象时，为了简化操作，都使用了第三方提供的类库的相应方法。第三方提供的类在使用时需要导入相应的 jar 包到 Android Studio 项目中。以 Gson. jar 为例，其导入步骤如下。

步骤1：下载 Gson. jar 包，解压后将文件夹存放到 "Project" 视图（需要将 Android Studio 从默认的 "Android" 视图切换到 "Project" 视图）中的 "app"→"libs" 目录下。

步骤2：用鼠标右键单击 jar 包，在弹出的快捷菜单中选择 "Add As Library…" 命令，如图 7 - 7 所示。在弹出的 "Create Library" 对话框中单击 "OK" 按钮，完成导入。

2. Gson 的使用

导入 Gson. jar 包后就可以使用 Gson 了。实例化 Gson 对象，根据任务要求，利用 Gson 的相应方法完成 JSON 信息与 Java 对象间的转换。

3. 利用 IOUtils 类将字节输入流转换为字符串

利用 IOUtils 类的 toString（InputStream input," utf - 8"）方法即可完成转换，其中参数 input 即从服务器中获取到的字节输入流对象，参数 utf - 8 为字符编码，是为了解决乱码问题而设置的 UTF - 8 编码。

【任务拓展】

创建新项目 "CityIntro"，要求使用 Thread + Handler、Gson、Java 实体类、IOUtils 类及自己编写的本地 JSON 文件（ "city. json"，文件内容根据显示内容进行定义）完成 JSON 文件中信息的获取，要求将获取到的省份信息显示在左侧的 TextView 控件中，将城市信息显示在右侧的 Spinner 控件中，如图 7 - 8 所示。

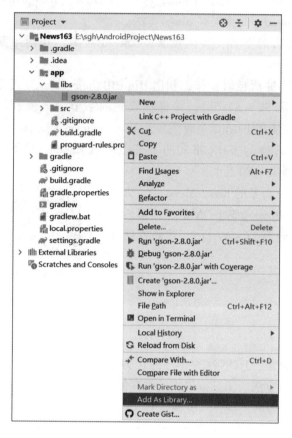

图 7 – 7　"Add As Library……"命令

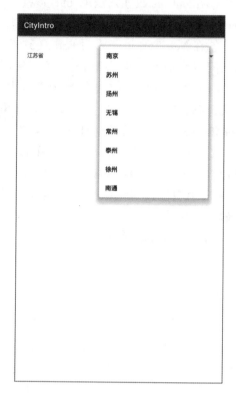

图 7 – 8　读取 JSON 文件中的信息

[任务提示]　本地 JSON 文件的存储位置位于"res"→"assets"目录下，"assets"目录需要自己创建（用鼠标右键单击"res"目录，在弹出的快捷菜单中选择"New"→"Folder"→"Assets Folder"选项），然后在"assets"目录下新建"city. json"文件（用鼠标右键单击"assets"目录，在弹出的快捷菜单中选择"New"→"File"选项，在弹出的对话框中输入"city. json"后按 Enter 键）。另外，解析 JSON 文件中的信息为读取文件耗时操作，利用 Thread + Handler 完成。读取到的城市信息数据类型为 List < bean >，需要将其中的信息转换到数组内，再利用 ArrayAdpter 将信息加载到 Spinner 控件中。

【任务小结】

客户端通过网络请求访问服务器获取服务器端给出的响应——字节流入流，利用 IOUtils 类的 toString( )方法将字节输入流转换为 JSON 格式的字符串，再利用谷歌公司提供的 Gson 及自定义的实体类完成 JSON 信息的解析，并将解析的信息通过 Thread + Handler 方式显示到 UI 的控件中。

任务 4　使用 HttpURLConnection、Gson、IOUtils 及自定义实体类实现 QQ 注册功能

【任务描述】

复制单元 5 任务 3 中的"QQ"项目，将原来用 SQLite 数据库实现 QQ 注册的相关代码删除，要求利用 HttpURLConnection、GSON、IOUtils 及自定义实体类再次实现 QQ 注册功能。其中 QQ 注册时用户输入的信息要求用 POST 方式以 JSON 格式提交到服务器，服务器根据要求自己搭建。

QQ 注册的 API 相关信息如下。

访问方式：POST。

访问 URL：http://localhost/QQ/register. php。

访问参数：见表 7 - 8 中的客户端请求参数。

返回值（JSON）：见表 7 - 7 中的服务器端响应参数。

表 7 - 7　QQ 注册接口参数

请求	客户端请求参数	服务器端响应参数

QQ 注册	QQ_account = xxx　//账号
	QQ_password = xxx　//密码
	如：
	{
	"QQ_account":"1084265208",
	"QQ_password":"123456"
	}
		success = 1　//操作成功
		success = 0　//操作失败
		message = xxx　//响应信息
		如：
		(1) 注册成功：
		{
		"success":1,
		"message":"QQ info successfully created."
		}
		(2) 账号已注册过：
		{
		"success":0,
		"message":"QQ account is used."
		}

注意：在项目后续编写代码访问服务器信息时需将 localhost 改为自己计算机的 IP 地址，否则访问不到服务器中的信息。

【预备知识】

1. HttpURLConnection 的 setDoOutput( ) 与 setDoInput( ) 方法

常用的 HTTP 请求方式有 GET 与 POST 两种。其中以 GET 方式向服务器传递参数时，参

数放在 URL 链接中，而以 POST 方式向服务器传递参数时，参数放在 body 中。由于传递参数的方式不同，所以在向服务器发出请求时代码有所不同。前面三个任务中都采用 GET 方式，本任务中使用 POST 方式，在 POST 方式中会涉及 HttpURLConnection 的 setDoInput( ) 与 setDoOutput( ) 方法。

setDoInput(true) 是指客户端接受服务器端响应的返回值，默认值为 "true"，因为所有的网络请求都需要接受服务器端的响应，不管是 GET 方式还是 POST 方式，此方法默认即 "true"，所以在 GET 方式中这句代码可以默认。

setDoOutput( ) 是 "true" 还是 "false"，需要用户根据需要进行设置，默认为 "false"，setDoOutput 是指客户端是否需要携带 body 向服务器发送信息，若需要携带 body 向服务器发送信息则设置 "true" 值，否则设置 "false" 值。

结论：无论是 GET 方式还是 POST 方式，都需要接受服务器端响应，因此 setDoInpput( ) 默认值是 "true"。若向服务器传送参数时使用的是 GET 方式，即参数是放在 URL 链接中，则 setDoOutput( ) 的值设为 "false"，其中 "false" 是默认值，若使用 POST 方式携带 body 向服务器传送参数，则 setDoOutput( ) 的值设为 "true"。

2. GET 与 POST 两种请求方式的缓存问题

HTTP 缓存的基本目的是使应用程序执行得更快，更易扩展，但是 HTTP 缓存通常只适用于 idempotent request（可以理解为查询请求，也就是不更新服务器端数据的请求），这也就导致在 HTTP 的世界里，一般都是对 GET 请求做缓存，POST 请求很少有缓存。

GET 多用来直接获取数据，不修改数据，类似数据库中的查询语句，用缓存的目的是使查询数据库的速度变快。

POST 则是发送数据到服务器端去存储，类似数据库中的增加、删除、修改，要更新数据库中的信息，数据必须放在数据库中，所以一般需要访问服务器端，即不用缓存，在编码时利用 HttpURLConnection 的 setUseCaches(false) 方法可以设置 POST 方式不使用缓存。

3. HttpURLConnection 的 setRequestProperty(String key, String value) 方法

该方法的功能是告知服务器客户端的配置/需求，常用的有如下几种配置。

（1）设置维持长连接：

```
conn.setRequestProperty("Connection","Keep-Alive")
```

（2）设置文件字符集：

```
conn.setRequestProperty("Charset", "UTF-8")
```

（3）设置文件长度：

```
conn.setRequestProperty("Content-Length", String.valueOf(data.length));
```

（4）设置文件类型：

```
conn.setRequestProperty("Content-Type",String Value);
```

设置 HTTP 请求头，有多种类型，这里用 Value 代替各类型值。

4. Android 网络请求 Content-type 类型

常用的 Content-type 类型有如下几种。

1）JSON 串流的方式请求

```
conn.setRequestProperty("Content - Type","application/json;charset = UTF - 8");
```

此方式中向服务器传送的是 JSON 串流信息，告知服务器端传送的消息主体是序列化后的 JSON 字符串，如：

```
String params = "{"success":1,"message":"QQ info successfully created."}";
```

2）表单请求（和网页表单请求方式相同）

```
connection.setRequestProperty("Content - Type"," application/x - www - form -
urlencoded;charset = UTF -8");
```

此方式向服务器传送的是表单信息，如：

```
String params = "member_id" + " = " + "8000013189" + "&" + "data_type" + " = " + "json"
+"&" + "image" + " = " + imageString;
```

3）在表单中进行文件上传

```
connection.setRequestProperty("Content - Type","application/multipart/form -
data;charset = UTF -8");
```

【任务分析】

单元 5 任务 3 中实现 QQ 注册功能时注册的信息保存在客户端（移动端）的 SQLite 数据库中，本任务要求将注册信息保存在服务器端，并且提交给服务器的 QQ 账号和密码要用 POST 方式以 JSON 格式提交，需要明确 POST 方式与前面 GET 方式获取服务器端信息的不同，向服务器端以 JSON 格式提交数据，需要将用户输入的 QQ 账号和密码经 JAVA 实体类 QQInfos 和 Gson 对象的 toJson( )方法，最终转换为 JSON 格式的字符串。

【实现步骤】

（1）复制单元 5 任务 3 中的"QQ"项目，删除 QQ 注册功能利用 SQLite 数据库方式实现注册的部分代码。

（2）服务器端开发。

①安装 XAMPP 套件。

进入 Apache Friends 官网（https://www.apachefriends.org/zh_cn/index.html），下载适合自己操作系统的 XAMPP，安装并完成 Apache 和 MySQL 的启动，如图 7 -9 所示。

②在服务器端 XAMPP 套件安装目录下的"htdocs"目录下新建"QQ"目录。

③服务器端开发。

a. 创建数据库 QQDB，并创建数据表 QQInfos。

• 进入 phpMyAdmin 界面。

在图 7 -9 所示的 XAMPP 控制面板中单击 MySQL 所在的"Admin"按钮，将在浏览器地址栏中出现"http://localhost/phpmyadmin/"，同时进入 phpMyAdmin 界面。

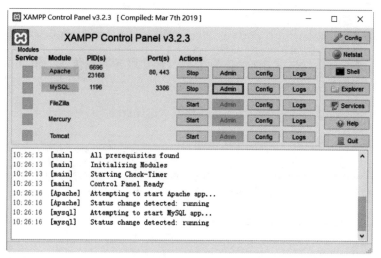

图 7 – 9　XAMPP 控制面板

● 创建数据库。

在 phpMyAdmin 界面中创建数据库 QQDB，排序规则选取 utf8_general_ci，单击"创建"按钮，完成数据库的创建，如图 7 – 10 所示。

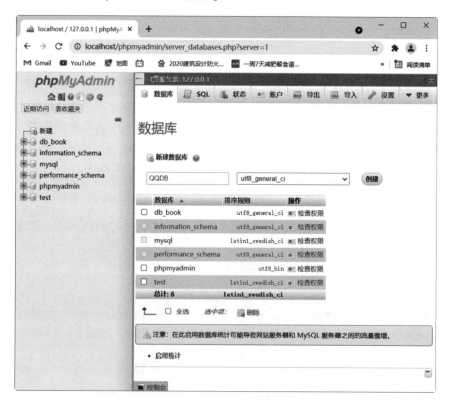

图 7 – 10　在 phpMyAdmin 界面中创建数据库 QQDB

● 创建数据表。

在 QQDB 数据库中创建 QQInfos 数据表，其结构见表 7 – 8。

表 7 – 8　QQInfos 数据表结构

属性	类型	长度	说明
_id	int	不限	用户 ID 号，主键，自增
QQ_account	varchar	20	QQ 账号，非空，唯一
QQ_password	varchar	20	QQ 密码，非空

　　在 phpMyAdmin 界面左侧选择数据库 QQDB，单击 "SQL" 选项卡，书写创建 QQInfo 数据表的代码，代码参见【二维码 7 – 11】。

　　代码输入完成后，单击 "执行" 按钮，完成数据表的创建，如图 7 – 11 所示。

【二维码 7 – 11】

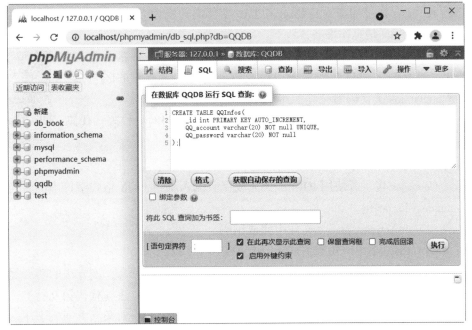

图 7 – 11　创建数据表 QQInfos

创建完成的数据表如图 7 – 12 所示。

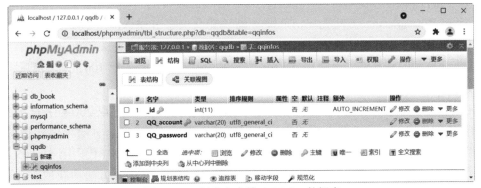

图 7 – 12　创建完成的 QQInfos 数据表

5. 实现客户端与服务器端连接、注册功能。

- 连接数据库。

在"QQ"文件夹中新建文件"conn. php"，编写代码实现客户端与服务器端的连接，代码参见【二维码 7 - 12】。其中第 2 ~ 7 行代码是以用户名 root 和空密码访问本地主机上名为 QQDB 的数据库。

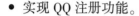

【二维码 7 - 12】

- 实现 QQ 注册功能。

在"QQ"文件夹中新建文件"register. php"，编写代码，将客户端输入的账号和密码保存到服务器端的 QQInfos 数据表中，实现 QQ 注册功能，代码参见【二维码 7 - 13】。

【二维码 7 - 13】

（3）资源准备。

①创建 QQInfos 实体类（QQInfos. java）。

用户输入的 QQ 账号和密码经 Gson 和 Java 实体类转换为 JSON 格式的字符串，为客户端向服务器端提交 JSON 信息作准备。

用鼠标右键单击包名，在弹出的快捷菜单中选择"New"→"Java Class"选项，弹出"New Java Class"对话框，输入要创建的类名"QQInfos"后，按 Enter 键，QQInfos 类代码参见【二维码 7 - 14】。

②在清单文件"AndroidManifest. xml"中加入允许访问网络权限，代码参见【二维码 7 - 2】。

【二维码 7 - 14】

③进行 HTTP 访问配置，具体见任务 1 中的相关操作。

④导入 Gson. jar 包，若使用 IOUtils 类完成字节流入流到 JSON 格式字符串的转换则需要再导入 common - io. jar 包。

（4）在"MainActivity. java"文件中完成编码。

①在 MainActivity 类中声明数据成员（代码第 2 ~ 3 行）。

②在 MainActivity 类的 onCreate()方法外自定义方法 initView()，该方法的功能是实现控件的关联（代码第 14 ~ 19 行），并在 onCreate()方法内调用该方法（代码第 9 行）。

③搭建 Thread + Handler 代码框架。在主线程中创建 Handler 对象，并重写其 handleMessage()方法；自定义 RegisterThread 类继承 Thread，并重写其 run()方法。

④在 MainActivity 类的 onCreate()方法外自定义方法 post()，两个形参为服务器的 URL 地址和客户端传给服务器的 JSON 字符串，方法返回值为转换完成的 JSON 字符串。在方法中利用 HttpURLConnection 方式完成访问服务器功能获取字节输入流（代码第 74 ~ 98 行），以 POST 方式向服务器端上传参数，输出流使用完成后清空缓冲区并关闭流（代码第 91 ~ 95 行），再将获取到的字节输入流利用 IOUtils 类转换为字符串（代码第 100 行），最后将 JSON 字符串返回。

⑤在 RegisterThread 类重写的 run()方法内调用 post()方法获取 JSON 字符串，利用 Android 原生解析方式对服务器返回的响应进行解析，最后利用 Message 对象将转换的 JSON 格式的字符串利用 Handler 对象的 sendMessage()方法发送至 Handler（代码第 51 ~ 65 行）。

⑥将信息发送至 Handler 后，在 Handler 对象的 handleMessage()方法内获取服务器返回的响应信息，根据信息判断最后注册的结果（代码第 28 ~ 39 行）。

【二维码 7-15】

⑦在 doClick( )方法内的"注册"按钮代码段中当用户输入信息为空时用 Toast 给出相应的提示语句的下方，将用户输入的 QQ 账号和密码经 Java 实体类 QQInfos 和 Gson 对象的 toJson( )方法最终转换为字符串，为 post( )方法准备参数（代码第 130～132 行），最后实例化 RegisterThread 对象，并调用其 start( )方法启动线程（代码第 134～135 行），代码参见【二维码 7-15】。

（5）运行查看效果。

【任务要点】

HttpURLConnection 利用 GET 方式向服务器提交信息时参数放在 URL 链接中，而 POST 方式是携带 body 向服务器传送参数，所以在提交信息时在编码上也有所不同。利用 POST 方式向服务器提交 JSON 格式信息的步骤如下。

步骤 1：获取 HttpURLConnection 对象 connection。

```
HttpURLConnection connection = (HttpURLConnection) url.openConnection();
```

步骤 2：设置请求方式为 POST 方式。

```
connection.setRequestMethod("POST");
```

步骤 3：设置连接超时。

```
connection.setConnectTimeout(5000);
```

步骤 4：设置允许用 POST 方式携带 body 向服务器传送参数，即值为"true"，默认值为"false"。在 GET 方式中不向服务器传递参数或传递参数时参数放在 URL 链接中，所以在 GET 方式中这句代码不写。

```
connection.setDoOutput(true);
```

步骤 5：设置客户端接受服务器返回的响应参数，此步可以默认，因其默认值为"true"，即在默认情况下都是接受返回响应参数的。

```
connection.setDoInput(true);
```

步骤 6：设置 POST 方式请求不能使用缓存。

```
connection.setUseCaches(false);
```

步骤 7：设置请求头，告知服务器端传送的消息主体是序列化后的 JSON 字符串。

```
connection.setRequestProperty("Content-Type","application/json;charset=UTF-8");
```

步骤 8：连接服务器。在步骤 9 中利用 getOutputStream( )方法获取 OutputStream 对象时会隐含地进行服务器的连接，所以在开发中此步可以默认。

```
connection.connect();
```

步骤 9：发送请求，把请求参数上传至服务器。从客户端的角度看，将信息上传至服务器，针对客户端而言是输出，所以是输出流 OutputStream。利用 OutputStream 对象的 write( )
方法上传参数时，需要将 JSON 字符串利用 getBytes( ) 方法转为 byte 字节数组后才能上传。

```
OutputStream os = connection.getOutputStream();
os.write(json.getBytes("utf-8"));
```

步骤 10：清空缓冲区，关闭输出流。

```
os.flush();
os.close();
```

【任务拓展】

复制单元 5 任务 3 中的 "QQ" 项目，将原来用 SQLite 数据库实现 QQ 登录的相关代码
删除，要求利用 HttpURLConnection、GSON、IOUtils 及自定义实体类再次实现 QQ 登录功能。
其中 QQ 登录时用户输入的信息要求用 POST 方式以 JSON 格式提交到服务器，服务器根据
要求自己搭建。

[任务提示]

1. QQ 登录的 API 相关信息

访问方式：POST。

访问 URL：http://localhost/QQ/login.php。

访问参数：见表 7-10 中的客户端请求参数。

返回值（JSON）：见表 7-9 中服务器端响应参数。

表 7-9 QQ 登录接口参数

请求	客户端请求参数	服务器端响应参数

QQ 登录	QQ_account = xxx　　//账号
	QQ_password = xxx　　//密码
	如：
	{
	　"QQ_account":"1084265208",
	　"QQ_password":"123456"
	}
		success = 1　　//操作成功
		success = 0　　//操作失败
		message = xxx　　//响应信息
		如：
		（1）登录成功：
		{
		　"success":1,
		　"message":"Welcome login."
		}
		（2）登录失败（错误的账号或密码）：
		{
		　"success":0,
		　"message":"Wrong account or pass-word."
		}

2. QQ 登录功能服务器代码

在"QQ"文件夹中新建文件"login. php"，实现 QQ 登录功能，代码参见【二维码7–16】。

【二维码7–16】

【任务小结】

客户端通过网络请求访问服务器，利用 POST 方式向服务器提交 JSON 格式信息，服务器获取到参数后给出响应，POST 方式与 GET 方式的不同之处在于参数的提交，GET 方式中存在不向服务器提交信息或利用 URL 链接提交参数两种情况，而 POST 方式是携带 body 向服务器提交信息的。

任务 5　使用 OKHttp 网络框架、Gson、GsonFormatPlus 及自定义实体类实现天气预报的获取

【任务描述】

创建新项目"WeatherForcast"，要求使用 OKHttp 网络框架、Gson、GsonFormatPlus 及自定义实体类实现天气预报的获取，具体要求如下。

（1）项目启动后进入引导页面（SplashActivity，没有标题栏），如图 7 – 13（a）所示，3 秒后自动跳转到主页面（MainActivity）。

（2）MainActivity 页面打开后，输入框中默认输入"太仓"，同时下方显示太仓最近三天（今、明、后）的天气情况，即进入页面后默认显示太仓的天气预报，如图 7 – 13（b）所示。

（3）在页面输入框中输入要查询的城市名称，单击"查询"按钮，可以将所查城市最近三天（今、明、后）的天气情况显示出来，如图 7 – 13（c）所示。

【预备知识】

1. GsonFormatPlus

客户端发出请求，服务器端返回 JSON 信息后，JSON 信息与 Java 对象间的转换可以通过自定义实体类（实体类中的成员变量及封装采用手工书写代码的方式完成）实现，但当返回的 JSON 信息较复杂时，自定义实体类时成员变量的书写（实体类参数）就变得尤为困难，而 GsonFormatPlus 插件可以帮助解决这个难题。

GsonFormatPlus（Android Studio 4.1 以前的版本中为 GsonFormat）是 Android Studio 中集成的一个插件，主要用于根据 JSON 格式的字符串自动生成实体类参数，该插件可以加快开发进度，使用方便，效率高。本插件只适用于 Android Studio 和 Intellij IDEA 集成开发环境。

2. Android 系统中的异步和同步通信机制

在前面任务中使用的 Handler 消息处理、广播消息等均采用异步通信机制。什么是异步通信机制？和它相对的同步通信机制又是什么？Synchronous（同步）和 Asynchronous（异步）的概念最早来自通信领域。

（a）

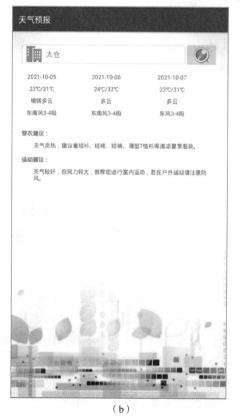

（b）

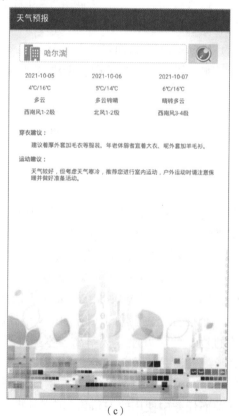

（c）

图 7 –13　天气预报效果

（a）SplashActivity 页面；（b）MainActivity 页面（太仓）；（c）MainActivity 页面（哈尔滨）

通信的同步：指客户端在发送请求后，必须在服务器端有回应后才继续发送其他请求，所以这时所有请求将会在服务器端得到同步，直到服务器端返回请求。

通信的异步：指客户端在发送请求后，不必等待服务器端的回应就可以发送下一个请求，所有请求动作将会在服务器端得到异步，这条请求的链路就像一个请求队列，所有请求动作在这里不会得到同步。

综上，同步通信就是发送一个请求，等待接收方返回响应，然后再发送下一个请求。异步通信就是发送一个请求，不等待接收方返回响应，随时可以再发送下一个请求。

根据网络请求方式（GET 与 POST 方式）及异步和同步通信机制，网络请求可以分为 4 种方式：发送异步请求（GET）、发送同步请求（GET）、发送异步请求（POST）和发送同步请求（POST）。对于本任务中涉及的 OKHttp 框架，主要分 GET 和 POST 两种方式讲解异步请求的发送。

3. OKHttp 框架

实现网络通信有两种方式：调用原生类和使用第三方框架。前面任务中使用的是调用原生类（HttpURLConnection）方式，本任务中将介绍使用第三方框架方式。Android 系统中常见的网络通信第三方框架有 OKHttp、Volley、Retrofit、Android – async – http 和 xUtils 等。其中 OKHttp 和 Volley 的底层是 HttpURLConnection；Retrofit 是对 OKHttp 的包装，其底层也是 HttpURLConnection；Android – async – http 和 xUtils 的底层是 HttpClient。可见第三方框架库都是对原生类功能的封装以及扩展。

OKHttp 是 Square 公司的一款开源网络框架，它封装了一个高性能的 HTTP 请求库，用于替代 HttpURLConnection。

1）OKHttp 特性

支持 HTTP/2，允许所有同一个主机地址的请求共享同一个 socket 连接；

连接池减少请求延时；

透明的 GZIP 压缩减小响应数据的大小；

缓存响应内容，避免一些完全重复的请求。

2）OKHttp 核心类及其功能

在使用 OKHttp 之前，首先要了解其核心类及其功能，具体见表 7 – 10。

表 7 – 10　OKHttp 核心类及其功能

核心类	功能
OkHttpClient	客户端对象
Request	OKHttp 中的请求，它是封装请求报文信息的对象，比如请求 URL、请求方法、超时时间，还有各种请求头
Builder	辅助类，用于生产对象
Response	OKHttp 中的响应，在响应中可以得到返回是否成功及返回的数据
MediaType	数据类型，用来表明向服务器发送的数据类型，如 JSON 等格式

续表

核心类	功能
Call	Call 是发起 HTTP 请求的对象，通过 Call 对象发起请求，发起请求的时候，需要有请求报文，Request 对象就是对应的请求报文，可以添加对应的请求行、请求头、请求体

3）OKHttp 的使用

（1）由于要访问网络，需要在配置文件"AndroidManifest. xml"中添加网络权限。

（2）由于 OKHttp 是第三方框架，所以在使用前需要在 gradle 下添加依赖，代码如下。

```
implementation'com.squareup.okhttp3:okhttp:4.9.0'
```

（3）使用 OKHttp 框架发送异步请求。

发送异步请求又分为 GET 与 POST 两种方式，具体如下。

①发送异步请求（GET）。

GET 方式的异步请求主要由创建 OkHttpClient 对象、创建 Request 对象及方式、创建 Call 对象、执行请求操作获取响应 4 步组成。示例代码如下。

```
public void getAsync(String strUrl){//形参 strUrl 为访问服务器的地址
    //步骤1:创建 OkHttpClient 对象
    OkHttpClient okHttpClient = new OkHttpClient();
    //步骤2:创建请求对象(Request)及方式(GET)
    Request request = new Request.Builder()
            .url(strUrl)
            .get()
            .build();
    //步骤3:创建 Call 对象
    Call call = okHttpClient.newCall(request);
    //步骤4:执行请求操作获取响应,call.execute()表示为同步请求,call.enqueue(new
Callback(){…})为异步请求。
    call.enqueue(new Callback() {
            @Override//回调失败,回调方法在子线程中
            public void onFailure(@NotNull Call call, @NotNull IOException e) {
            }
            @Override//回调成功,回调方法在子线程中
            public void onResponse(@NotNull Call call, @NotNull Response re-
sponse) throws IOException {
                if(response.isSuccessful()){
                    String responseData = response.body().string();//从服务器端获取
的响应
                }
            }
    });
}
```

②发送异步请求（POST）。

POST方式的异步请求主要由创建 OkHttpClient 对象、创建 RequestBody 对象、创建 Request对象及方式、创建 Call 对象、执行请求操作获取响应5步组成。具体步骤如下。

步骤1：创建 OKHttpClient 对象，其代码与 GET 方式相同。

步骤2：创建 RequestBody 对象。

POST 方式与 GET 方式不同，POST 方式中的 Request 对象需要传递一个 RequestBody 作为 POST 的参数。创建 RequestBody 对象时需要准备两个参数：一个是 MediaType，另一个是要向服务器传送的信息。

对于 POST 方式，需要传递参数时给出参数，不需要传递参数时其功能与 GET 方式一样，即只从服务器端获取信息，所以在使用时可以使用这一万能的方式。

步骤2-1：MediaType（指的是要传递的数据的 MIME 类型）。

常见的 MediaType 有3种。

application/x-www-form-urlencoded：为服务器传递的是一个普通表单；

multipart/form-data：为服务器传递的数据里有文件；

application/json：为服务器传递的是 JSON 字符串。

若为服务器传送的是 JSON 字符串，则使用如下语句。

```
MediaType mediaType = MediaType.parse("application/json");
```

步骤2-2：准备要传送的信息，若传送的是 JSON 字符串，则需要如下步骤。

步骤2-2-1：实例化 JSONObject 对象，代码如下。

```
JSONObject jsonObject = new JSONObject();
```

步骤2-2-2：将要传送的信息转换为字符串。

循环遍历 Map，通过 entrySet 即键值对集合遍历 key 和 value，取出每一个 key 对应的 value，并将其连成一个字符串，代码如下。

```
for (Map.Entry < String,Object > myEntry:param.entrySet()) {
  try {
    jsonObject.put(myEntry.getKey(),myEntry.getValue() + "");
  } catch (JSONException e) {
    e.printStackTrace();
  }
}
```

说明：上述代码中的 param 是要上传的信息所对应的 Map。

步骤2-2-3：利用 RequestBody 的 create()方法完成对象的创建，代码如下。

```
RequestBody rBody = RequestBody.create(mediaType,jsonObject.toString());
```

步骤3：创建请求对象及方式，其中 strUrl 为请求的服务器的 URL 地址。

```
    Request request = new Request.Builder()
.url(postUrl)
.addHeader("User - Agent","Mozilla/5.0 (Windows; U; Windows NT 5.1; en - US; rv:
0.9.4)")
.post(rBody)
.build();
```

步骤 4：创建 Call 对象。

```
    Call call = okHttpClient.newCall(request);
```

步骤 5：执行请求操作获取响应。

```
call.enqueue(new Callback() {
    @Override//回调失败,回调方法在子线程中
    public void onFailure(@NotNull Call call, @NotNull IOException e) {
    }
    @Override//回调成功,回调方法在子线程中
    public void onResponse (@ NotNull Call call, @ NotNull Response response)
throws IOException {
        if(response.isSuccessful()){
            String responseData = response.body().string();//从服务器端获取的响应
        }
    }
});
```

【任务分析】

本任务中今、明、后三天的天气情况的显示，可以采用多个 TextView 控件进行布局，也可以采用 GridView 控件进行布局。服务器端信息的获取不再采用原生 HttpURLConnection 方式，而是采用 OKHttp 框架完成网络通信。本任务中天气预报的获取，只发送请求并获取服务器端响应，不需向服务器端传递参数，在实现时可以采用 GET 方式完成，也可以采用 POST 方式中的传递空参数的方式完成。

【实现步骤】

（1）使用 Empty Activity 创建"WeatherForcast"项目。

（2）资源准备及页面布局。

①复制图片资源。

将图片素材"bgg. jpg""city. png""search. jpg"和"tt. jpg"复制到"drawable"文件夹中。

②编辑"strings. xml"文件

在"strings. xml"文件的 resources 元素中增加如下字符定义，代码如下。

```
< resources >
    < string name = "app_vname" > 天气预报 < /string >
    < string name = "edt_search" > 请输入要搜索的城市的名称 < /string >
    < string name = "btn_search" > 查询 < /string >
    < string name = "item_txt_date" > 日期 < /string >
    < string name = "item_txt_temp" > 温度 < /string >
    < string name = "item_txt_info" > 阴晴 < /string >
    < string name = "item_txt_wind" > 风向 < /string >
    < string name = "textview1" > 穿衣建议: < /string >
    < string name = "textview2" > 运动建议: < /string >
< /resources >
```

③完成"activity_splash. xml"布局文件。

用鼠标右键单击项目包名,利用"Empty Activity"模板创建 SplashActivity 页面,页面对应"activity_splash. xml",为了使图片合理显示,采用 ImageView 控件的 scaleType 属性,属性值为 centerCrop,其功能是将图片等比例缩放,让图像的短边与 ImageView 的边长度相同,即不留空白,缩放后截取中间部分进行显示,代码参见【二维码 7 – 17】。

【二维码 7 – 17】

④去除引导页面的标题栏。

只为引导页面去除程序默认的标题栏,在"AndroidManifest. xml"文件中引导页面对应的 < activity > 标签内加入去除标题栏的代码如下。

```
android:theme = "@style/Theme.AppCompat.Light.NoActionBar"
```

⑤在清单文件"AndroidManifest. xml"中加入允许访问网络权限。

⑥修改 SplashActivity 为项目入口 Activity。

天气预报应用程序启动后,首先进入引导页面 SplashActivity,而不是系统默认的 MainActivity,因此需要将引导页面指定为程序默认启动界面。在"AndroidManifest. xml"文件中将 MainActivity 的 < intent – filter > 标签以及标签中的所有内容移动到 SplashActivity 所在的 < activity > 标签中,代码参见【二维码 7 – 18】。

【二维码 7 – 18】

⑦shape 形状资源准备。

a. 在"drawable"文件夹中创建名为"edt_ style"的 shape 文件。

b. 在"edt_style. xml"文件内编辑如下内容。

```
< ?xml version = "1.0" encoding = "utf -8"? >
< shape xmlns:android = "http://schemas.android.com/apk/res/android" >
    < corners android:radius = "10dp"/>
    < solid android:color = "@color/btn"/>
< /shape >
```

⑧完成"activity_main. xml"布局文件。

a. 将默认"ConstraintLayout"布局修改为"LinearLayoutLayout",设置布局"padding"为"25 dp",设置背景图像。

b. 利用 EditText、ImageButton 及 GridView 控件完成页面布局，代码参见【二维码 7 – 19】。

【二维码 7 – 19】

⑨完成"weather_item. xml"布局文件。

由于 MainActivity 页面使用 GridView 结合 SimpleAdapter 完成天气预报信息的显示，所以需要先设置其一项的布局。在"layout"文件夹中新建"weather_item. xml"文件，代码参见【二维码 7 – 20】。

⑩导入 Gson. jar 包。

⑪创建 WeatherInfos 实体类（WeatherInfos. java）。

【二维码 7 – 20】

由于从服务器端获取的 JSON 格式的字符串需使用 Gson 及 Java 实体类完成解析，为此，需要自定义 Java 实体类 WeatherInfos，用来完成利用 Gson 对象的 fromJson( )方法将 JSON 格式的字符串转换为 Java 对象，从而为后续天气预报的获取作准备。

用鼠标右键单击包名，在弹出的快捷菜单中选择"New"→"Java Class"选项，弹出"New Java Class"对话框，输入要创建的类名"WeatherInfos"后，按 Enter 键，完成 WeatherInfos 空类的创建 。由于服务器端返回的 JSON 信息较复杂，类内成员变量及其封装采用 GsonFormatPlus 插件完成。

⑫利用 GsonFormatPlus 插件完成 WeatherInfos 实体类内成员变量的定义及封装。

服务端地址如下。

```
https://free – api. heweather. com/v5/weather? key = 8814dcd9a11041a8b34d52b16498880c&city = 城市名
```

成功安装 GsonFormatPlus 插件后，将从服务器端获取以 JSON 格式呈现的天气预报信息利用该插件完成转换，代码参见【二维码 7 – 21】。

⑬在 gradle 下添加 OKHttp 相关依赖，代码如下。

```
implementation 'com. squareup. okhttp3:okhttp:4.9.0'
```

【二维码 7 – 21】

（3）在各页面对应的 Activity 中完成编码。

①在"SplashActivity. java"文件中完成编码

SplashActivity 引导页面在 3 秒后自动跳转到主页面 MainActivity，具体代码见单元 5 任务 4 的【二维码 5 – 14】。

②在"MainActivity. java"文件中完成编码。

a. 在 MainActivity 类中声明数据成员（代码第 2~5 行），声明全局变量用于存放城市信息（代码第 6 行）。

b. 在 MainActivity 类的 onCreate( )方法外自定义方法 initView( )，该方法的功能是实现控件的关联（代码第 18~24 行），并在 onCreate( )方法内调用该方法（代码第 11 行）。

c. 在 MainActivity 类的 onCreate( )方法外自定义方法 initInfos( )，该方法的功能是实现页面加载后在输入框中显示"太仓"（代码第 28~31 行），并在 onCreate( )方法内调用该方法。

　　d. 在 MainActivity 类的 onCreate( ) 方法外自定义方法 doClick( )，该方法的功能是实现"查询"图像按钮的单击事件。在 doClick( ) 方法的"查询"按钮代码内，编码获取用户输入的城市信息，当用户输入信息为空时用 Toast 给出相应的提示，当信息不为空时调用 get-Infos( ) 方法（代码 36 ~ 49 行）。

　　e. 在 MainActivity 类的 onCreate( ) 方法外自定义方法 getInfos( )，该方法的功能是给出服务器地址，将给出的服务器地址作为实参调用 getAsync( ) 方法（代码 54 ~ 58 行）。

　　f. 在 MainActivity 类的 onCreate( ) 方法外自定义方法 getAsync( )，该方法的形参为访问服务器的地址，该方法的功能是利用 OKHttp 框架实现 GET 方式的异步请求完成服务器端给定城市天气预报的获取。最后将获取到的 JSON 格式的字符串信息利用 Message 对象封装，并通过 Handler 对象发送（代码 122 ~ 154 行）。

　　g. 在主线程中创建 Handler 对象，并重写其 handleMessage( ) 方法，在该方法内接收发送的信息，将信息利用 Gson 对象的 fromJson( ) 方法完成解析。解析后的信息采用 GridView 结合 SimpleAdapter 方式完成天气预报信息的显示，利用 TextView 控件完成穿衣和运动建议的显示（代码 64 ~ 116 行），代码参见【二维码 7 - 22】。

【二维码 7 - 22】

　　（4）运行查看效果。

【任务要点】

　　1. 安装 GsonFormatPlus 插件

　　若从服务端获取的 JSON 信息较复杂，则手动书写其对应的 Java 类对象中的成员变量会很烦琐，利用 GsonFormatPlus 插件可以方便地完成上述过程，为此安装 GsonFormatPlus 插件。

　　1）安装 GsonFormatPlus 插件

　　安装 GsonFormatPlus 有两种方法。

　　方法一：在网络畅通的情况下，安装 Android Studio 中自带的本地已经安装或者在线的 GsonFormatPlus 插件。

　　在 Android Studio 中执行"File"→"Settings.."命令，在弹出的"Settings"对话框中选择"Plugins"选项，在搜索框中输入"GsonFormat"，待搜索到后单击"Install"按钮安装该插件，如图 7 - 14 所示，安装完成后重启 Android Studio。

　　方法二：下载 GsonFormatPlus. jar 包后安装。

　　利用网络资源下载 GsonFormatPlus. jar 包并保存，然后在 Android Studio 中执行"File"→"Settings"命令，在弹出的"Settings"对话框左侧选择"Plugins"选择，单击顶栏中的设置图标✿，在弹出的下拉菜单中执行"Install Plugin from Disk…"命令，如图 7 - 15 所示。在弹出的"Choose Plugin File"对话框中选择"GsonFormatPlus. jar"文件所在的路径及文件，单击"OK"按钮。

　　2）GsonFormatPlus 的使用

　　使用 GsonFormatPlus 创建符合 Gson 要求的 javaBean。具体步骤如下。

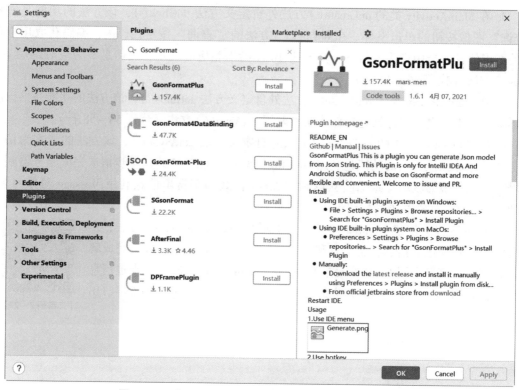

图 7 – 14 在 "Setting" 对话框中搜索 GsonFormatPlus

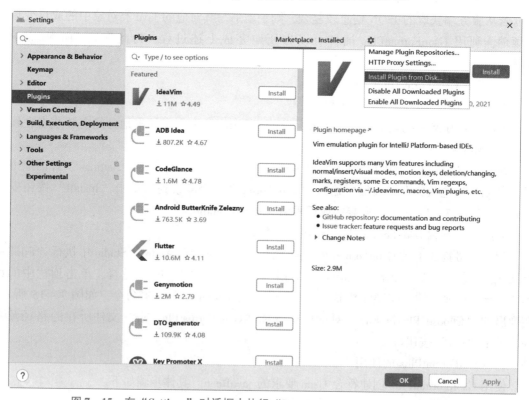

图 7 – 15 在 "Settings" 对话框中执行 "Install Plugins from Disk···" 命令

步骤 1：新建一个实体类（类内成员变量无须书写），用鼠标右键单击类所在的区域（或按组合键"Alt + Insert"），在弹出的"Generate"对话框中选择"GsonFormatPlus"选项，如图 7 – 16 所示。

图 7 – 16　"GsonFormatPlus"选项

也可以直接使用组合键"Alt + S"，将直接弹出"GsonFormatPlus"对话框。

步骤 2：完成 GsonFormatPlus 的设置。

在弹出的"GsonFormatPlus"对话框中，单击底部的"Setting"按钮，弹出"Setting"对话框，在"General"区域取消勾选"virgo mode"复选框，在"use"区域取消勾选"use serialized name"和"use lombok"复选框，在"Convert Library"区域取消勾选"Jackson"复选框并勾选"Gson"复选框，如图 7 – 17 所示，单击"OK"按钮完成设置。

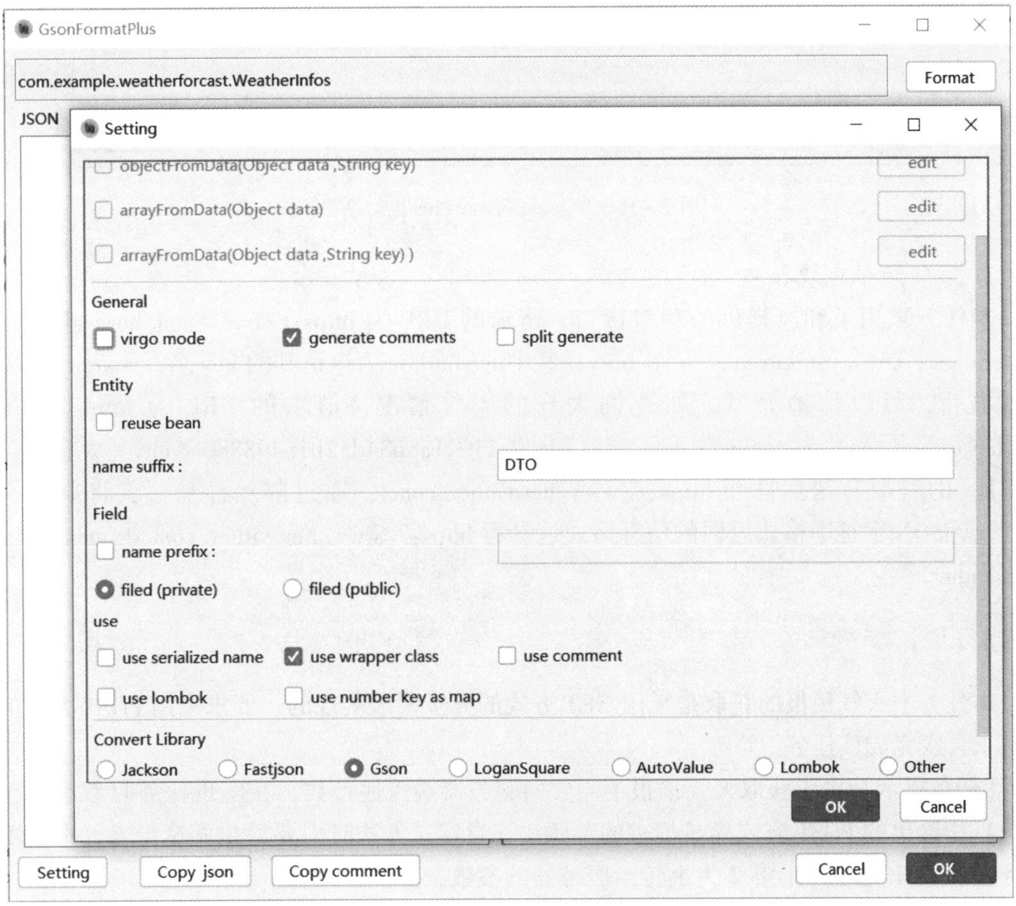

图 7 – 17　设置 GsonFormatPlus

步骤 3：完成转换。将要转换的 JSON 格式字符串复制到对话框的左侧区域内，单击"OK"按钮，如图 7 – 18 所示。

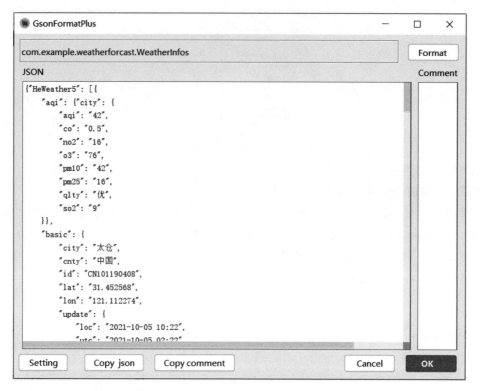

图 7 – 18　"GsonFormatPlus"对话框

2. 天气预报免费接口

本任务采用了和风提供的免费接口，请求的 URL 为 https∶//free – api. heweather. com/ v5/weather？ key = yourkey&city = yourcity，其中的 yourkey 为申请到的 key 名，yourcity 为要查询的城市，可以精确到县。如查询太仓的天气情况，请求的 URL 为 https∶//free – api. heweather. com/v5/weather？ key = 8814dcd9a11041a8b34d52b16498880c&city = 太仓。

key 的获取方法：打开 https∶//www. heweather. com/，通过邮箱注册后，将获取一个 key。以 JSON 字符串格式返回的信息格式请参考 https∶//www. heweather. com/documents/api/ v5/weather。

【任务拓展】

本任务中天气预报的获取是采用 GET 方式的异步请求实现的，要求采用 POST 方式的异步请求再次完成该任务。

[**任务提示**]　由于获取天气预报不需要向服务器端传递参数，在实现任务时参考【预备知识】中给出的 POST 方式异步请求的步骤。在自定义方法时需要给出两个形参，形参 1 为服务器的 URL 地址，形参 2 为上传给服务器的参数，方法框架如下。

```
public void postAsync( String strUrl,Map < String,Object > param){
    ……
}
```

在调用方法时由于不需要向服务器端传递参数，所以第二个实参给出一个空的参数即可，参考代码如下。

```
String url = "https://……;
Map < String,Object > infoMap = new HashMap < >();
postAsync(url,infoMap);
```

【任务小结】

本任务利用 OKHttp 框架网络通信方式完成了天气预报的获取，分别采用 GET 和 POST 异步请求两种方式完成了任务。在请求获取响应的回调函数中，回调方法在子线程中，因此，获取的服务器端响应信息需要利用 Message 对象封装，并通过 Handler 对象发送至 Handler 对象的 handleMessage( )方法中进行处理，将处理的结果显示到 UI 上。

知识拓展

1. 网络通信框架 Volley

Volley 是谷歌公司于 2013 年 I/O 大会上推出的网络通信框架，它使网络通信更快、更简单。Volley 适合数据量不大但通信频繁的网络操作，而对于大数据量的网络操作，如下载文件等，Volley 不适用。

对于数据量不大但通信频繁的网络操作，利用 Volley 框架获取相应的信息比利用 AsyncTask 的方法更加简捷方便。

2. Volley 的使用

（1）下载 Volley. jar 包并导入。

（2）声明 RequestQueue 对象。

RequestQueue 对象是 Volley 中提供的一个请求队列对象，它可以缓存所有的 HTTP 请求，然后按照一定的算法并发地发出这些请求。RequestQueue 内部的设计适合高并发要求，因此程序人员不必为每一次 HTTP 请求都创建一个 RequestQueue 对象，基本上在每一个需要和网络交互的 Activity 中创建一个 RequestQueue 对象就足够了。通过调用 Volley 类的 newRequestQueue( )方法实例化 RequestQueue 对象。

```
RequestQueue mQueue = Volley.newRequestQueue(Context context);
```

（3）根据响应结果，调用不同的 Request 对象。

Request 用来构造一个请求对象，根据发送和接收的类型，调用相应的对象类型，其主要类型见表 7 - 11。

表 7 - 11   Request 对象类型

对象类型	说明
StringRequest	发送和接收字符串
JsonArrayRequest	发送和接收 JSON 数组
JsonObjectRequest	发送和接收 JSON 对象
ImageRequest	发送和接收 Image

（4）将 Request 对象利用 RequestQueue 对象的 add( )方法加入 RequestQueue 队列。

练习与实训

一、选择题

1. 做网络图片查看器时，需要把获取的流信息转换为（   ）。

A. String　　　　　　　B. int　　　　　　　C. Bitmap　　　　　　　D. text

2. 关于 HttpURLConnection 使用的说法中错误的是（   ）。

A. HttpURLConnection 对象访问网络时，需要设置超时时间

B. HttpURLConnection 继承自 Connection 类

C. HttpURLConnection 是一个标准的 Java 类

D. URLConnection 类可以发送和接收任何类型和长度的数据

3. 下面属于 Gson 的方法的是（   ）。

A. fromJson( )　　　　　B. handleJson( )　　　C. convertJson( )　　　D. calJson( )

4. 在 Android 系统中，如果子线程需要更新 UI，需要借助（   ）。

A. Activity　　　　　　　B. Thread　　　　　　C. Handler　　　　　　D. URL

5. 在 Handler 消息机制中，将子线程中处理好的结果通过 sendMessage( )发出后，在 Handler 对象中通过（   ）方法获取信息并显示在 UI 对应的控件中。

A. handlerMessage( )　　　B. HandleMessage( )

C. HandlerMessage( )　　　D. handleMessage( )

6. 下列通信方式中，不是 Android 系统提供的是（   ）。

A. Socket 通信　　　　　B. HTTP 通信　　　　C. URL 通信　　　　　D. 以太网通信

7. 关于 HttpURLConnection 访问网络的基本用法，描述错误的是（   ）。

A. HttpURLConnection 对象需要设置请求网络的方式

B. HttpURLConnection 对象需要设置超时时间

C. 通过 new 关键字创建 HttpURLConnection 对象

D. 访问网络完毕需要关闭 HTTP 连接

8. 谷歌公司规定 Android 4.0 以后访问网络的操作都必须放在（   ）中。

A. 进程　　　　　　　　B. 主程序　　　　　　C. 主线程　　　　　　D. 子线程

9. 下列选项中，关于 GET 和 POST 请求方式，描述错误的是（   ）。

A. 使用 GET 方式访问网络 URL 的长度是有限制的

B. HTTP 规定 GET 方式请求 URL 的长度不超过 2K 个字符

C. POST 方式对 URL 的长度是没有限制的

D. GET 请求方式向服务器提交的参数跟在请求 URL 后面

10. 下列不属于 Handler 机制中关键对象的是（　　　）。

A. Content　　　　　　　B. Handler　　　　　　C. MessageQueue　　　　　D. Looper

二、判断题

1. Android 客户端访问网络发送 HTTP 请求只可以使用 HttpURLConnection。（　　　）

2. HttpURLConnection 是一个标准的 Java 类，是 URLConnection 类的子类。（　　　）

3. Android 应用程序在进行网络通信时无须设置任何权限。（　　　）

4. Handler 机制的 4 个关键对象分别是 Message、Handler、MessageQueue 和 Looper。（　　　）

5. Handler 只能用于发送信息。（　　　）

三、编程题

1. 采用 Empty Activity 新建 Android 应用程序，取名为"DrawPicture"，要求给定几张抽奖图片，使用 Handler 完成一个随机抽奖程序。用户单击"开始抽奖"按钮后图片快速滚动显示抽奖图片（间隔为 10 毫秒），用户单击"停止"按钮后，最终显示的是抽奖图片就是抽奖结果，如图 7 – 19 所示。

图 7 – 19　"DrawPicture"应用程序效果

2. 利用 OKHttp 网络框架完成本单元的任务 3（163 新闻的获取）。

单元8

Android综合实例开发

在前面各单元知识的基础上，本单元完成 Android 综合实例的开发，将 Android 开发的页面布局、控件使用、各大组件运用相结合，通过实际应用进行开发实战。

【学习目标】

(1) 掌握基本控件与常用页面布局技术的使用方法；

(2) 掌握 ListView、ViewPager 与 Fragment 的结合使用方法；

(3) 掌握使用 SharedPreferences 完成配置信息的存储读取的方法；

(4) 掌握 SQLiteDatabase 的创建、插入与查询；

(5) 掌握服务的使用方法；

(6) 理解 MediaPlayer 类的使用方法；

(7) 掌握网络数据的读取方法。

任务1　猜数字游戏

【任务描述】

本任务的猜数字游戏包含"猜数""排行榜"与"设置"3个模块。

1. "猜数"模块

(1) 随机生成 1~100 (1 000 或 10 000) 的整数，初始化页面如图 8-1 (a) 所示。

(2) 将该随机数与用户输入的数字进行比较，并提示"猜大了""猜小了"或"猜中了"，并统计猜数的次数，如图 8-1 (b)、(c) 所示。

(3) 当"猜中了"时，如果没有"默认姓名"，则弹出对话框，完成姓名输入，如图 8-1 (d) 所示，存储本次猜数记录；如果已有"默认姓名"，则直接存储记录。

2. "排行榜"模块

(1) "排行榜"根据猜数的范围分为100、1 000 与 10 000 三种，初始化页面如图 8-2 (a) 所示。

(2) 当"猜数"成功存储数据后，对应范围下的排行榜就会更新，如图 8-2 (b) 所示。

(3) 每种排行榜按次数从少到多显示前10条记录。

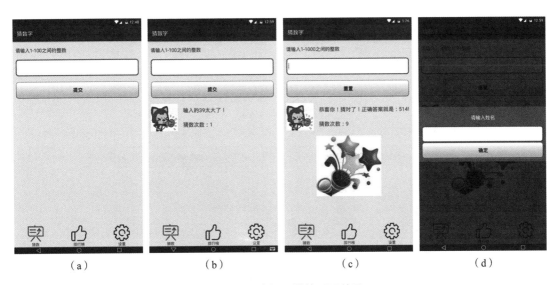

图 8 - 1　"猜数"模块页面效果

（a）初始化页面；（b）猜数过程页面；（c）猜数成功页面；（d）输入姓名对话框

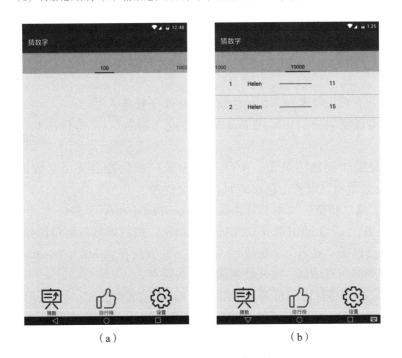

图 8 - 2　"排行榜"模块面效果

（a）初始化页面；（b）猜数成功后数据更新

3．"设置"模块

（1）设置模块包括随机数范围及默认姓名的设置，初始化页面如图 8 - 3（a）所示。

（2）当单击"保存"按钮时，保存随机数的范围，勾选"使用默认姓名"复选框时保存姓名，不勾选该复选框时移除默认姓名。

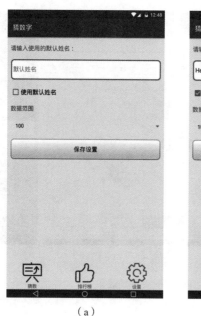

（a） （b）

图 8 – 3 "设置"模块页面效果

（a）初始化页面；（b）猜数成功后数据更新

【任务分析】

根据任务要求，可以将本任务按模块划分为 4 个子任务。

子任务 1：实现模块导航。可用 Fragment 完成"猜数""排行榜"与"设置"3 个页面。

子任务 2：完成"设置"页面。保存（或移除）默认姓名及保存数据范围，可使用 SharedPreferences 技术将该设置信息存储到 XML 文件中。

子任务 3：完成"猜数"页面。首先通过 SharedPreferences 从 XML 文件中读取数据"范围"与"默认姓名"，产生随机数并完成页面初始化；然后根据猜数情况给出提示；最后，当猜数成功时，将包括"姓名""次数""范围"的数据存入 SQLiteDatabase。如果"默认姓名"不存在，则弹出对话框，完成姓名输入后再保存。

子任务 4：完成"排行榜"页面。使用 ViewPager 完成内导航，将不同数据范围的排行榜分成各个子页面。在子页面中增加 ListView，从数据库中查询各范围内的成绩前 10 名显示到 ListView 中。

【实现步骤】

子任务 1：实现导航

（1）创建 Android Studio 项目"MyGuess"。

（2）导入图片素材。将素材文件夹内除"myicon. jpg"外的图片都复制到"drawable"文件夹中，"myicon. jpg"复制到"mipmap"文件夹中。

（3）修改应用名称与图标。

①在"strings. xml"文件中修改 app_name 值。

```
< string name = "app_name" >猜数字 < /string >
```

②在 "AndroidManifest. xml" 文件中修改应用图标。

```
android:icon = "@mipmap/myicon"
android:roundIcon = "@mipmap/myicon"
```

（4）完成 "activity_main. xml" 布局文件。

使用默认的 ConstraintLayout 作为父容器：上方 FrameLayout 显示内容；底部 3 个 Linear-Layout 作为导航项，并设为 Horizontal Chain，每个线性布局内是图片与页面标题。布局组件树视图如图 8 –4 所示，代码参见【二维码 8 –1】，注意控件 "id"。

【二维码 8 –1】

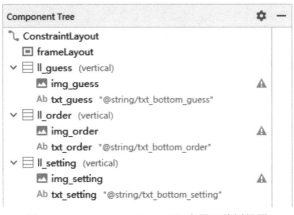

图 8 –4 "activity_main. xml" 布局组件树视图

（5）新建 GuessFragment、OrderFragment 与 SettingFragment，及对应的布局文件 "fragment_guess. xml" "fragment_oder. xml" 与 "fragment_setting. xml"。

（6）在 MainActivity 类内完成编码。代码参考【二维码 8 –2】。

①定义数据成员（代码第 2～5 行）。

②在类内 onCreate( )方法中调用自定义方法，分别完成视图初始化、默认 Fragment 及导航单击事件监听设置（代码第 7～14 行）。

③完成自定义方法 initView( )，用于完成控件与对象的关联（代码第

【二维码 8 –2】

16～29 行）。

④完成自定义方法 setDefaultFragment( )，设置默认显示的 Fragment（代码第 31～40 行）。

⑤完成自定义方法 setOnClickListener( )，为导航项设置单击事件监听器（代码第 42～49 行）。

⑥MainActivity 类实现 View. OnClickListener 接口，并完成单击事件响应（代码第 1 行及第 51～89 行）。

（7）运行查看导航切换等效果。

子任务 2：完成 "设置" 页面

（1）在 "MyGuess" 项目中，打开 "strings. xml" 文件，定义 "设置" 页面的显示文本

键值对，及 Spinner 的字符串数组。

```xml
< string name = "setting_txt_tipsName" >请输入使用的默认姓名：</string >
< string name = "setting_edt_name" >默认姓名 </string >
< string name = "setting_chb_name" >使用默认姓名 </string >
< string name = "setting_txt_range" >数据范围 </string >
< string name = "setting_btn_save" >保存设置 </string >
< string name = "setting_tst_empty" >请输入默认姓名或不勾选使用默认姓名！</string >
< string name = "setting_tst_ok" >保存成功！</string >
< string - array name = "setting_sp_range" >
    < item >100 </item >
    < item >1000 </item >
    < item >10000 </item >
</string - array >
```

（2）打开"fragment_setting.xml"文件，修改布局方式为 ConstraintLayout 或 LinearLayout，完成布局设计，代码参考【二维码 8 – 3】。

（3）打开 SettingFragment 类，代码参考【二维码 8 – 4】。

①定义类的数据成员（代码第 2 ~ 7 行）。

②修改 Fragment 类的 onCreateView( )方法（代码第 49 ~ 58 行）。

③完成自定义 initView( )方法（代码第 60 ~ 65 行）。

【二维码 8 – 3】 【二维码 8 – 4】

④设置 SettingFragment 类实现 View. OnClickListener 接口，并完成按钮单击事件的响应方法（代码第 1 行及第 67 ~ 91 行）。

（4）运行查看"设置"页面效果与功能。

子任务 3：完成"猜数"页面

（1）在"MyGuess"项目中，打开"strings. xml"文件，定义"猜数"页面的显示内容。

```xml
< string name = "guess_txt_tips_f" >请输入 1 - </string >
< string name = "guess_txt_tips_b" >之间的整数 </string >
< string name = "guess_btn_submit" >提交 </string >
< string name = "guess_btn_reset" >重置 </string >
< string name = "guess_tst_numEmpty" >请输入整数 </string >
< string name = "guess_tst_nameEmpty" >请输入姓名 </string > < string name = "guess
_txt_count" >猜数次数：</string >
< string name = "guess_txt_input" >输入的 </string >
< string name = "guess_txt_big" >太大了！</string >
< string name = "guess_txt_small" >太小了！</string >
< string name = "guess_txt_right" >恭喜你！猜对了！正确答案就是：</string >
< string name = "guess_dialog_title" >请输入姓名 </string >
< string name = "guess_dialog_btn" >确定 </string >
```

（2）打开"fragment_guess. xml"文件，修改布局方式为 ConstraintLayout 或其他布局方式，完成布局设计，代码参考【二维码 8 – 5】。

（3）在"layout"文件夹中新增"dialog＿inputname.xml"文件，使用 LinearLayout（Vertical），完成弹出对话框的布局设计，代码参考【二维码 8－6】。

【二维码 8－5】

【二维码 8－6】

（4）在"themes.xml"文件中增加弹出对话框的 style。

```
<style name = "myDialogStyle">
    <item name = "android:windowFrame">@null</item><!--是否有边框-->
    <item name = "android:windowIsFloating">true</item><!--是否悬浮在 Activity之上-->
    <item name = "windowNoTitle">true</item><!--是否无标题-->
    <item name = "android:windowIsTranslucent">true</item><!--是否半透明-->
    <item name = "android:windowCloseOnTouchOutside">false</item><!--点外边可以取消-->
</style>
```

（5）在"java"文件夹中的项目包内，新建 MyDialog 类，继承自 Dialog 父类，用于自定义对话框。代码参考【二维码 8－7】。

（6）在"java"文件夹中的项目包内，新建 DBOpenHelper 类，继承自 SQLiteOpenHelper 父类，用于简化数据库操作。代码参考【二维码 8－8】。

（7）在 GuessFragment 类内完成编码。代码参考【二维码 8－9】。

【二维码 8－7】

【二维码 8－8】

【二维码 8－9】

①定义类的数据成员（代码第 2～11 行）。

②修改 Fragment 类的 onCreateView()方法（代码第 53～63 行）。

③自定义 initView()方法，完成关联（代码第 65～73 行）。

④自定义 initData()方法，完成数据初始化（代码第 75～95 行）。

⑤在类内自定义 submitClick()方法，完成猜数字时单击"提交"按钮的事件响应（代码第 118～149 行）。

⑥使用 GuessFragment 类实现 View.OnClickListener 接口，并重写 OnClick()方法。这里除了猜数时的"提交"／"重置"按钮外，还有对话框上的"确定"按钮的响应处理（代码第 1 行及第 97～116 行）。

⑦在类内自定义 writeInDatabase()方法，实现向数据库写入数据（代码第 151～170 行）。

（8）运行查看"猜数"页面效果与功能。

子任务 4：完成"排行榜"页面

（1）在"MyGuess"项目中，打开"fragment_order. xml"文件，完成布局设计，参考代码如下。

```xml
<?xml version = "1.0" encoding = "utf - 8"?>
<FrameLayout xmlns:android = "http://schemas.android.com/apk/res/android"
    xmlns:tools = "http://schemas.android.com/tools"
    android:layout_width = "match_parent"
    android:layout_height = "match_parent"
    tools:context = ".OrderFragment">
    <androidx.viewpager.widget.ViewPager
        android:layout_width = "match_parent"
        android:layout_height = "match_parent"
        android:id = "@ + id/order_viewpager">
        <androidx.viewpager.widget.PagerTabStrip
            android:layout_width = "match_parent"
            android:layout_height = "60dp"
            android:id = "@ + id/order_tabStrip"/>
    </androidx.viewpager.widget.ViewPager>
</FrameLayout>
```

（2）新建"viewpager_tab. xml"布局文件。在布局文件内添加 ListView 控件，代码如下。

```xml
<?xml version = "1.0" encoding = "utf - 8"?>
<androidx.constraintlayout.widget.ConstraintLayout xmlns:android = "http://schemas.android.com/apk/res/android"
    xmlns:app = "http://schemas.android.com/apk/res - auto"
    android:layout_width = "match_parent"
    android:layout_height = "match_parent">
    <ListView
        android:id = "@ + id/list_tab"
        android:layout_width = "0dp"
        android:layout_height = "0dp"
        app:layout_constraintBottom_toBottomOf = "parent"
        app:layout_constraintEnd_toEndOf = "parent"
        app:layout_constraintStart_toStartOf = "parent"
        app:layout_constraintTop_toTopOf = "parent" />
</androidx.constraintlayout.widget.ConstraintLayout>
```

（3）在 OrderFragment 类内完成编码。代码参考【二维码 8 - 10】。

①定义类的数据成员（代码第 2 ~ 5 行）。

②修改 onCreateView( )方法（代码第 48 ~ 57 行）。

③在类内自定义 initView( )方法，完成页面初始化（代码第 59 ~ 98 行）。

【二维码 8 - 10】

④在类内自定义 getDatar( )方法，为 ListView 的适配器准备数据。从数据库中读出对应范围的猜数次数由少到多的前 10 行记录，放到数组集合中返回（代码第 100 ~ 128 行）。

⑤在类内设置 ViewPager 适配器（代码第 130～158 行）。

（4）运行查看整个应用程序的页面效果与功能。

【任务要点】

在"猜数"模块中，当猜数正确时，弹出的对话框是自定义内容与样式的对话框。通过自定义 Dialog 的子类 MyDialog，加载"dialog_inputname. xml"布局文件，使对话框的内容固定为 1 个 TextView、1 个 EditText 和 1 个 Button。在 GuessFragment 类内，实例化 MyDialog 对象时，使用"themes. xml"文件中的"myDialogStyle"样式控制对话框的样式。

【任务小结】

本任务中除了几个基础控件外，相继使用了 Fragment、ViewPager 与 ListView 等高级控件，进一步学习了这几类控件的使用；结合 SharedPreferences 与 SQLiteDatabase 的数据存储技术，完成了基本配置信息的存储/读取与游戏成绩排名的存储/查询等；自定义了对话框效果。

任务 2　在线音乐播放器

【任务描述】

完成简单音乐在线播放器项目，如图 8－5 所示。应用程序首先打开图 8－5（a）所示页面，5 秒后自动跳转到图 8－5（b）所示页面，在该页面中实现从网络上读取音乐媒体文

（a）　　　　　　　　　　（b）

图 8－5　在线音乐播放器效果

（a）引导页面；（b）音乐播放页面

件并显示在 ListView 上的功能，单击 ListView 的项可以播放音乐，并完成左下角"上一首""播放或暂停""下一首"按钮对音乐的控制。当播放音乐时，顶部的图片开始旋转；当音乐停止时，停止旋转。右下角的滑动条可控制音量。

【任务分析】

本任务分为两个 Activity，第一个 Activity 是引导页，5 秒后自动跳转到第二个 Activity。第二个 Activity 是音乐播放页面。此页面中控件较多，适合使用约束布局。这里的实现方法是：顶部是 ImageView，然后是 ListView 显示播放列表，下面是歌曲名称的 TextView，底部左边是 3 个 ImageButton，右边由 Seekbar 滑动条来控制音量，TextView 显示音量。

ListView 的值需要从服务器上下载并读取 JSON 文件。实现媒体播放功能需要自定义服务，使用绑定式服务，借助 MediaPlayer 类完成音乐的播放与停止。音量控制需要系统服务提供的 AudioManager 来实现。

【实现步骤】

（1）服务器端开发。

①在服务器"xwampp"的"htdocs"文件夹中创建"music"文件夹（服务器"xwampp"的安装与配置见单元 7 任务 4）。

②在"music"文件夹中放置"001. mp3""002. mp3""003. mp3""004. mp3"和"music. json"文件。JSON 文件内容如下。

```
[
  {"song_name":"凉凉","singer":"张碧晨 杨宗纬","song_mp3":"music/001.mp3"},
  {"song_name":"当你老了","singer":"莫文蔚","song_mp3":"music/002.mp3"},
  {"song_name":"爱情的故事","singer":"潘美辰","song_mp3":"music/003.mp3"},
  {"song_name":"朋友","singer":"周华健","song_mp3":"music/004.mp3"}
]
```

（2）在 Android Studio 中创建新项目与准备素材。

①创建新项目，名称为"MyMusicPlayer"。

②导入图片。将素材文件夹中除"icon. jpg"外的图片都复制到"res"→"drawable"文件夹中，将"icon. jpg"文件复制到"mipmap"文件夹中。

（3）完成页面布局设计。

①在"themes. xml"文件中修改"theme"值，去除标题栏，具体代码如下。

```
android:theme = "@style/Theme.AppCompat.Light.NoActionBar"
```

②在"color. xml"文件中增加如下颜色值。

```
<color name = "seekbarBg" >#ff51495e </color>
<color name = "seekbarLeft" >#996dfe </color>
<color name = "seekbarRight" >#ff51495e </color>
```

③在"drawable"文件夹中新建"seekbar. xml"文件，完成 SeekBar 样式定义，代码参考【二维码 8 – 11】。

④在"drawable"文件夹中新建"seek_thumbar. xml"文件，完成滑动条的动态效果。

```xml
<?xml version = "1.0" encoding = "utf - 8"? >
<selector xmlns:android = "http://schemas.android.com/apk/res/android" >
    <item
        android:state_pressed = "false"
        android:drawable = "@drawable/seekbar_thumb_normal"/>
    <item
        android:state_pressed = "true"
        android:drawable = "@drawable/seekbar_thumb_pressed"/>
</selector >
```

⑤完成引导页 activity_main 设计。

为"activity_main. xml"的默认约束布局设置背景图。

```xml
<?xml version = "1.0" encoding = "utf - 8"? >
<androidx.constraintlayout.widget.ConstraintLayout xmlns:android = "http://schemas.android.com/apk/res/android"
    xmlns:app = "http://schemas.android.com/apk/res - auto"
    xmlns:tools = "http://schemas.android.com/tools"
    android:layout_width = "match_parent"
    android:layout_height = "match_parent"
    android:background = "@drawable/bg"
    tools:context = ".MainActivity" />
```

⑥完成音乐播放页面设计。

在"layout"文件夹中新增布局文件"activity_music. xml"，使用约束布局。根据图 8 – 5（b）所示效果，完成"activity_music. xml"布局文件，代码参考【二维码 8 – 12】。

⑦完成 ListView 的每个 item 的布局。

在"layout"文件夹中新增"item. xml"文件，水平放置 2 个 TextView，代码参考【二维码 8 – 13】。

（4）在 MainActivity 类内，完成页面定时跳转功能的代码编写。

在"MainActivity. java"文件中的 onCreate（）方法内，增加如下代码。

```java
Timer timer = new Timer();
TimerTask timerTask = new TimerTask() {
    @Override
    public void run() {
        Intent intent = new Intent(MainActivity.this,MusicActivity.class);
```

```
        startActivity(intent);
        finish();
    }
};
timer.schedule(timerTask,3000);
```

（5）新建 MusicActivity 类，完成页面控制的功能。代码参考【二维码 8－14】。

【二维码 8－14】

①用鼠标右键单击 "java" 文件夹应用包名，新建 MusicActivity 类。

②在 MusicActivity 类内定义数据成员，同时完成 ServiceConnection 对象的实例化（代码第 2～24 行）。

③在 MusicActivity 类中 onCreate( ) 方法内，增加执行代码（代码第 26～43 行）。

④在 MusicActivity 类内，自定义 initView( ) 方法，完成对象与视图的关联（代码第 51～60 行）。

⑤在 MusicActivity 类内，自定义 initSeekBar( ) 方法，完成音量初始化（代码第 62～72 行）。

⑥在 MusicActivity 类内，自定义 animation( ) 方法，完成图片旋转的动画设置（代码第 74～83 行）。

⑦在 MusicActivity 类内，定义内部类 SeekBarOnChangeListener，实现滑动条滑动事件响应（代码第 85～104 行）。

⑧在 MusicActivity 类内，定义内部类 ImageButtonOnClickListener，实现 "播放或停止" "上一首" 与 "下一首" 按钮的单击事件响应（代码第 106～157 行）。

⑨在 MusicActivity 类内，定义内部类 Mp3AsyncTask，在服务器上获取媒体资源与信息，并显示到 ListView 中（代码第 159～253 行）。

⑩在 MusicActivity 类内，自定义 setImageButtonEnable( ) 方法，设置 ImageButton 对象是否启用（代码第 254～261 行）。

⑪在 MusicActivity 类内，定义内部类 ListViewOnItemClickListener，完成 ListView 项的单击事件响应（代码第 262～277 行）。

⑫重写 onDestroy( ) 方法（代码第 45～49 行）。

（6）新建 MusicService 类，继承使用类，使用绑定式服务，完成音乐播放与停止功能。代码参考【二维码 8－15】。

（7）修改 "AndroidManifest. xml" 文件。

①修改应用图标，在 "AndroidManifest. xml" 文件中修改 "icon" 与 "roundIcon" 值。

【二维码 8－15】

```
android:icon = "@mipmap/icon"
android:roundIcon = "@mipmap/icon"
```

②注册 Activity。在 < application > 标签内，除已有 MainActivity 的 < activity > 标签外，增加 < Activity > 标签。

```
<activity android:name = ".MusicActivity" > < /activity >
```

③注册服务。在 < application > 标签内，除 < activity > 标签外，增加 < Service > 标签。

```
<service android:name = ".MusicService" />
```

④添加许可。在 < manifest > 标签内，除 < application > 标签外，增加 < uses – permission > 标签。

```
<uses –permission android:name = "android.permission.INTERNET" />
```

（8）运行查看效果。

【任务要点】

由于 Android 系统自带的 SeekBar 并不美观，因此自定义 SeekBar 滑动条的颜色 "seekbar. xml"、滑块的图片 "seek_thumbar. xml" 来改变 SeekBar 的显示效果。

自定义服务 MusicService 类中的 playMusic( ) 方法，首先判断 mPlayer. isPlaying( )，这是因为用户可能会在某一首歌曲已经播放的情况下，通过单击 ListView 的某个 item 或 "上一首""下一首" 按钮触发播放另一首（也可能是同一首）歌曲，在这种情况下要先停掉已经播放的歌曲，并通过 reset( ) 方法回到 Idle 状态，这样下面才能顺利设置新资源路径，MediaPlayer 类的状态转换图如图 8 –6 所示。

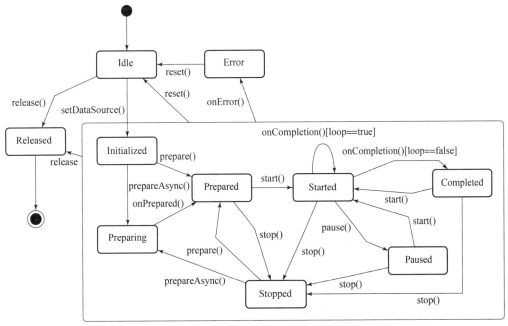

图 8 –6 MediaPlayer 类的状态转换图

【任务小结】

本任务通过自定义绑定式服务完成音乐播放器的功能，使用 ContentProvider 技术的 ContentResolver 类读取 SD 卡中的媒体音乐，借助 MediaPlayer 类进行播放，并通过系统音频服务完成音量控制。

练习与实训

一、填空题

1. Activity 一般会重载 7 个方法用来维护其生命周期，除了 onCreate（ ）、onStart（ ）、onDestory（ ）外还有_____、_____、_____和_____。

2. EditText 编辑框用于提示信息的属性是_____。

3. 自定义对话框时，将视图对象添加到当前对话框的方法是_____。

4. 能够使 sqlite 数据库的 SqliteOpenHelper 类自动调用它的 onUpgrade（ ）方法的操作是_____。

5. MediaPlayer 对象从停止状态到 Start（ ）之前必然要调用的方法是_____。

6. DDMS 中 Log 信息分为_____个级别。

7. Hanlder 是线程与 Activity 通信的桥梁，如果线程处理不当，机器就会变慢，那么销毁线程的方法是_____。

8. 在 Activity 生命周期中，第一个需要执行的方法是_____。

9. 在应用程序中涉及设备振动时需要使用 android._____.VIBRATE。

10. 通过 startService（ ）启动服务，会调用如下生命周期方法：_____、_____、_____。

二、选择题

1. 下面不属 Android 系统四大组件的是（ ）。
A. Activity　　　B. Intent　　　C. Service　　　D. ContentProvider

2. Android 系统的 VM 虚拟机是（ ）。
A. Dalvik　　　B. JVM　　　C. kVM　　　D. . net framework

3. 下面哪个不是 Android 控件？（ ）
A. TextView　　　B. Label　　　C. EditView　　　D. WebView

4. 下面哪个不是 Android 的 ViewGroup（视图容器）？（ ）
A. LinearLayout　　　B. ListView
C. GridView　　　D. Button

5. RatingBar 组件中不能用属性直接设置的是（ ）。
A. 五角星个数　　　B. 当前分数
C. 分数的增量　　　D. 五角星的色彩

6. 下面哪个不是 Activity 启动的方法？（ ）
A. goToActivity（ ）　　　B. startActivity（ ）
C. startActivityFromChild（ ）　　　D. startActivityForResult（ ）

7. 关于 ContenValues 类的说法正确的是（ ）。
A. 它和 Hashtable 比较类似，也是负责存储一些键值对，但是它存储的键值对中的键是 String 类型，而值都是基本类型
B. 它和 Hashtable 比较类似，也是负责存储一些键值对，但是它存储的键值对中的键是

任意类型，而值都是基本类型

C. 它和 Hashtable 比较类似，也是负责存储一些键值对，但是它存储的键值对中的键可以为空，而值都是 String 类型

D. 它和 Hashtable 比较类似，也是负责存储一些键值对，但是它存储的键值对中的键是 String 类型，而值也是 String 类型

8. 在手机开发中常用的数据库是（　　　）。

A. SQLite3　　　　　B. Oracle　　　　　C. Sql Server　　　　　D. Db23

9. 下列关于 SQLite 的描述是错误的（　　　）。

A. 它是免费的

B. 它很小，Android 手机完全可以容纳它

C. 它无须安装或管理，没有服务器，没有配置文件，也无须数据库管理员

D. 它就是一个文件，但不能随意移动它，不能将其复制到另一个系统中使用

10. SharedPreferences 存放的数据类型不支持（　　　）

A. boolean　　　　　B. int　　　　　C. String　　　　　D. double

11. 下列关于 SharedPreferences 的说法中正确的是（　　　）。

A. SharedPreferences pref = new SharedPreferences( );

B. Editor editor = new Editor( );

C. SharedPreferences 对象用于读取和存储常用数据类型

D. Editor 对象存储的数据最后都要调用 commit( ) 或 apply( ) 方法

12. 在服务中如何实现更改 Activity 页面元素？（　　　）

A. 通过把当前 Activity 对象传递给服务对象

B. 通过向 Activity 发送广播

C. 通过 Context 对象更改 Activity 页面元素

D. 可以在服务中，调用 Activity 的方法更改页面元素

13. 绑定服务的方法是（　　　）。

A. bindService( )　　　B. startService( )　　　C. onStart( )　　　D. onBind( )

14. 在使用 SQLiteOpenHelper 类时，它的哪一个方法是用来实现版本升级的？（　　　）

A. onCreate( )　　　B. onUpgrading( )　　　C. onUpdate( )　　　D. onUpgrade( )

15. MediaPlayer 播放资源前，需要调用哪个方法完成准备工作？（　　　）

A. setDataSource( )　　　B. prepare( )　　　C. reset( )　　　D. release( )

16. 下列关于如何使用 Notification 的说法中不正确的是（　　　）。

A. Notification 需要 NotificatinManager 来管理

B. 使用 NotificationManager 的 notify( ) 方法显示 Notification 消息

C. 在显示 Notification 时可以设置通知时的默认发声、振动等

D. 调用 Notification 对象中的方法可以清除消息

17. 关于广播接收机的说法中不正确的是（　　　）。

A. 一个广播 Intent 只能被一个订阅了此广播的广播接收机所接收

B. 是用来接收广播 Intent 的

C. 对于有序广播，系统会根据接收者声明的优先级别按顺序逐个执行接收者

D. 接收者声明的优先级别在 < intent – filter > 标签的 android：priority 属性中声明，数值越大优先级别越高

18. 下列关于 JSON 说法中错误的是（　　）。

A. JSON 是一种数据交互格式。

B. JSON 的数据格式有两种，为 ｛ ｝ 和 ［ ］

C. JSON 数据用 ｛ ｝ 表示 Java 中的对象，用 ［ ］ 表示 Java 中的 List 对象

D. ｛"1"："123"，"2"："234"，"3"："345"｝ 不是 JSON 数据

19. 下列关于 "AndroidManifest. xml" 文件的说法中错误的是（　　）。

A. "AndroidManifest. xml" 是每个 Android 应用程序中必需的文件

B. "AndroidManifest. xml" 文件位于整个项目的根目录中，描述了 package 中暴露的组件（Activity、服务等）、它们各自的实现类、各种能被处理的数据和启动位置

C. "AndroidManifest. xml" 文件除了能声明应用程序中的 Activity、ContentProvider、服务和 IntentReceivers，还能指定 permission 等

D. "AndroidManifest. xml" 文件由系统自动生成，开发人员不能随意更改其内容

20. 在 Android 应用程序中，Log. i 用于输出什么级别的日志信息？（　　）

A. 调试　　　　　　B. 警告　　　　　　C. 信息　　　　　　D. 错误

参 考 文 献

[1] 陈承欢, 赵志茹. Android 移动应用开发任务驱动教程 [M]. 北京: 电子工业出版社, 2016.

[2] 李宁宁. 基于 Android Studio 的应用程序开发教程 [M]. 北京: 电子工业出版社, 2016.

[3] 陈长顺. Android 应用开发 [M]. 北京: 高等教育出版社, 2014.

[4] 赖红. 基于工作任务的 Android 应用教程 [M]. 北京: 电子工业出版社, 2014.

[5] 罗文龙. Android 应用程序开发教程——Android Studio 版 [M]. 北京: 电子工业出版社, 2016.

[6] 向守超, 姚骏屏. Android 程序设计实用教程 [M]. 北京: 电子工业出版社, 2012.